표 준 주 기 율 표

Periodic Table of the Elements

표기법: 원자 번호 / 기호 / 원소명(국문) / 원소명(영문) / 일반 원자량 / 표준 원자량

1	2	3	4	5	6	7	8	9	10	11	12	13	14	15	16	17	18
1 **H** 수소 hydrogen 1.008 [1.0078, 1.0082]																	2 **He** 헬륨 helium 4.0026
3 **Li** 리튬 lithium 6.94 [6.938, 6.997]	4 **Be** 베릴륨 beryllium 9.0122											5 **B** 붕소 boron 10.81 [10.806, 10.821]	6 **C** 탄소 carbon 12.011 [12.009, 12.012]	7 **N** 질소 nitrogen 14.007 [14.006, 14.008]	8 **O** 산소 oxygen 15.999 [15.999, 16.000]	9 **F** 플루오린 fluorine 18.998	10 **Ne** 네온 neon 20.180
11 **Na** 소듐 sodium 22.990	12 **Mg** 마그네슘 magnesium 24.305 [24.304, 24.307]											13 **Al** 알루미늄 aluminium 26.982	14 **Si** 규소 silicon 28.085 [28.084, 28.086]	15 **P** 인 phosphorus 30.974	16 **S** 황 sulfur 32.06 [32.059, 32.076]	17 **Cl** 염소 chlorine 35.45 [35.446, 35.457]	18 **Ar** 아르곤 argon 39.95 [39.792, 39.963]
19 **K** 포타슘 potassium 39.098	20 **Ca** 칼슘 calcium 40.078(4)	21 **Sc** 스칸듐 scandium 44.956	22 **Ti** 타이타늄 titanium 47.867	23 **V** 바나듐 vanadium 50.942	24 **Cr** 크로뮴 chromium 51.996	25 **Mn** 망가니즈 manganese 54.938	26 **Fe** 철 iron 55.845(2)	27 **Co** 코발트 cobalt 58.933	28 **Ni** 니켈 nickel 58.693	29 **Cu** 구리 copper 63.546(3)	30 **Zn** 아연 zinc 65.38(2)	31 **Ga** 갈륨 gallium 69.723	32 **Ge** 저마늄 germanium 72.630(8)	33 **As** 비소 arsenic 74.922	34 **Se** 셀레늄 selenium 78.971(8)	35 **Br** 브로민 bromine 79.904 [79.901, 79.907]	36 **Kr** 크립톤 krypton 83.798(2)
37 **Rb** 루비듐 rubidium 85.468	38 **Sr** 스트론튬 strontium 87.62	39 **Y** 이트륨 yttrium 88.906	40 **Zr** 지르코늄 zirconium 91.224(2)	41 **Nb** 나이오븀 niobium 92.906	42 **Mo** 몰리브데넘 molybdenum 95.95	43 **Tc** 테크네튬 technetium	44 **Ru** 루테늄 ruthenium 101.07(2)	45 **Rh** 로듐 rhodium 102.91	46 **Pd** 팔라듐 palladium 106.42	47 **Ag** 은 silver 107.87	48 **Cd** 카드뮴 cadmium 112.41	49 **In** 인듐 indium 114.82	50 **Sn** 주석 tin 118.71	51 **Sb** 안티모니 antimony 121.76	52 **Te** 텔루륨 tellurium 127.60(3)	53 **I** 아이오딘 iodine 126.90	54 **Xe** 제논 xenon 131.29
55 **Cs** 세슘 caesium 132.91	56 **Ba** 바륨 barium 137.33	57-71 란타넘족 lanthanoids	72 **Hf** 하프늄 hafnium 178.49(2)	73 **Ta** 탄탈럼 tantalum 180.95	74 **W** 텅스텐 tungsten 183.84	75 **Re** 레늄 rhenium 186.21	76 **Os** 오스뮴 osmium 190.23(3)	77 **Ir** 이리듐 iridium 192.22	78 **Pt** 백금 platinum 195.08	79 **Au** 금 gold 196.97	80 **Hg** 수은 mercury 200.59	81 **Tl** 탈륨 thallium 204.38 [204.38, 204.39]	82 **Pb** 납 lead 207.2	83 **Bi** 비스무트 bismuth 208.98	84 **Po** 폴로늄 polonium	85 **At** 아스타틴 astatine	86 **Rn** 라돈 radon
87 **Fr** 프랑슘 francium	88 **Ra** 라듐 radium	89-103 악티늄족 actinoids	104 **Rf** 러더포듐 rutherfordium	105 **Db** 두브늄 dubnium	106 **Sg** 시보귬 seaborgium	107 **Bh** 보륨 bohrium	108 **Hs** 하슘 hassium	109 **Mt** 마이트너륨 meitnerium	110 **Ds** 다름슈타튬 darmstadtium	111 **Rg** 뢴트게늄 roentgenium	112 **Cn** 코페르니슘 copernicium	113 **Nh** 니호늄 nihonium	114 **Fl** 플레로븀 flerovium	115 **Mc** 모스코븀 moscovium	116 **Lv** 리버모륨 livermorium	117 **Ts** 테네신 tennessine	118 **Og** 오가네손 oganesson
		57 **La** 란타넘 lanthanum 138.91	58 **Ce** 세륨 cerium 140.12	59 **Pr** 프라세오디뮴 praseodymium 140.91	60 **Nd** 네오디뮴 neodymium 144.24	61 **Pm** 프로메튬 promethium	62 **Sm** 사마륨 samarium 150.36(2)	63 **Eu** 유로퓸 europium 151.96	64 **Gd** 가돌리늄 gadolinium 157.25(3)	65 **Tb** 터븀 terbium 158.93	66 **Dy** 디스프로슘 dysprosium 162.50	67 **Ho** 홀뮴 holmium 164.93	68 **Er** 어븀 erbium 167.26	69 **Tm** 툴륨 thulium 168.93	70 **Yb** 이터븀 ytterbium 173.05	71 **Lu** 루테튬 lutetium 174.97	
		89 **Ac** 악티늄 actinium	90 **Th** 토륨 thorium 232.04	91 **Pa** 프로트악티늄 protactinium 231.04	92 **U** 우라늄 uranium 238.03	93 **Np** 넵투늄 neptunium	94 **Pu** 플루토늄 plutonium	95 **Am** 아메리슘 americium	96 **Cm** 퀴륨 curium	97 **Bk** 버클륨 berkelium	98 **Cf** 캘리포늄 californium	99 **Es** 아인슈타이늄 einsteinium	100 **Fm** 페르뮴 fermium	101 **Md** 멘델레븀 mendelevium	102 **No** 노벨륨 nobelium	103 **Lr** 로렌슘 lawrencium	

참조) 표준 원자량은 2011년 IUPAC에서 결정한 새로운 형식을 따른 것으로 [ ] 안에 표시된 숫자는 2 종류 이상의 안정한 동위원소가 존재하는 경우에 지각 시료에서 발견되는 자연 존재비의 분포를 고려한 표준 원자량의 범위를 나타낸 것임. 자세한 내용은 *https://iupac.org/what-we-do/periodic-table-of-elements/*을 참조하기 바람.

제2판

일반화학 실험

General Chemistry Laboratory

이홍인 지음

자유아카데미

1판 머리말

"모든 것은 원자로 이루어져 있다." 노벨 물리학상 수상자인 유명한 과학자 리처드 파인만(Richard Feynman)은 모든 과학 서적을 불태우고 단 한 줄만 후대에 전해야만 한다면 이 문장을 전할 것이라고 했다. 현대 화학의 출발점은 바로 이 문장이라고 할 수 있다. 화학은, 모든 물질은 원자로 이루어져 있다는 것을 바탕으로, 물질의 변화를 물질의 탄생이 아니라 기존에 있는 원자들의 재배열 과정으로 해석하여 이해하고자 하는 학문이다. 지금 이 글을 읽고 있는 여러분의 호흡 과정에서도, 종이가 밝은 빛을 내며 타는 과정에서도 끊임없이 원자들이 재배열하고 있다. 우리는 호흡이나 연소와 같이 눈으로 관찰할 수 있는 거시세계에서의 변화가 원자와 같은 미시세계의 변화 때문에 일어난다는 것을 어떻게 알았을까? 그것은 바로 관찰이다. 과학은 관찰로부터 출발하였으며 수많은 관찰을 설명하고자 하고 검증하는 과정에서 물질세계에서 일어나는 현상에 대한 근본적인 원리를 이해하게 되었다. 이로부터 현재의 화려한 과학 물질문명이 이루어졌다. 과학 발전의 과정은 현재진행형이며, 이를 통해 지금의 물질문명이 가지고 있는 문제점을 찾아내어 해결함으로써 보다 나은 미래를 향해 가는 것이다. 화학은 원자의 재배열이라는 관점으로 세상을 바라보고 과학이 발전하는 과정에서 그 역할을 하고자 하는 학문이다.

따라서 물질세계에서 일어나는 현상을 관찰하는 능력을 기르는 것은 자연계열의 학문을 공부하는 모든 학생이 갖추어야 할 필수적인 요소이다. 이를 돕기 위해 대학교의 기초과학 과정에 실험 과목이 편성되어 있다. 그동안의 과학 발전 과정에서 관찰 행위를 위한 검증된 방법과 도구들이 개발되어 왔으며, 실험 과목에서는 이들 검증된 방법과 도구를 사용하여 관찰하고 기록하는 법을 터득하게 될 것이다. 또한 눈으로 직접 봄으로써 교과서에 기술되어 있는 내용을 보다 정확히 이해하는 데 도움을 받을 것이다. 여러 기초과학실험 중 특히 화학실험은 중심적인 위치에 있는 것으로서 화학실험을 통해 기타 자연계열의 전공 학문에서 수행할 실험을 위한 기초적인 내용들을 파악하게 될 것이다.

이 책은 크게 기본, 실험, 부록의 세 부분으로 구성되어 있다. 기본 부분에서는 화학실험을 위해 기본적으로 알아야할 내용을 정리한 것이며, 부록은 실험 결과를 해석하는 데 필요한 상수 또는 실험값을 정리한 것이다. 실험 부분은 각 실험을 통해 파악하여야 할 개념, 개념의 이해를 돕기 위한 이론적 설명, 실험의 구체적 내용 등이 기술되어 있다. 특히 개념의 이해를 돕기 위한 이론적 설명 부분은 단원 안에서 충분히 이해가 될 수 있도록 기술하고자 하였으며 관련되어 있는 다른 실험 내용과 연결하고자 하였다. 이 책을 통해 많은 학생이 기초화학을 공부하는 데 재미를 느끼고, 앞으로 공부할 자연계열 전공에 도움이 되었으면 하는 바람이다.

끝으로 이 책을 쓰는 데 있어서 자료 조사에 많은 도움을 준 조형화 박사와 편집에 수고를 아끼지 않은 자유아카데미 출판사 관계자 여러분께 감사의 말씀을 전한다.

2013년 가을

저자 씀

2판 머리말

「일반화학실험」이 발간된 지 벌써 10여 년이 지났다. 그동안 화학계에는 많은 변화가 있었으며, 이를 반영하고자 이번에 새롭게 개정판을 발간하게 되었다. 그중에서도 가장 두드러진 변화는 주기율표의 완성과 몰(mole) 정의의 개정일 것이다. 과거에는 주기율표 곳곳에 빈자리가 남아 있었으나, 이제는 118번 원소 오가네손(Oganesson, Og)까지 모든 원소가 정식 명칭과 원자번호를 갖게 되었다. 앞으로 상당 기간 주기율표의 큰 변화는 없을 것으로 보이나, 118번 이후의 원소를 합성하고자 하는 연구가 활발히 진행되고 있어, 미래의 변화를 지켜보는 일도 흥미로울 것이다. 몰의 정의 역시 기존의 탄소-12(^{12}C) 기반에서 아보가드로 상수를 기준으로 한 새로운 정의로 바뀌었다. 이러한 변화를 이번 개정판에 반영하였으며, 여러 물리 상수의 값도 CODATA(2022) 기준으로 통일해 정리하였다. 또한 실험 내용 면에서 부족하다고 느껴졌던 상변화 개념의 이해를 돕는 새로운 실험을 추가하였고, 환경에 대한 관심이 높아진 시대적 흐름에 맞추어 기초적인 환경화학 실험도 보강하였다. 지난 10년 동안 우리의 삶 전반에서 가장 큰 변화는 단연 인공지능(AI)의 발전일 것이다. 인공지능은 화학 분야에도 급격한 혁신을 가져오고 있으며, 이에 따라 AI를 활용한 계산 실습을 이번 개정판에 새롭게 포함하였다.

이번 개정판이 학생들의 기초화학에 대한 이해에 더욱 도움이 되기를 기대한다.

2026년 2월

저자 씀

차례

기본사항

실험 I

실험 Ⅱ

실험 Ⅲ

부록

기본사항

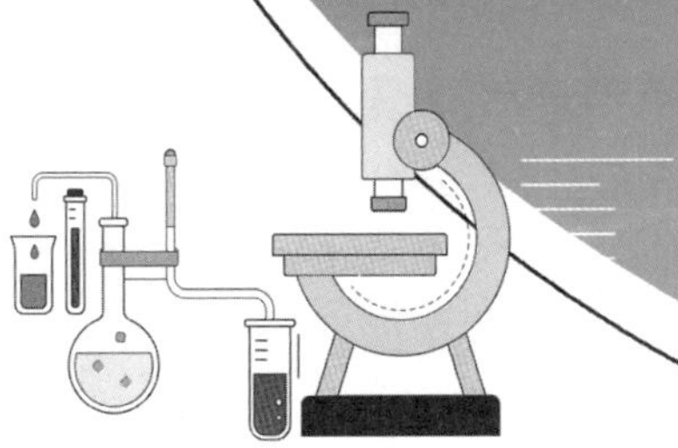

기본 01 실험실 규칙

1 서론

화학 실험에서는 화학 약품과 유리 기구 등을 다루기 때문에, 주의하지 않으면 실험 도중 부상을 당하거나 사고가 일어날 가능성이 있다. 따라서 학생들은 화학 실험실에서 교수님이나 조교로부터 사용할 시약의 위험성과 기구의 올바른 사용법 등 안전에 대한 많은 이야기를 듣게 될 것이다. 이는 때때로 학생을 불안하게 하거나 실험에 집중할 수 없게 만들 수도 있지만, 실험실에 상존하는 위험성을 인식하고 이를 어떻게 피하며 사고가 일어났을 때는 어떻게 대처해야 하는가를 아는 것은 매우 중요하다. 아래에 소개할 실험실 규칙들은 개개의 항목이 특정한 목적을 가지고 있다. 실험에 참여하는 모든 사람이 안전하게 실험을 마치기 위해서는 이 규칙을 잘 인지하고 반드시 지켜야 한다.

2 복장 규정

(1) **실험실에서는 항상 보안경을 착용해야 한다.** 실험 도중 위험한 액체나 고체 물질이 튀어 눈에 닿을 수 있다. 눈은 매우 예민하기 때문에 적은 양의 위험 물질에도 손상될 수 있으므로 실험실에서는 항상 보안경을 착용해야 한다.

(2) **실험실에서는 콘택트렌즈를 착용해서는 안 된다.** 보안경은 위험한 액체나 고체 물질로부터 눈을 보호할 수 있지만 기체로부터는 눈을 보호하지 못한다. 화학 실험실에서 발생하는 기체 중에는 콘택트렌즈에 흡수되어 렌즈를 마르게 하는 것도 있다.

(3) **실험실에서는 항상 실험복을 입어야 한다.** 화학 약품을 쏟았을 때 실험복은 위험한 약품으로부터 여러분의 피부를 보호할 것이다.

(4) 실험실에서는 샌달 등 발이 노출되는 신발과 굽이 높은 신발을 신어서는 안 된다. 화학 약품을 쏟았을 때 샌달 등 발이 노출되는 신발을 신으면 부상의 위험이 있다. 또한 굽이 높은 신발은 몸의 균형을 잡는 데 불리하다. 실험실에서 몸의 균형을 잃어 넘어지면 큰 사고로 이어질 수 있다.

(5) 실험실에서는 반바지나 짧은 치마를 입어서는 안 된다. 실험복이 여러분의 피부를 완전히 가리는 것은 아니다. 따라서 앞에서와 마찬가지로 위험한 약품을 쏟았을 때 반바지나 짧은 치마를 입었을 경우 피부가 손상을 입을 위험이 있다.

(6) 실험실에서는 귀걸이나 목걸이 등의 장신구를 착용해서는 안 된다. 귀걸이나 목걸이의 금속 성분과 피부 사이에 실험 중 발생한 기체가 농축될 수 있다. 그리고 실험 도중 목걸이에 기구 등이 걸릴 수 있으므로 장신구를 착용해서는 안 된다.

(7) 실험실에서는 넥타이를 착용해서는 안 되며, 소매가 느슨한 복장을 하여서도 안 된다. 넥타이나 느슨한 소매는 실험 도중 약품에 닿거나 기구를 넘어뜨릴 우려가 있다.

(8) 실험실에서는 긴 머리를 단정히 묶어야 한다. 넥타이나 느슨한 소매처럼 긴 머리는 실험 도중 약품에 닿거나 기구를 넘어뜨릴 우려가 있다.

3 실험실에서의 행동 규칙

(1) 실험실에서 안전 기구들의 위치를 파악하고 기억하라. 실험 도중 부상이나 사고가 발생하였을 때 사용할 소화기, 응급 눈 처리 샤워기(emergency eye shower), 응급 전신 샤워기, 방화용 모포 등 안전 기구의 위치를 잘 파악하고 기억해야 한다.

(2) 실험실에서는 뛰거나 장난을 쳐서는 안 된다.

(3) 실험실에 들어오기 전에 실험의 내용을 미리 읽어 파악한다. 이는 사용할 약품과 기구의 위험성을 알고 다루는 데 도움을 주어 차분하고 정확하게 실험을 할 수 있게 한다.

(4) 실험실에는 어떠한 음식물도 가지고 들어오면 안 된다.

(5) 실험을 마치고 실험실을 나갈 때는 손을 깨끗이 씻는다.

(6) 부상을 당했을 때는 부상의 정도에 상관없이 즉시 실험실 관리자에게 알린다.

(7) 사고가 발생하였을 때는 큰 소리로 즉시 실험실 관리자에게 알린다.

(8) **사용하지 않는 서랍은 항상 닫아 둔다.** 서랍에서 필요한 실험 기구 등을 꺼낸 후에는 즉시 닫고 실험을 한다.

4 시약과 실험 기구의 사용 규칙

(1) **시약병에 붙어 있는 라벨은 두 번씩 읽어 확인한다.** 많은 화학 약품은 그 이름이 비슷하여 언뜻 보았을 때 잘못 착각할 수 있다. 예를 들어 potassium sulfate, potassium sulfite, potassium sulfide는 모두 다른 성질을 가지고 있는 화합물이지만 그 이름은 상당히 유사하다. 따라서 실험을 할 때 사용하고자 하는 약품인지 시약병의 라벨을 적어도 두 번 주의 깊게 읽고 확인한 후 사용해야 한다.

(2) **허락 받지 않은 대체 시약은 사용하지 않는다.** 실험을 하다가 정해진 시약과 비슷한 성질을 가진 시약을 사용하였을 때 어떠한 현상이 일어날까 궁금하여 시약을 대체하고자 할 경우가 있다. 이때는 반드시 실험실 관리자로부터 허락을 받고 사용해야 한다.

(3) **라벨이 없는 시약병의 시약은 사용하지 않는다.**

(4) **화학 약품의 냄새를 직접 맡지 않는다.** 화학 약품이나 실험 중 발생한 생성물의 냄새를 맡아야 할 경우 한 손으로 병이나 시험관을 잡고 코에서 30 cm 이상의 거리를 두고 다른 손으로 가볍게 바람을 일으켜 냄새를 맡는다.

(5) **사용하고 남은 시약은 다시 시약병에 넣지 않는다.** 시약병에서 꺼낸 약품은 남더라도 다시 원래의 시약병에 넣지 않는다.

(6) **깨진 유리는 절대 맨손으로 집지 않는다.** 깨진 유리는 크기에 상관없이 위험하므로 비를 이용하여 쓸어 담은 후 폐유리 회수 용기에 넣는다.

(7) **금이 가거나 깨진 유리 기구는 절대 사용하지 않는다.** 손상된 유리 기구를 발견하면 즉시 실험실 관리자에게 알리고 교환한다.

(8) **가열한 실험 기구는 오래 지나도 열기가 남아 있으므로 특히 주의해야 한다.**

(9) **열려있는 용기(비커, 플라스크, 시험관 등)는 절대 위에서 바로 내려 보아서는 안 된다.**

5 화재 발생 경우의 행동 요령

(1) 화재가 발생하였을 경우에는 당황하지 말고 큰 소리로 실험실에 있는 모든 사람에게 알린다.

(2) 옷에 붙은 작은 불은 가볍게 두드려서 끈다.

(3) 옷에 큰 범위로 불이 붙었을 경우에는 다음의 세 가지 중 하나를 빨리 선택하여 불을 끈다. 1. 바닥에 누워 좌우로 구른다. 2. 응급 전신 샤워기를 사용한다. 3. 방화용 모포를 사용한다.

(4) 소화기를 직접 사람에게 사용해서는 안 된다. 이산화 탄소 소화기는 매우 낮은 온도의 이산화 탄소를 뿜기 때문에 사람에게 직접 사용하였을 경우 쇼크나 동상을 일으킬 수 있다. 그 밖의 화학 소화기들도 피부에 손상을 입힐 수 있다. 모든 소화기는 사람을 기절시킬 수 있으므로 사람에게 직접 사용해서는 안 된다.

(5) 비커 등 실험 기구 안에서 불이 났을 경우에는 용기 위를 유리 접시나 방염 처리된 그릇 등으로 덮어 끈다.

(6) 불이 붙어 있는 물건은 절대 옮기려고 해서는 안 된다.

(7) 화학 약품에서 불이 났을 경우에는 물로 불을 끄려고 해서는 안 된다. 발화성 용매는 대부분 물에 뜨기 때문에 물을 사용할 경우 화재의 범위가 늘어난다. 화학 약품 중에는 물과 격렬히 반응하는 것도 있다.

(8) 소화기를 사용해야 할 경우에는 다음의 순서로 한다. 1. 소화기를 사용할 사람은 출입구를 등지고 위치한다.(불이 꺼지지 않으면 즉시 출입구로 나가 탈출한다.) 2. 소화기의 안전핀을 뽑는다. 3. 노즐이 불의 밑 부분을 향하도록 한 후 소화제를 앞뒤로 분사시킨다.

(9) 큰 불이 났을 경우에는 큰 소리로 모든 사람에게 알리고 즉시 실험실(건물) 밖으로 탈출한 후 119에 신고한다.

6 화학 약품을 쏟았을 경우의 행동 요령

(1) 화학 약품을 쏟았을 경우에는 즉시 실험실 관리자에게 알린다.

(2) 옷에 화학 약품을 쏟았을 경우에는 화학 약품이 닿은 모든 부분을 찢어서 버리고, 옷 아래 부분의 피부를 충분한 양의 물로 씻는다.

(3) 피부에 직접 화학 약품을 쏟았을 경우에는 충분한 양의 물로 씻는다.

(4) 실험대나 실험실 바닥에 화학 약품을 쏟았을 경우에는 중화시킨 후 깨끗이 닦는다. 산은 sodium bicarbonate로, 염기는 식초로 중화시킨다. 어떻게 중화시켜야 할지 잘 모를 경우에는 실험실 관리자에게 알리고 지시에 따른다.

(5) 저울 근처에서 화학 약품을 쏟지 않도록 주의한다. 쏟았을 경우에는 붓을 사용하여 약품을 쓸어 쓰레받기에 담고 지정된 용기에 버린다.

(6) 일반 화학 실험에서는 잘 사용하지 않으나 혹시 수은이나 납 등의 중금속을 쏟았을 경우에는 즉시 실험실 관리자에게 알리고 적절한 조처가 취해지도록 한다.

(7) 물질안전보건자료(Material Safety Data Sheet, MSDS)는 화학 약품의 독성, 처리 방법, 성격 등에 관한 정보를 정리하여 놓은 것이다. 특정 화학 약품을 사용할 때 안전에 관한 정확한 내용을 알고 싶으면 다음의 웹사이트를 방문하여 검색한다.
   1. http://www.kosha.or.kr/bridge?menuId=69 (한국산업안전보건공단)
   2. http://www.ilpi.com/msds/ (MSDS를 제공하는 많은 웹사이트의 정보를 제공)

화학 실험실에서의

기본 02 화학 실험 기구의 종류

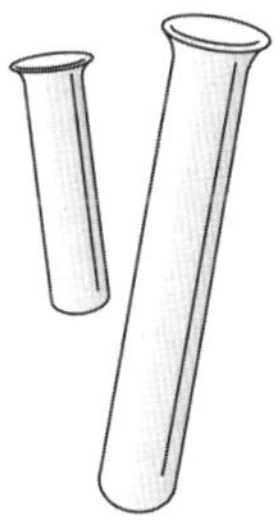

시험관
(test tube)

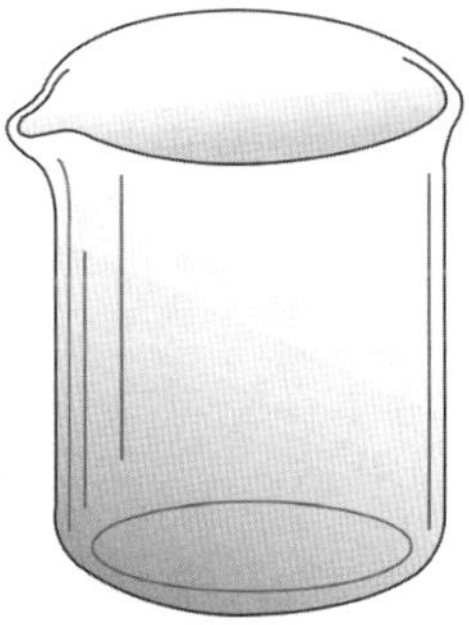

비커
(beaker)

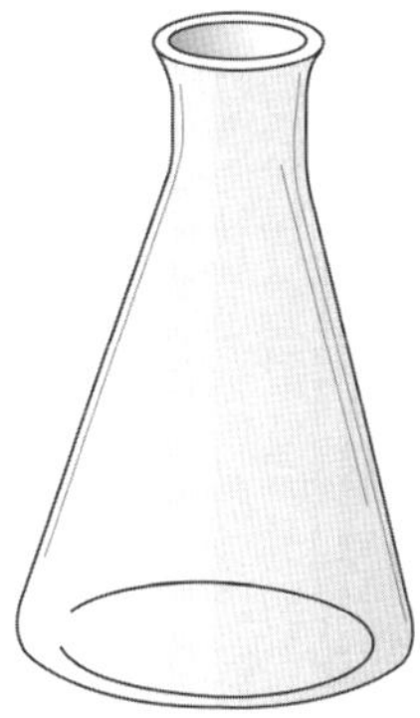

삼각 플라스크
(erlenmeyer flask)

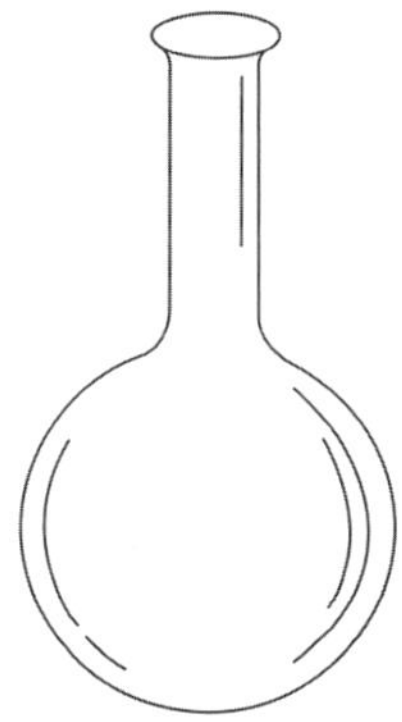

둥근 바닥 플라스크
(round bottom flask)

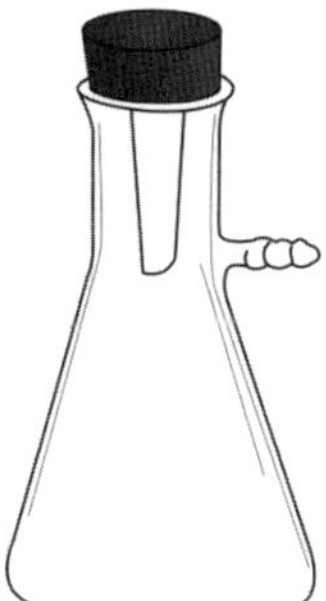

감압 플라스크
(suction flask)

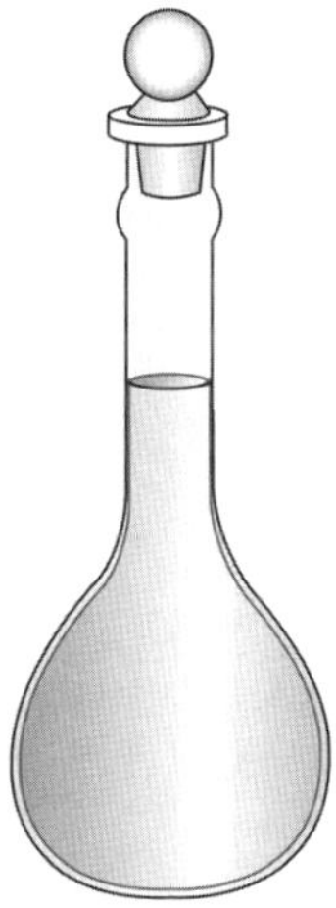

부피 플라스크
(volumetric flask)

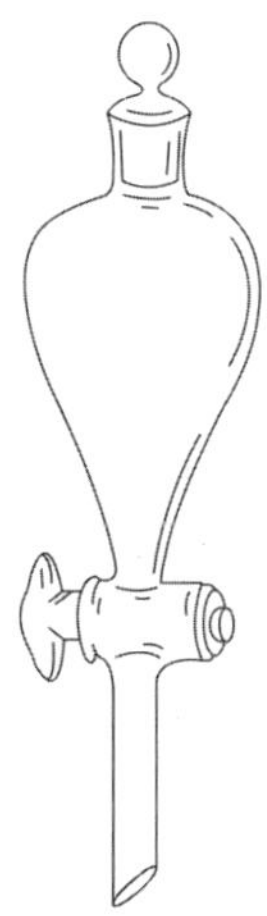

분별 깔때기
(separation funnel)

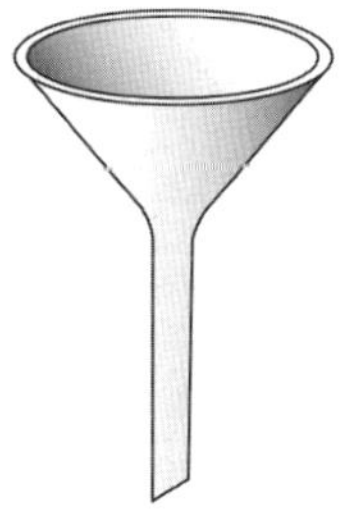

깔때기
(funnel)

뷰흐너 깔때기
(Büchner funnel)

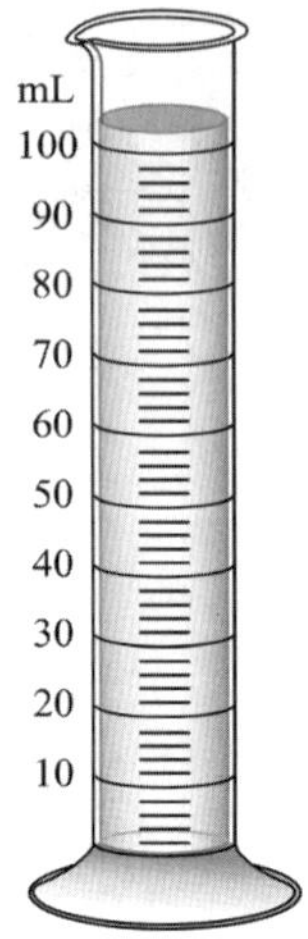

눈금 실린더
(graduate cylinder)

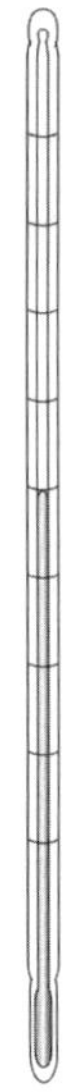

온도계
(thermometer)

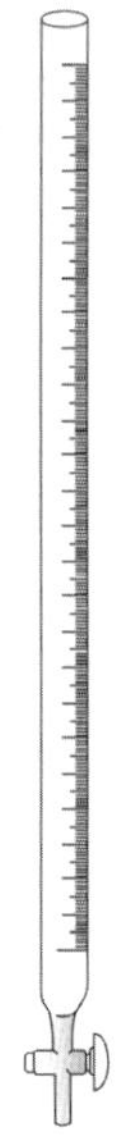

뷰렛
(buret)

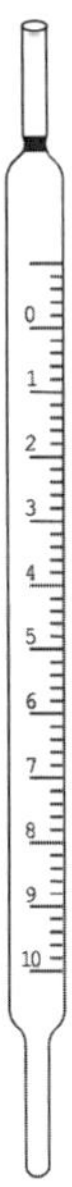

눈금 피펫
(pipette)

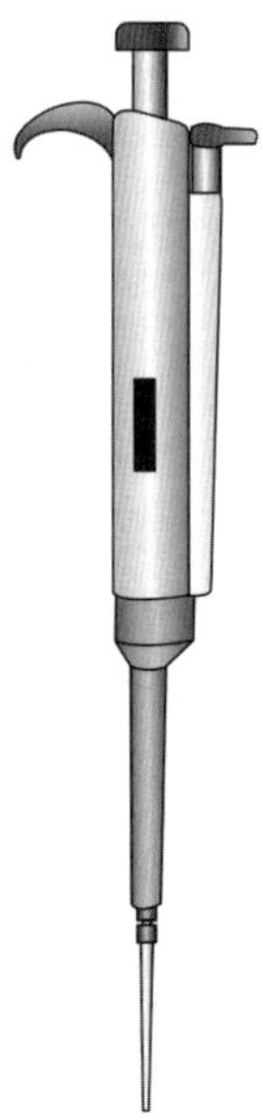

마이크로 피펫
(micropipette)

부피 피펫
(volumetric pipette)

파스퇴르 피펫(스포이드)
(Pasteur pipette, spoid)

피펫 채우개
(pipette filler)

모세관
(capillary tube)

막자사발과 막자
(mortar and pestle)

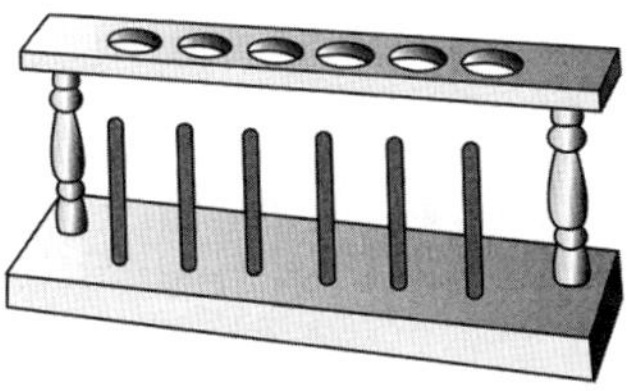

시험관대
(test tube rack)

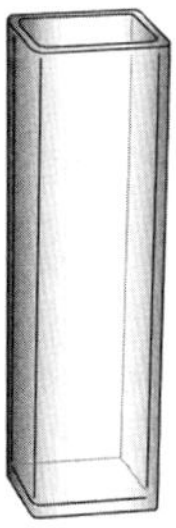

큐벳
(cuvette)

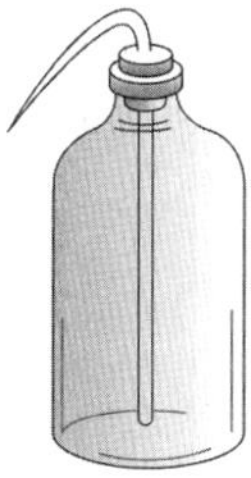

씻기병
(wash bottle)

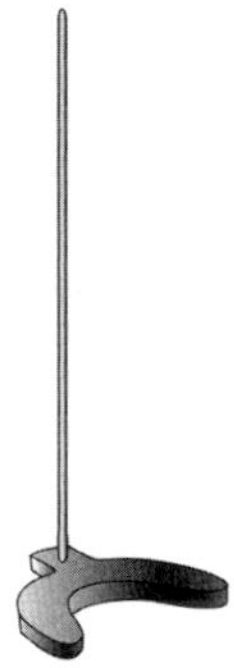

스탠드
(stand)

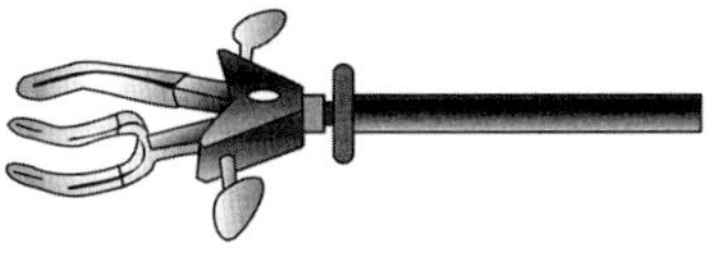

클램프
(clamp)

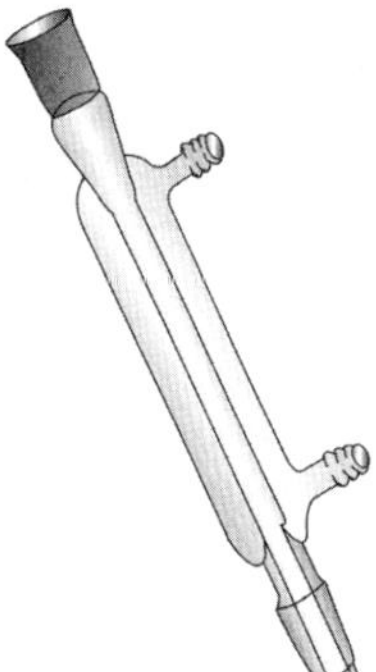

냉각기
(condenser)

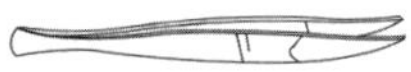

핀셋
(pincette)

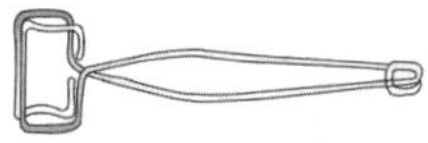

시험관 집게
(test tube holder)

약숟가락
(spatula)

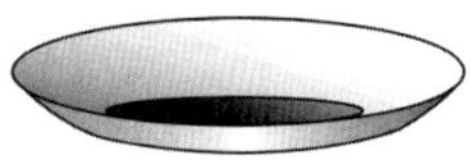

시계 접시
(watch glass dish)

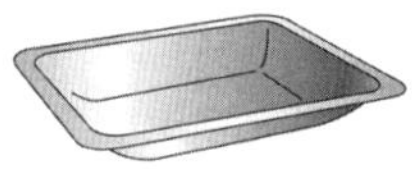

무게 접시
(weighing dish)

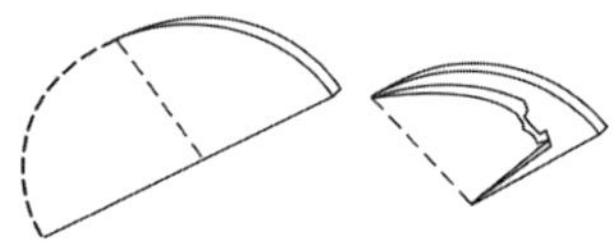

거름종이
(filter paper)

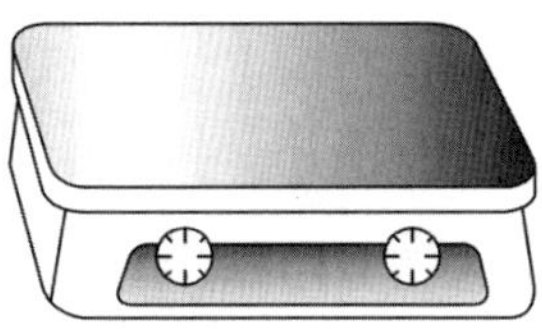

가열교반기
(hot plate stirrer)

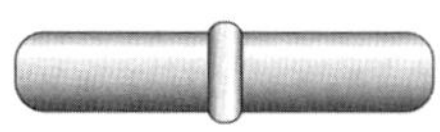

자석 젓개 막대
(magnetic stirring bar)

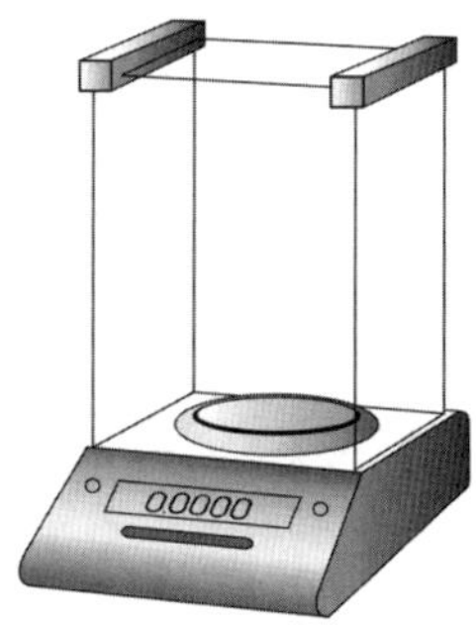

전자 저울
(analytical electronic balance)

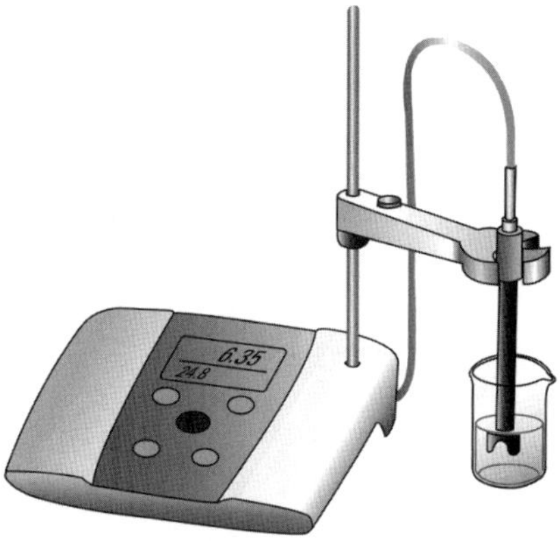

pH 미터
(pH meter)

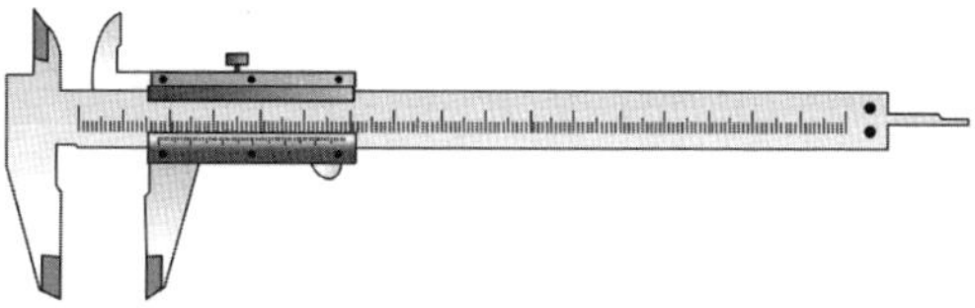

버니어 캘리퍼스
(Vernier calliper)

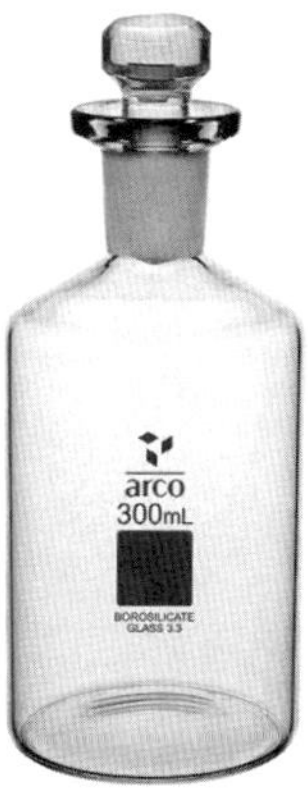

BOD병
(배양병)

기본 03 기구 및 기기 사용법

1 눈금 실린더 사용법

눈금 실린더는 액체의 부피를 측정하는 기구이다. 눈금 실린더에는 **그림 기본3-1**처럼 실린더 밖에 눈금이 그어져 있으며 100 mL 용량 등 다양한 용량이 있다. 따라서 눈금 실린더를 사용하기 위해서는 먼저 측정하고자 하는 액체의 부피에 따라 적당한 눈금 실린더를 선택해야 정밀하게 측정할 수 있다. 부피를 측정하기 위해서 먼저 실린더를 평평한 실험대 위에 놓고, 액체를 눈금 실린더에 천천히 붓는다. 대부분의 액체는 유리 용기에 담으면 표면 장력 때문에 위 표면이 **그림 기본3-1**과 같이 아래로 볼록한 형태를 띤다. 이를 메니스커스(meniscus)라고 한다. 부피를 측정하기 위해서는 눈의 높이를 메니스커스의 아래 부분과 일치시키고 눈금을 읽어 부피를 기록한다. 메니스커스의 아래 부분이 눈금 사이에 있을 때는 어떤 수를 부피로 기록해야 하는지는 **'화학 실험실에서의 기본 4. 측정의 불확실도와 유효 숫자'**를 참고하기 바란다.

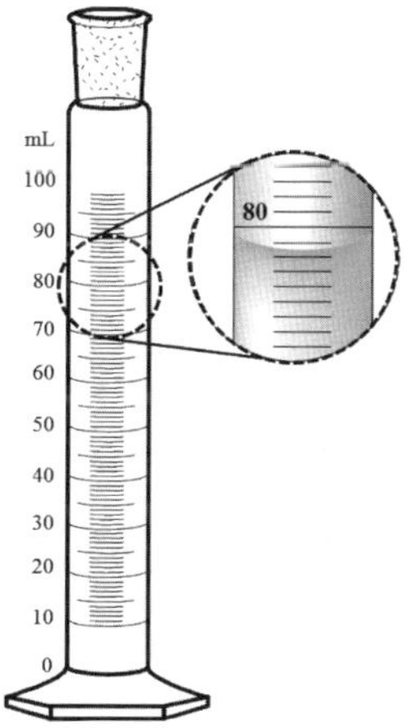

그림 기본3-1 눈금 실린더를 이용한 액체의 부피 측정. 액체 메니스커스의 아래 부분을 읽어야 한다.

2 뷰렛 사용법

뷰렛은 적정 등에 사용하는 기구로서, 실험 도중에 첨가한 액체의 부피를 알고자 할 때 사용한다. 뷰렛은 눈금이 그어져 있는 긴 관과 액체의 흐름을 조절하는 뷰렛 코크로 이루어져 있다. 뷰렛의 눈금은 눈금 실린더나 다른 용기와는 달리 부피를 표시하는 숫자가 위에서 아래로 증가한다.

뷰렛은 종종 뷰렛 끝이 아니라, 코크 부분으로 액체가 새는 경우가 있으므로, 이를 먼저 조사하여 액체가 새지 않도록 해야 한다. 조사하기 위해 먼저 뷰렛을 스탠드에 수직으로 고정하고, 코크를 가로 방향으로 돌려 잠근다. 뷰렛에 증류수를 충분히 붓고 코크 부분으로 물이 새는지 확인한다. 또한 코크를 세로 방향으로 하여 물이 뷰렛의 끝으로 일정하게 나오는지 확인한다. 만일 물이 새면 코크의 표면을 그리스(grease)로 얇게 바른 후, 뷰렛에 끼우고 위의 과정을 반복하여 물이 새지 않도록 해야 한다. 그리스를 바를 때 코크의 가운데 있는 물이 통과하는 구멍을 막지 않도록 주의해야 한다.

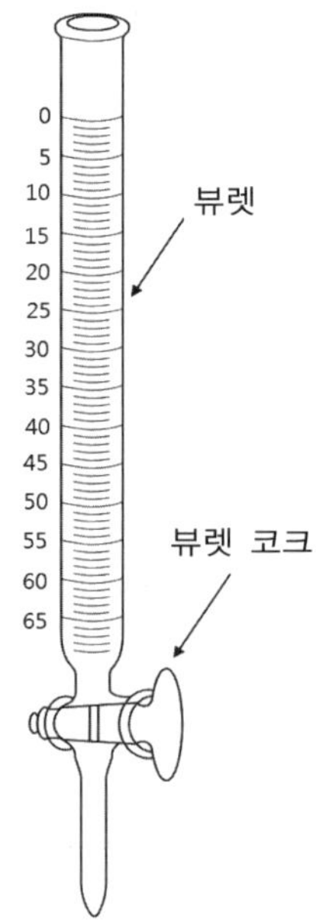

그림 기본3-2 뷰렛

뷰렛 사용법

1. 뷰렛을 스탠드에 수직으로 고정하고, 코크를 가로 방향으로 돌려 잠근다.
2. 뷰렛의 아래에 사용하지 않는 빈 비커를 놓는다.
3. 뷰렛에 첨가할 용액을 충분히 붓는다.
4. 코크를 세로로 돌려 용액이 서서히 흐르도록 한다.
5. 뷰렛의 코크 아래 부분에 용액이 완전히 차면 코크를 가로로 돌려 잠근다.
6. 눈금 실린더에서 설명한 방법으로 메니스커스의 아래 부분을 읽고 용액의 부피를 기록한다.
7. 뷰렛 아래에 있는 비커를 치우고, 용액을 첨가할 실험 비커를 뷰렛 아래에 놓는다.
8. 코크를 세로로 돌려 용액을 비커에 천천히 넣고, 원하는 순간에 코크를 가로로 돌려 잠근다.
9. 용액의 부피를 읽는다.
10. 나중 부피와 처음 부피의 차로부터 첨가한 용액의 부피를 계산한다.

3 부피 플라스크 사용법

부피 플라스크는 원하는 농도의 용액을 만들 때 사용한다. 부피 플라스크는 그림 기본3-3에서 볼 수 있는 바와 같이 둥글고 큰 아랫부분과 가늘고 긴 관의 윗부분으로 되어 있고 관에는 하나의 가로 눈금이 표시되어 있다. 또한 플라스크의 바닥에서 눈금까지의 부피가 플라스크의 겉면에 숫자로 쓰여 있다.

부피 플라스크 사용법

1. 원하는 농도의 용액을 만들기 위해 먼저 용질의 몰질량과 사용할 부피 플라스크의 용량을 조사한다.
2. 부피 플라스크에 넣을 용질의 질량을 식 기본3-2 관계로부터 구한다.

$$몰농도(M) = \frac{용질의 몰수(mol)}{용액의 부피(L)} = \frac{용질의 질량(g)/용질의 몰질량(g/mol)}{용액의 부피(L)}$$

(식 기본3-1)

$$용질의 질량(g) = 몰농도(M) \times 용액의 부피(L) \times 용질의 몰질량(g/mol)$$ (식 기본3-2)

$$= 몰농도(M) \times 부피 플라스크의 부피(L) \times 용질의 몰질량(g/mol)$$

3. 저울을 이용하여 위에서 계산한 질량의 용질을 담아내고 부피 플라스크에 넣는다. 플라스크에 넣을 때 무게 종이나 무게 접시에 용질이 남아 있으면 씻기병에 있는 용매로 조심스럽게 남아 있는 용질을 씻어 넣는다.
4. 용매를 부피 플라스크의 눈금까지 채운다. 이때 용매 메니스커스의 밑 부분이 눈금에 닿아야 한다.
5. 마개를 닿고 위아래로 두세 번 반복하여 뒤집어 용질이 고르게 녹도록 한다.

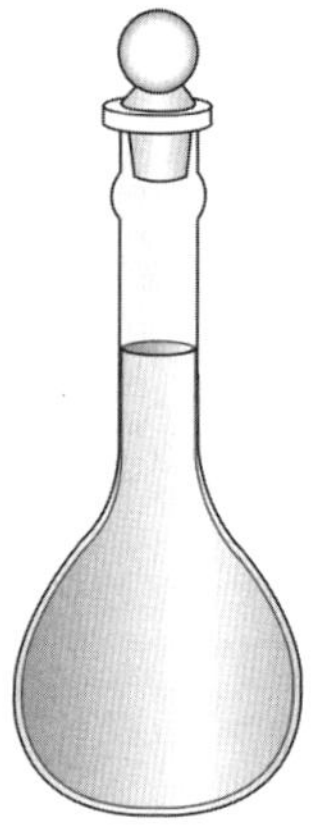

그림 기본3-3 부피 플라스크

4 피펫 사용법

피펫은 원하는 부피의 액체를 옮길 때 사용한다. 피펫에는 눈금 피펫, 부피 피펫, 마이크로 피펫, 파스퇴르 피펫(스포이드) 등이 있다(그림 기본3-4). 눈금 피펫은 원하는 부피의 액체를 취한 후 다른 용기로 옮길 때 사용하며, 부피 피펫은 정해진 부피를, 마이크로 피펫은 아주 적은 양의 액체를 정확한 부피만큼 옮길 때 사용한다. 파스퇴르 피펫은 한두 방울 정도의 액체를 용기에 떨어뜨릴 때 사용한다.

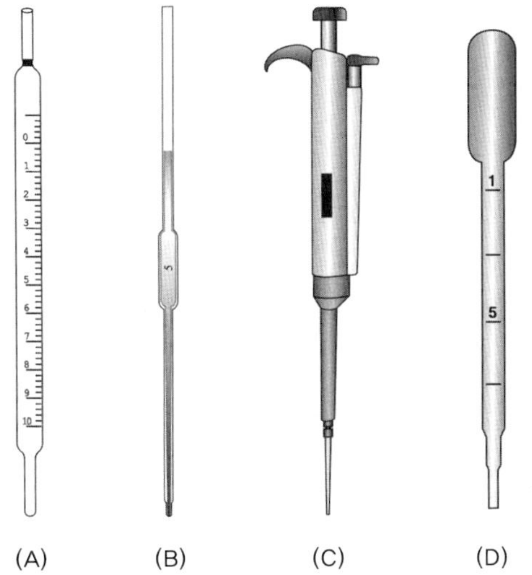

그림 기본3-4 (A) 눈금 피펫, (B) 부피 피펫, (C) 마이크로 피펫, (D) 파스퇴르 피펫(스포이드)

눈금 피펫과 부피 피펫 사용법

1. 피펫의 위에 피펫 채우개를 연결한다.
2. 자주 쓰지 않는 손(오른손잡이의 경우 왼손, 왼손잡이의 경우 오른손)의 엄지와 검지로 피펫의 상부를 잡고 다른 손가락으로는 피펫을 지지한다.
3. 자주 쓰는 손으로 피펫 채우개를 눌러 채우개 안의 공기를 뺀다.
4. 취하고자 하는 액체가 담긴 용기 위로 피펫을 옮기고, 피펫을 수직으로 한 후, 피펫의 아랫부분이 살짝 액체에 잠기도록 한다.
5. 피펫 채우개를 서서히 놓아주면서 원하는 눈금까지 액체를 빨아올린다.(또는 채우개에 따라 액체를 빨아올리기 위해 누르는 부분이 따로 있다. 이 부분을 누른다.)
6. 눈금을 초과하여 액체를 취했으면 채우개를 눌러 액체를 약간 뺀다.(또는 채우개에 따라 액체를 내리기 위해 누르는 부분이 따로 있다. 이 부분을 누른다.)
7. 액체를 넣을 용기 위로 피펫을 옮기고 피펫 채우개를 눌러 액체를 천천히 내린다. 약간의 액체가 피펫 끝에 남아 있으면, 피펫 위를 엄지로 막고 사용하지 않고 있는 손의 손바닥으로 피펫의 중심 부분을 움켜잡는다. 이때 피펫 내부의 온도가 올라가 남아 있는 액체가 밀려 나온다.

마이크로 피펫 사용법

1. 마이크로 피펫에는 20 μL, 200 μL, 1 mL 등 다양한 용량이 있으므로 취하고자 하는 액체의 부피에 따라 가장 근접한 것을 고른다.(예, 취하고자 하는 부피가 20 μL보다 크고 200 μL 이하일 경우 200 μL 마이크로 피펫을 사용한다.)
2. 사용하는 피펫에 맞는 팁(tip)을 마이크로 피펫의 아래 끝에 끼운다.
3. 피펫의 중간에 있는 돌림 손잡이를 돌려 원하는 부피의 숫자가 나타나도록 한다.
4. 취하고자 하는 액체가 담긴 용기 위로 피펫을 옮기고, 피펫을 수직으로 한 후, 팁의 아랫부분이 살짝 액체에 잠기도록 한다.
5. 엄지로 마이크로 피펫 위에 있는 피스톤 버튼을 아래로 누른다. 저항이 느껴지면 누르는 동작을 멈추고 그 상태를 유지한다.
6. 엄지에서 서서히 힘을 빼면 피스톤 버튼이 위로 올라오면서 팁에 액체가 따라 올라온다.
7. 사용하지 않는 손으로 액체를 담을 작은 용기를 잡고, 피펫의 팁을 넣은 후, 저항이 처음 느껴질 때까지 피스톤 버튼을 누른다. 잠시 후 다시 두 번째 저항이 느껴질 때까지 버튼을 눌러 팁에 남아 있는 액체를 완전히 뺀다.

5 감압 플라스크 사용법

감압 플라스크는 용액에 침전이 생겼을 때 침전을 거르기 위해 사용한다. 그림 기본3-5는 감압 플라스크의 연결 방법을 보여 주는 것이다.

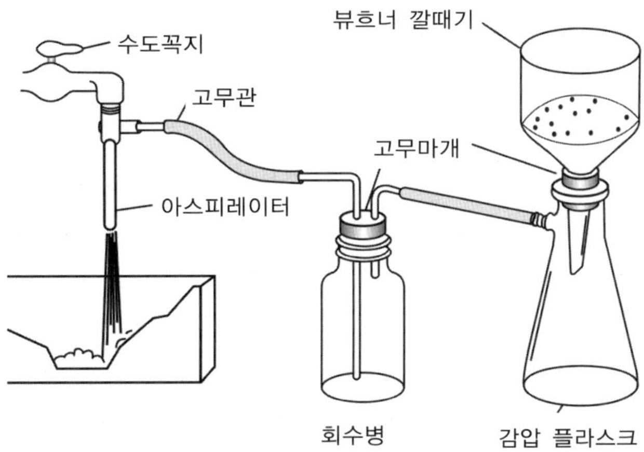

그림 기본3-5 감압 플라스크를 이용한 여과

감압 플라스크를 이용한 침전의 여과법

1. 감압 플라스크를 스탠드에 고정하고, 구멍이 있는 고무마개를 플라스크 위에 끼운다.
2. 고무마개 위에 뷰흐너 깔때기를 끼운다.
3. 감압 플라스크를 고무호스로 회수병과 아스피레이터에 연결한다.(아스피레이터 대신 진공 펌프를 사용해도 된다.)
4. 뷰흐너 깔때기 바닥에 거름종이를 놓는다.
5. 수도꼭지를 열어 물이 빨리 흐르게 하면 압력이 낮아져서 공기가 뷰흐너 깔때기에서 아스피레이터로 흐른다.
6. 침전이 있는 용액을 만들 때 사용한 용매로 거름종이를 약간 적신다.
7. 침전이 있는 용액을 거름종이 위에 조심스럽게 붓는다. 용기에 용액 또는 침전이 남아 있으면 여분의 용매로 용액과 침전을 씻어 거름종이에 붓는다.
8. 약간 기다려 용매가 완전히 빠져나가고 침전이 마르도록 한다.
9. 수도꼭지를 잠근다.(또는 진공 펌프를 끈다.)
10. 뷰흐너 깔때기에서 거름종이를 조심스럽게 꺼내어 다음 실험을 준비한다.

6 저울 사용법

저울은 시료의 질량을 측정하는 데 사용하는 기기로서 요즈음에는 대부분 사용이 간편한 전자저울을 사용한다. 화학 실험실에서 사용하는 저울은 0.001 g이나 0.0001 g의 정밀도를 가지는 저울을 많이 사용하는데, 0.0001 g 이하의 높은 정밀도를 가지는 저울을 특히 분석 저울(analytical balance)이라고 한다. 분석 저울은 아주 약한 바람에도 영향을 받기 때문에 **그림 기본3-6**에서 보는 바와 같이 유리로 막혀 있으며, 측면과 윗면의 유리는 시료를 넣고 뺄 수 있게 여닫이로 되어 있다.

분석 저울은 미세한 진동에도 민감하게 반응하므로 저울 근처에서는 뛰는 등의 충격을 주는 행동을 해서는 안 된다. 그리고 시료를 놓는 저울대 위 또는 부근에 이물질이 있으면 붓으로 쓸어내어 항상 근처를 깨끗하게 유지해야 한다. 아래는 분석 저울의 일반적인 사용 방법이며 제조사에 따라 약간의 차이가 있으니 사용하기 전에 제조사에서 제공하는 설명서를 항상 참고해야 한다.

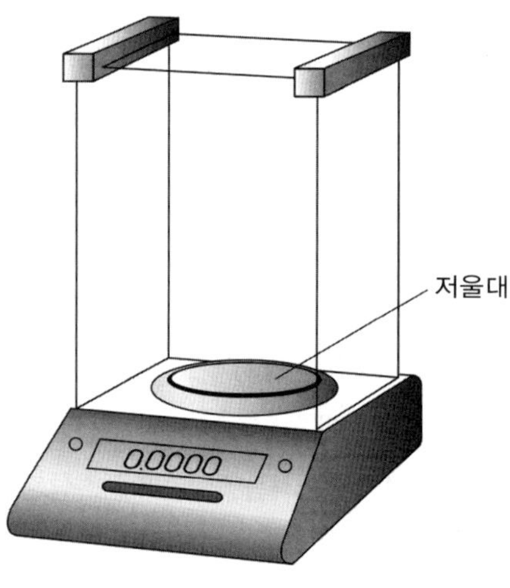

그림 기본3-6 분석 저울

분석 저울 사용법

1. 저울을 켜기 전에 유리창이 닫혀 있고, 저울대가 제대로 놓여 있는지, 저울대 근처가 깨끗한지 확인한다.
2. 저울을 켜고 계기판에 0.0000 g이 나타날 때까지 기다린다.

3. 여닫이창을 열고 무게 접시 또는 시료를 담을 용기를 저울대 위에 조심스럽게 놓은 후, 여닫이창을 닫는다.
4. 계기판의 숫자가 안정되면 'Tare' 또는 'Zero' 버튼을 눌러 0.0000 g이 되도록 한다.
5. 여닫이창을 열고 약숟가락으로 용기에 시료를 넣은 후, 여닫이창을 닫는다.
6. 계기판의 숫자가 안정되면, 계기판의 숫자를 기록한다.
7. 용기를 꺼낸 후 여닫이창을 닫는다. 이때 저울대 근처가 지저분하면 붓으로 깨끗이 쓸어낸다.
8. 숫자가 안정될 때까지 기다린 후, 'Tare' 또는 'Zero' 버튼을 눌러 0.0000 g이 되도록 하고 저울을 끈다.

7 버니어 캘리퍼스 사용법

버니어 캘리퍼스는 길이를 정밀하게 측정할 수 있는 유용한 도구이다. 버니어 캘리퍼스는 내경, 외경, 깊이를 측정할 수 있는 부분 그리고 고정자와 이동자로 이루어져 있다(그림 기본3-7). 이동자를 움직이면 내경, 외경, 깊이를 측정할 수 있는 부분이 함께 움직이는데, 측정 대상에 맞추어 필요한 부분을 사용하면 된다. 다음은 버니어 캘리퍼스를 이용하여 길이를 측정하는 방법이다.

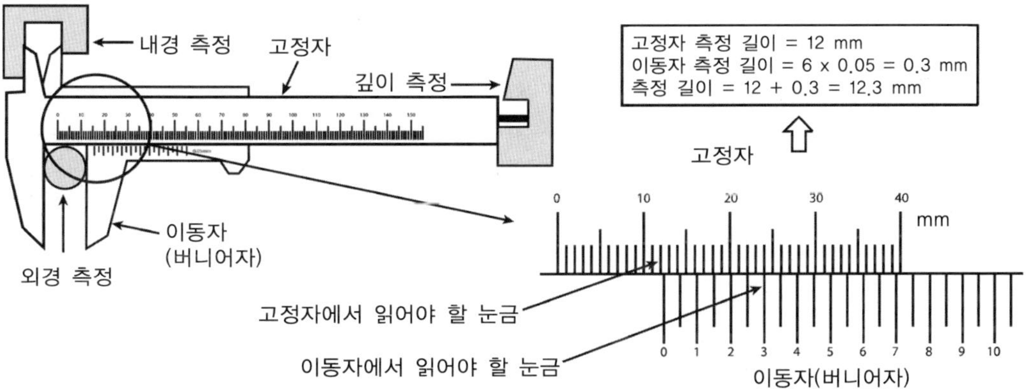

그림 기본3-7 버니어 캘리퍼스 읽는 법

버니어 캘리퍼스 사용법

1. 이동자를 움직여 측정하고자 하는 대상에 맞추고, 고정 나사를 돌려 이동자가 움직이지 않도록 한다.
2. 이동자의 첫 눈금 바로 앞에 있는 고정자의 눈금을 읽는다.(그림 기본3-7. 12 mm)
3. 이동자의 눈금을 왼쪽에서부터 꼼꼼히 확인하여, 고정자의 눈금과 이동자의 눈금이 일치하는 이동자의 눈금을 찾는다.(그림 기본3-7. 0에서부터 여섯째 눈금)
4. 식 기본3-3을 이용해 이동자로부터 측정된 길이를 계산한다.(그림 기본3-7. 6/20 mm = 0.3 mm)

$$\text{이동자 측정 길이} = \frac{\text{일치하는 이동자 눈금의 순서}}{\text{이동자의 눈금 간격의 전체 개수}} \times \text{고정자 눈금의 단위}$$

(식 기본3-3)

5. 고정자와 이동자에서 측정된 길이의 합이 측정하고자 하는 길이이다.(그림 기본3-7. 12 mm + 0.3 mm = 12.3 mm)

요즈음에는 측정 길이가 계기판에 숫자로 바로 표시되는 디지털 버니어 캘리퍼스도 많이 사용하고 있다. 디지털 버니어 캘리퍼스의 사용법은 위의 내용과 같다.

8 pH 미터 사용법

pH 미터는 주로 수용액의 $pH(= -\log[H^+])$를 측정하는 데 사용한다. pH 미터는 전자 패널과 측정 용액에 담길 유리 전극으로 이루어져 있다.(그림 기본3-8) 전극은 마르면 제대로 작동하지 않기 때문에, 사용하지 않을 때는 항상 전극 보관 용액에 담가 놓아야 한다. 보관 용액으로는 3M KCl 수용액을 주로 사용하며, pH 4 완충 용액을 사용하기도 한다. 보관 용액이 없을 때는 응급으로 증류수 또는 pH 7 완충 용액에 보관할 수도 있다. 그러나 증류수나 pH 7 완충 용액에 오래 놓아두면 전극의 성능이 떨어지므로 빠른 시간 내에 보관 용액을 확보하여 전극을 담가 두어야 한다.

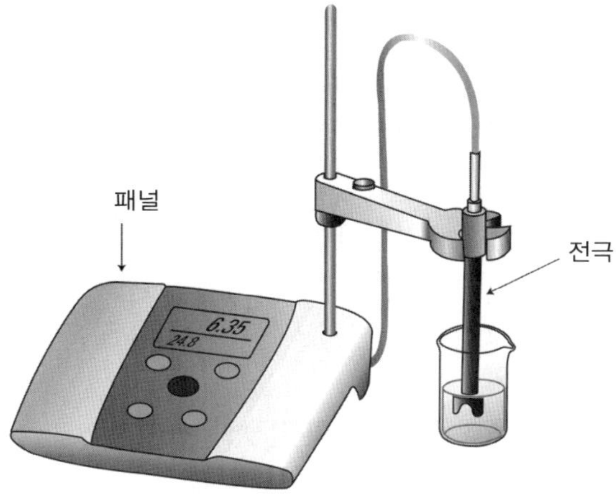

그림 기본3-8 pH 미터

pH 미터 사용법

1. pH 미터를 켜고 30분 정도 예열한다. 선택 버튼을 눌러 pH 모드를 선택한다.
2. 전극을 보관 용액에서 꺼내어 씻기병의 증류수로 전극 표면을 씻는다.
3. 부드러운 티슈로 전극 표면을 살짝 두드리면서 표면의 물기를 제거한다.
4. pH 미터의 보정 – 아래는 pH 미터의 일반적인 보정 방법이며 제조사에 따라 약간의 차이가 있으니, 보정하기 전에 제조사에서 제공하는 설명서를 참고해야 한다.
   - 4–1. pH 7 완충 용액에 전극의 아랫부분을 담그고, 30초 정도 기다린 후 계기판의 pH가 안정되면, pH를 7로 조정한다.(또는 'pH = 7 보정(calibrate)' 버튼을 누른다.)
   - 4–2. 보정이 완료되면 전극을 완충 용액에서 꺼내어 증류수로 씻는다. 표면의 물기는 티슈로 제거한다.
   - 4–3. pH 4 완충 용액에 전극을 담그고, 30초 정도 기다린 후 계기판의 pH가 안정되면, pH를 4로 조정한다.(또는 'pH = 4 보정(calibrate)' 버튼을 누른다.)

5. 전극을 완충 용액에서 꺼내어 증류수로 씻는다. 표면의 물기는 티슈로 제거한다.
6. 전극을 pH를 측정할 용액에 담그고, 30초 정도 기다린 후 계기판의 pH가 안정되면, 계기판에 나타난 pH를 기록한다.
7. 전극을 용액에서 꺼내어 증류수로 씻고, 보관 용액에 보관한다.
8. pH 미터를 끈다.

9 UV/Vis 흡수 분광기 사용법

UV/Vis 흡수 분광기는 용액(또는 고체 물질)이 자외선(ultraviolet) 또는 가시광선(visible light)을 얼마나 흡수하는가를 측정함으로써, 용액의 성격이나 농도 등을 분석하는 데 사용하는 기기이다.

그림 기본3-9는 UV/Vis 흡수 분광기의 개요도로서 분광기의 작동 원리를 간단히 보여 주고 있다. 먼저 광원에서 나온 빛은 렌즈를 통과하면서 단색기로 모아진다. 단색기는 광원에서 온 빛 중 특정 파장의 빛만 슬릿으로 빠져나가게 한다. 슬릿을 통과한 빛은 시료 용액을 통과하면서 용액에 흡수되어 그 세기가 감소한다. 만일 용액이 그 빛을 흡수하지 않으면 빛의 세기는 유지된다. 검출기는 시료를 통과한 빛의 세기를 검출하여, 그 신호를 컴퓨터 또는 계기판에 보내어 처리를 하게 한다.

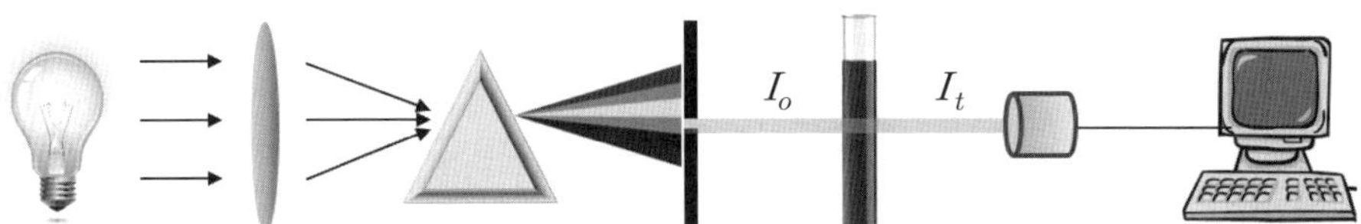

그림 기본3-9 UV/Vis 흡수 분광기의 개요도

용액이 흡수하는 빛의 양과 용액의 농도 사이에 있는 관계를 Beer-Lambert 법칙(Beer-Lambert law)이라고 한다(**식 기본3-4**). 위의 그림에서 세기 I_o인 어떤 파장의 빛이 용액을 통과한 후 세기가 I_t로 변했다면, 둘 사이에는 다음의 관계가

성립한다.

$$A = \epsilon bc = -\log(I_t/I_o) \qquad \text{(식 기본3-4)}$$

여기서 ϵ은 빛을 흡수한 분자의 몰흡광 계수(molar absorptivity, 단위 $M^{-1}cm^{-1}$), b는 용액에서 빛이 통과한 거리(단위 cm), c는 용액의 농도(단위 M)이다. 또 A를 흡광도(absorbance), I_t/I_o를 투과도(transmittance)라고 한다.

UV/Vis 흡수 분광기는 어떤 용액에 대하여 파장에 따른 흡광도의 변화를 보여준다. UV/Vis 흡수 분광기에는 다양한 종류가 있으며, 파장 범위를 지정하면 범위 내의 흡광도를 한 번에 측정하여 보여 주는 고성능 분광기에서, 한 번에 한 파장에서의 흡광도를 측정하여 정보를 제공하는 분광기도 있다. 고성능 분광기를 사용할 때는 제조사에서 제공하는 사용설명서를 읽고 사용하기 바란다. 여기에서는 일반 화학 실험실에서 주로 사용하는, 단순하지만 값싸고 쉽게 사용할 수 있는, **그림 기본3-10** 형태의 UV/Vis 흡수 분광기의 사용법에 대하여 설명한다. 다른 종류의 분광기를 사용할 경우에는 제조사에서 제공하는 사용설명서를 참고하기 바란다.

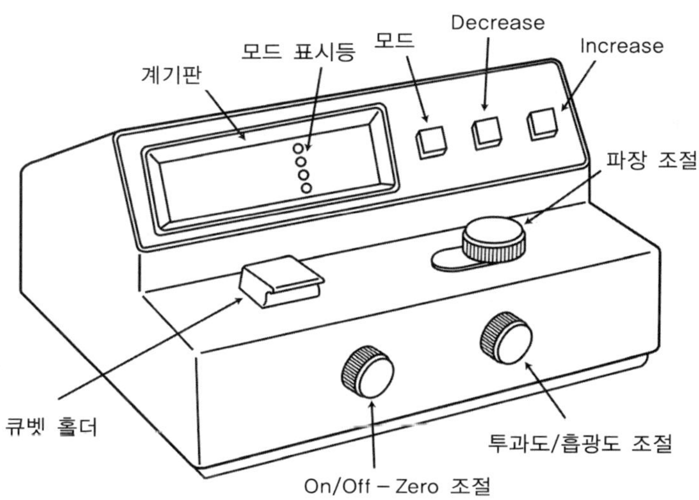

그림 기본3-10 UV/Vis 흡수 분광기

UV/Vis 흡수 분광기 사용법

1. UV/Vis 흡수 분광기를 켜고, 30분 정도 예열한다. 예열하는 도중 큐벳 홀더가 비어 있고 뚜껑이 제대로 닫혀 있는지 확인한다.
2. 파장 조절 손잡이를 돌려 원하는 파장을 선택한다.
3. 모드 버튼을 눌러 '투과도(transmittance)'를 선택한다.
4. 투과도/흡광도 조절 손잡이를 돌려 투과도가 0.0%가 되도록 한다.
5. 큐벳에 높이의 2/3 선까지 용매를 채운다. 큐벳을 잡을 때는 빛이 통과하지 않는 윗부분을 잡도록 한다. 큐벳의 겉면에 습기나 지문 또는 이물질이 묻어 있으면 부드러운 티슈로 닦는다.(이때 용매는 측정할 용액에 사용한 용매이다.)
6. 큐벳을 큐벳 홀더에 부드럽게 넣고 뚜껑을 닫는다.
7. 투과도/흡광도 조절 손잡이를 돌려 투과도가 100.0%가 되도록 한다.
8. 모드 버튼을 눌러 '흡광도(absorbance)'를 선택한다. 계기판에 흡광도 값이 0.0인지 확인한다. 만일 0.0이 표시되지 않으면 다시 '투과도(transmittance)'를 선택하고, 7번 과정부터 반복한다.
9. 큐벳 홀더에서 큐벳을 꺼내고, 측정하고자 하는 용액이 담긴 큐벳을 큐벳 홀더에 넣는다.
10. 홀더의 뚜껑을 닫은 후, 계기판에 표시된 흡광도를 읽고, 파장과 흡광도를 기록한다.
11. 다른 파장에서의 흡광도를 측정하고자 하면, 2번 과정부터 반복한다.
12. 측정이 모두 끝나면 분광기를 끄고, 큐벳을 증류수로 깨끗이 씻어 보관한다.

기본 04 측정의 불확실도와 유효 숫자

1 측정의 정밀도와 정확도

측정은 항상 두 부분으로 이루어져 있는데 하나는 수(number)이고 다른 하나는 단위(unit)이다. 수는 크기를 나타내는 것이고 단위는 어떠한 물리량을 측정하였는가를 나타낸다. 따라서 측정한 결과를 표시할 때는 수와 단위를 함께 나타내어야 그 의미를 가지게 된다.

측정한 값의 신뢰도를 나타내는 데는 **정밀도**(precision)와 **정확도**(accuracy)가 있다. 정밀도란 같은 양을 여러 번 반복하여 측정하였을 때 측정값들이 서로 얼마나 가까이 있는가를 나타내고 정확도란 측정값이 참값에 얼마나 가까이 있는가를 나타낸다. **그림 기본4-1**은 사격 표적지에 나타난 사격의 결과를 가지고 정밀도와 정확도를 설명하고 있다. 그림은 각 표적지에 여섯 번 사격하였을 때 나타난 세 가지 결과를 보여 주는데, (A)에서는 사격에 의해 생긴 구멍들 사이가 많이 떨어져 있어서 사격이 정밀하지 않고 또한 구멍들이 표적지의 중앙에서 많이 떨어져

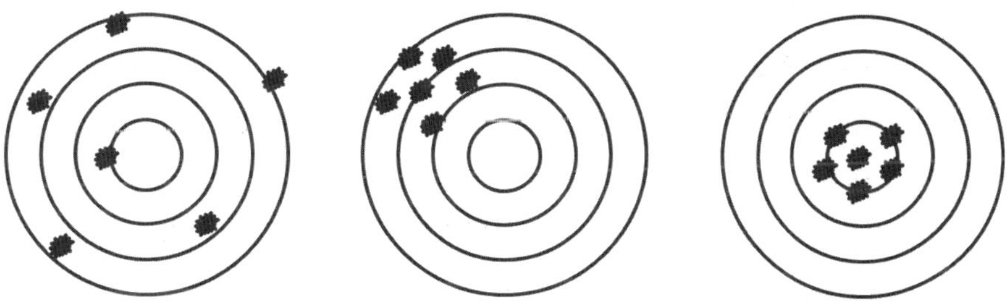

(A) (B) (C)

그림 기본4-1 사격 표적지에 나타난 사격의 정밀도와 정확도. (A) 정확하지도 정밀하지도 않다(우연 오차가 크다). (B) 정밀하나 정확하지 않다(우연 오차는 작으나 계통 오차가 크다). (C) 정밀하고 정확하다(우연 오차와 계통 오차가 모두 작다).

있어서 정확하지도 않다. 이러한 결과는 우연 오차(random error)가 클 경우에 발생한다. (B)는 구멍들 사이가 가까우나 구멍들이 표적지의 중앙에서 많이 떨어져 있는 결과로 계통 오차(systematic error)가 클 경우에 발생한다. (C)는 정밀하고 정확한 사격의 결과이다.

실험에 있어서 측정값들이 정밀한 경우에는 일반적으로 정확도가 높은 것으로, 즉 참값에 가까운 것으로 가정한다. 이는 계통 오차가 없을 경우에는 맞는 가정이나 클 경우에는 적합하지 않다. 그러나 실험에 있어서 계통 오차가 있는지는 알기가 쉽지 않으므로 측정기기 자체가 항상 정확하게 잘 정비되어 있어야 하고 실험자도 주의를 기울여서 측정을 해야 한다. 또 정밀도를 높이기 위해서는 정밀한 기기를 사용해야 한다. 예를 들어 0.1 g 단위까지 읽을 수 있는 삼중 저울 대신에 0.0001 g 단위까지 읽을 수 있는 화학 저울을 사용하면 훨씬 더 정밀한 질량 측정을 할 수 있다. 정밀한 기기를 사용할 때는 실험자도 더욱 세심한 주의를 기울여야 한다. 위에서 삼중 저울을 사용할 때는 물건에 습기나 손때가 묻는 것은 크게 문제되지 않으나 화학 저울을 사용할 때는 측정값에 영향을 주게 된다. 그러므로 실험의 목적에 맞게 기기를 선택하여 실험하는 것은 능률적인 실험을 하는 데 있어서 중요한 요소가 된다.

2 유효 숫자

우리가 실험을 하는 이유는 참값을 찾기 위해서이다. 그러나 참값을 100% 정확하게 찾는 것은 정의상 불가능하다. 단지 참값에 가까운 값을 찾아내는 것이다. 질량수 12인 탄소(^{12}C)의 질량을 12 amu(atomic mass unit, 원자 질량 단위)라고 하는데 이는 실험에서 얻는 값이 아니라 그렇게 정의한 값이다. 그러나 질량수 13인 탄소(^{13}C)의 질량은 실험을 통하여 ^{13}C의 질량이 ^{12}C의 질량의 몇 배인가를 찾아내어 구하게 된다. ^{13}C의 질량이 ^{12}C의 질량의 1.0836배라고 하면 ^{13}C의 질량은 13.003 amu가 된다. 더 정밀한 실험에 의하면 ^{13}C의 질량은 ^{12}C의 질량의 1.0836129배라고 한다. 따라서 ^{13}C의 질량은 13.003355 amu라고 더 정밀하게 (달리 말하여, 더 정확하게) 표시할 수 있다. 그러나 13.003355 amu도 참값은 아니다. 앞으로 여러분들은 실험으로부터 값을 구하고 참값과 비교하는 경우가 많이 있을 것이다. 그러나 엄밀히 말하여 그것은 참값이 아니라 남들이 이미 많은 정밀한 실험을 바탕으로 추정한 값이다.

앞에서 ^{13}C의 질량을 13.003 amu와 13.003355 amu 두 가지로 표시하였다. 두 개의 차이는 무엇일까? 과학에서 수를 적을 때는 이미 그 수를 구성하는 숫자의 개수가 의미를 가지고 있다. 이를 유효 숫자라고 한다. **유효 숫자**(significant figure)에서 가장 뒷자리의 바로 앞자리 수까지는 확실한 수이고 가장 뒷자리의 수는 불확실한 수이다. 13.003 amu에서 13.00은 확실한 수이고 마지막의 3은 불확실한 수이다. 특별한 표시를 하지 않으면 유효 숫자의 마지막 수에서 ±1 안에 측정값이 있다고 가정한다. 즉, ^{13}C의 질량을 13.003 amu라고 적으면 측정한 질량이 13.003 ± 0.001 amu 범위 안에 있다는 의미이고 13.003355 amu라고 적으면 측정한 질량이 13.003355 ± 0.000001 amu 범위 안에 있다는 의미이다.

어떤 측정값에 있어서 유효 숫자의 자릿수는 측정기기에 의해서 결정된다. 앞 단원의 눈금 실린더에 대한 **그림 기본3-1**은 눈금 실린더를 이용하여 액체의 부피를 측정하는 경우를 보여 주고 있는데 액체의 부피는 78 mL에서 79 mL 사이에 있다. 따라서 액체의 부피를 적을 때 앞의 두 자리 수 78은 확실하지만 0.1 mL 단위의 수는 추정해야 한다. 만일 여러 사람이 측정하였거나 같은 사람이 반복하여 측정하였더라도 0.1 mL 단위의 수는 서로 다를 수가 있다. 다음 표는 다섯 번 반복한 실험의 측정값이다.

실험	측정 부피
1	78.5 mL
2	78.4 mL
3	78.6 mL
4	78.7 mL
5	78.6 mL

여기에서 78을 **확실한 수**라고 하고 0.1 mL 단위의 수를 **불확실한 수**라고 한다. 측정값을 적을 때는 확실한 모든 자리 숫자와 불확실한 첫 자리 숫자를 적어야 한다. 이를 유효 숫자라고 한다. 앞에서 말하였듯이 특별한 표시를 하지 않으면 마지막 수 ±1 안에 측정값이 있다고 가정한다. 따라서 78.5 mL라고 적는 것과 78.50 mL라고 적는 것은 측정값이 각각 78.5 ± 0.1 mL와 78.50 ± 0.01 mL 범위에 있다는 뜻이므로 주의해야 한다. 측정값의 정밀도는 실험자에 의해서 결정되는 것이 아니라 측정기기에 의해서 결정된다. 위 실험에서 평균값은 78.6 mL로 적어야 하며, 불확실도는 표준 편차를 이용하여 나타낸다.

3 측정의 불확실도

앞의 예에서 보았듯이 측정에는 항상 **불확실도**(uncertainty)가 존재한다. 불확실도는 측정을 충분히 반복해서 줄일 수가 있다. 달리 말하여 우리는 반복 실험을 많이 할수록 그 평균값은 참값에 가까워진다고 가정한다. 실험의 결과는 반복 측정한 값의 평균값과 불확실도를 함께 기록하는 것이 가장 이상적이다. 불확실도는 **표준 편차**(standard deviation)라고도 하며 다음과 같이 구한다.

$$\sigma = \sqrt{\frac{\sum_{i=1}^{N}(x_i - <x>)^2}{N-1}} \qquad \text{(식 기본4-1)}$$

여기서 N은 측정 횟수, x_i는 측정값, $<x>$는 측정값의 평균값을 나타낸다. 충분히 반복 실험한 경우에는 불확실도를 확실히 표시하기 위하여 측정의 결과를 '$<x> \pm \sigma$'로 표시하기도 하지만 반복 실험의 횟수가 충분치 않을 때는 유효 숫자를 이용해서 불확실도를 묵시적으로 나타내기도 한다.

기본 05 유효 숫자의 계산법

실험의 결과를 계산하기 위해서는 여러 측정값들을 더하거나 빼거나 곱하거나 나누어야 한다. 유효 숫자를 고려하여 기록한 측정값을 사용하여 계산할 경우에는 유효 숫자를 고려하여 계산하고 그 결과를 기록해야 한다. 그렇지 않을 경우에는 어렵게 구한 측정값으로부터 무의미한 수의 나열뿐인 값을 도출한 결과가 되니 주의해야 한다.

1 유효 숫자를 세는 법

(1) 0이 아닌 숫자는 모두 유효 숫자이다.

(2) 0이 아닌 숫자 중에서 가장 앞에 있는 숫자 앞에 있는 0은 유효 숫자가 아니다. 0.001200530에서 1 앞에 있는 세 개의 0은 유효 숫자가 아니다.

(3) 0이 아닌 숫자들 사이에 있는 0은 유효 숫자이다. 0.001200530과 1200530에서 2와 5사이에 있는 두 개의 0은 유효 숫자이다.

(4) 0이 아닌 숫자 중에서 가장 뒤에 있는 숫자 뒤에 있는 0은 수에 소수점이 있을 경우에는 유효 숫자이고 없을 경우에는 유효 숫자가 아니다.
0.001200530와 1200530.00에서 3 뒤에 있는 모든 0은 유효 숫자이나 1200530에서 3 뒤에 있는 0은 유효 숫자가 아니다. 따라서 0.001200530은 7개, 1200530.00은 9개, 1200530은 6개의 유효 숫자를 가지고 있다.

(5) 완전수는 무한개의 유효 숫자를 가지고 있는 것으로 본다. 완전수란 사과 5개, 실험 8회, 원자 3개 등과 같이 세어서 구한 값이나 $2\pi r$(원의 둘레), $\frac{4}{3}\pi r^3$(공의 부피)에서 2, 4, 3 등이다. 또한 정의된 값은 완전수이다. 예를 들어 질량수 12인 탄소(^{12}C)의 질량을 12 amu로, 1 inch는 2.54 cm로, 빛의 속도는 299792458 m/s로 정의하는데 여기서 12, 1, 2.54, 299792458 등은 계산에서 유효 숫자의 개수에 제한을 받지 않는 완전수이다.

2 지수 표기법

지수 표기법은 과학적 표시법으로서 수를 지수를 포함하여 나타내는 방법이다. 지수 표기법은 유효 숫자를 쉽게 나타낼 수 있을 뿐만 아니라 큰 수나 작은 수를 표시하는 데 유용하다. 예를 들어 0.001200530, 1200530.00, 1200530은 지수 표기법으로 1.200530×10^{-3}, 1.20053000×10^{6}, 1.20053×10^{6}으로 각각 표시할 수 있다.

3 유효 숫자의 의미

유효 숫자는 측정에서의 불확실도를 자동으로 나타낸다. 특별한 표시가 없으면 유효 숫자 중에서 가장 뒤에 있는 수에서 ±1 안에 측정값이 있다고 가정한다. 예를 들어 0.001200530, 1200530.00, 1200530라고 쓰면 불확실도는 각각 ±0.000000001, ±0.01, ±10이 된다.

4 유효 숫자의 계산법

(1) **곱하기와 나누기 :** 계산 결과의 유효 숫자의 개수는 계산에 사용한 수 중 유효 숫자의 개수가 가장 적은 수에 따른다.

$$47.86 \times 3.27 \times \underline{1.7} = 266.0537 \xrightarrow{\text{보정}} 270 = 2.7 \times 10^{2}$$

(2) **더하기와 빼기 :** 계산 결과는 계산에 사용한 수 중 가장 정밀도가 낮은 수의 정밀도를 따른다.

$$47.869 + 3.99 + \underline{11.8} = 63.659 \xrightarrow{\text{보정}} 63.7$$

기본 06 최소제곱법

1 최소제곱법의 원리

화학 실험에서는 농도에 따른 흡광도의 변화, 시간에 따른 농도의 변화 등 두 개의 변수 사이에 존재하는 상호 관계를 알아내야 하는 경우가 많다. 이때 실험에서 얻은 데이터를 바탕으로 두 개의 변수 사이에 있는 상호 관계식을 구하는 방법으로 **최소제곱법**(least square method)을 사용한다.

예를 들어 어떤 물질의 농도(x, 독립변수)와 흡광도(y, 종속변수) 사이의 관계를 알기 위해 **그림 기본6-1**과 같이 8개의 다른 농도에서 각각 흡광도를 측정하고 그래프에 점으로 표시하였다고 하자. 그리고 농도와 흡광도 사이의 관계를 가장 잘 표현하는 직선을 $y = ax + b$라고 가정하자. 최소제곱법은 실험에서 얻은 각 점과 직선 사이의 거리(여기서는 y축 방향으로의 거리)를 제곱한 값들을 모두 더한 값이 최소가 되게 하는 a와 b를 찾는 방법이다. 즉 **그림 기본6-1**에서는 $\sum_{i=1}^{8} d_i^2$ 값이 최소가 되게 하는 a와 b를 찾는 것이다. 최소제곱법은 독립변수와 종속변수 사이에 있는 다른 함수식 관계가 있다면 그 함수를 찾는 데도 쓰이며, 원리는 선형함수 관계를 찾는 것과 같다.

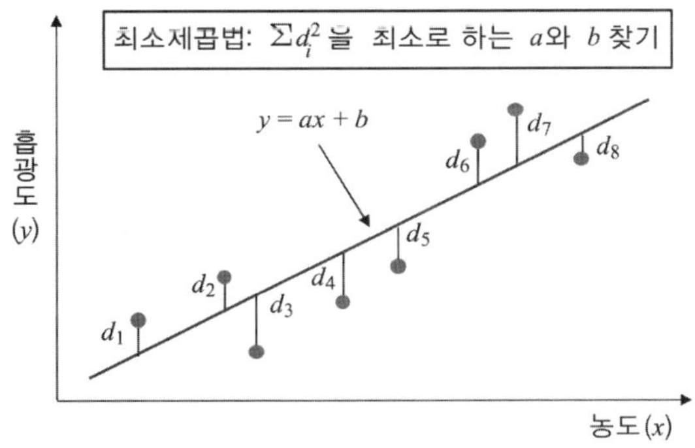

그림 기본6-1 최소제곱법의 원리

2 최소제곱법으로 선형관계 찾기

여기에서는 독립변수와 종속변수 사이에 선형관계가 있다고 하고 최소제곱법으로부터 일차식을 구하는 과정을 보이도록 한다. 위의 실험에서 n개의 농도($x_i, i=1,2\cdots n$)에서 각각 흡광도(y_i)를 구하였다고 하자. 어떤 점과 직선 사이의 거리(d_i, 여기서는 y축 방향으로의 거리)는 $d_i = |y_i - y| = |y_i - ax_i - b|$ 이므로, 거리의 제곱의 합(S)은 다음과 같이 표현된다.

$$\begin{aligned} S &= \sum_{i=1}^{n} d_i^2 = \sum_{i=1}^{n}(y_i - ax_i - b)^2 \\ &= \sum_{i=1}^{n}(y_i^2 + a^2x_i^2 + b^2 - 2ax_iy_i - 2by_i + 2abx_i) \end{aligned} \qquad \text{(식 기본6–1)}$$

이때 S는 a와 b의 함수이므로, S를 a와 b로 각각 편미분하였을 때 그 값이 0이 되는 a와 b에서 S는 최소가 된다. 즉,

$$\frac{\partial S}{\partial a} = \sum_{i=1}^{n}(2ax_i^2 - 2x_iy_i + 2bx_i) = 0 \qquad \text{(식 기본6–2)}$$

$$\frac{\partial S}{\partial b} = \sum_{i=1}^{n}(2b - 2y_i + 2ax_i) = 0 \qquad \text{(식 기본6–3)}$$

이다. 따라서 식 기본6–2와 3에서 다음의 식이 각각 유도된다.

$$a\sum_{i=1}^{n}x_i^2 + b\sum_{i=1}^{n}x_i = \sum_{i=1}^{n}x_iy_i \qquad \text{(식 기본6–4)}$$

$$a\sum_{i=1}^{n}x_i + bn = \sum_{i=1}^{n}y_i \qquad \text{(식 기본6–5)}$$

식 기본6–4와 5를 연립하여 풀면, 아래와 같이 a와 b를 구할 수 있다.

$$a = \frac{n\sum_{i=1}^{n}x_iy_i - \sum_{i=1}^{n}x_i\sum_{i=1}^{n}y_i}{n\sum_{i=1}^{n}x_i^2 - (\sum_{i=1}^{n}x_i)^2} \qquad \text{(식 기본6–6)}$$

$$b = \frac{\sum_{i=1}^{n} x_i^2 \sum_{i=1}^{n} y_i - \sum_{i=1}^{n} x_i \sum_{i=1}^{n} x_i y_i}{n \sum_{i=1}^{n} x_i^2 - (\sum_{i=1}^{n} x_i)^2} \qquad \text{(식 기본6-7)}$$

만일 상관관계가 $y = ax$로 표현되어야 하는 것이라면 식 기본6-2에서 b를 0으로 놓고 풀면, 기울기 a는 식 기본6-8과 같이 표현된다.

$$a = \frac{\sum_{i=1}^{n} x_i y_i}{\sum_{i=1}^{n} x_i^2} \qquad \text{(식 기본6-8)}$$

3 상관계수

최소제곱법으로 구한 식($y = ax + b$)과 실험값($(x_i, y_i), i = 1, 2 \cdots n$) 사이의 상관관계를 나타내는 값을 **상관계수**(correlation coefficient)라고 한다. 상관계수는 0에서 1 사이의 값을 갖는데, 상관계수가 1이면 실험에서 얻은 모든 값이 $y = ax + b$ 선 위에 있는 경우이다. 그리고 실험값이 직선 $y = ax + b$에 근접하여 분포하게 되면 상관계수가 1에 가까워진다. 실험값과 구한 직선 $y = ax + b$ 사이에 전혀 상관관계가 없으면 상관계수가 0이 된다. 즉 실험값이 좌표 평면에 골고루 분포하면 상관계수가 0이다.

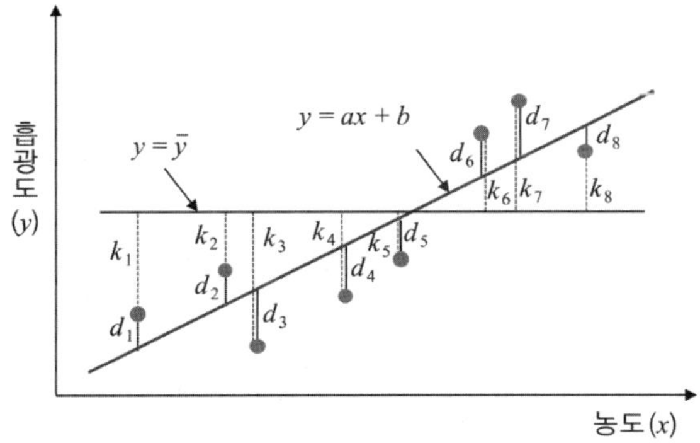

그림 기본6-2 상관계수를 구하는 원리

상관계수를 구하기 위해, 선형관계에 있는 실험값($(x_i, y_i), i = 1, 2 \cdots n$)을 대표하는 데 있어서 가장 나쁜 직선을 생각해 보자. 가장 나쁜 직선은 y_i 값의 평균($\overline{y}$)을 나타내는 $y = \overline{y}$이 될 것이다. 상관계수는 최소제곱법으로 구한 $y = ax + b$ 식과 실험값 사이의 거리와 가장 나쁘게 표현한 $y = \overline{y}$ 식과 실험값 사이의 거리를 상호 비교하는 통계적 접근법이다. 예를 들어 그림 기본6-2에서 $y = ax + b$와 실험값 사이의 거리는 d_i이고, $y = \overline{y}$ 식과 실험값 사이의 거리는 k_i이다. 이때 상관계수의 제곱(r^2)은 다음과 같이 정의된다.

$$r^2 = \frac{\sum_{i=1}^{8} k_i^2 - \sum_{i=1}^{8} d_i^2}{\sum_{i=1}^{8} k_i^2} \qquad \text{(식 기본6-9)}$$

식 기본6-9를 일반화하면 다음과 같다.

$$r^2 = \frac{\sum_{i=1}^{n} (y_i - \overline{y})^2 - \sum_{i=1}^{n} (y_i - ax_i - b)^2}{\sum_{i=1}^{n} (y_i - \overline{y})^2} \qquad \text{(식 기본6-10)}$$

여기에 식 기본6-6과 7의 a, b를 대입하고 $\overline{y} = \frac{1}{n}\sum_{i=1}^{n} y_i$를 이용하여 식을 정리하면 상관계수의 제곱을 식 기본6-11과 같이 정리할 수 있다.

$$r^2 = \frac{(n\sum_{i=1}^{n} x_i y_i - \sum_{i=1}^{n} x_i \sum_{i=1}^{n} y_i)^2}{[n\sum_{i=1}^{n} x_i^2 - (\sum_{i=1}^{n} x_i)^2]\,[n\sum_{i=1}^{n} y_i^2 - (\sum_{i=1}^{n} y_i)^2]} \qquad \text{(식 기본6-11)}$$

그러므로 상관계수(r)는 다음과 같이 주어진다.

$$r = \frac{n\sum_{i=1}^{n} x_i y_i - \sum_{i=1}^{n} x_i \sum_{i=1}^{n} y_i}{\sqrt{n\sum_{i=1}^{n} x_i^2 - (\sum_{i=1}^{n} x_i)^2}\,\sqrt{n\sum_{i=1}^{n} y_i^2 - (\sum_{i=1}^{n} y_i)^2}} \qquad \text{(식 기본6-12)}$$

4 a, b, r 간략히 쓰기

식 기본6-6, 7, 12의 분자, 분모를 각각 n^2으로 나누고, x_i, y_i, x_i^2, y_i^2, x_iy_i의 평균을 각각 $\overline{x}$, $\overline{y}$, $\overline{x^2}$, $\overline{y^2}$, $\overline{xy}$라고 하면 a, b, r은 다음과 같이 간략히 나타낼 수 있다.

$$a = \frac{\overline{xy} - \overline{x}\,\overline{y}}{\overline{x^2} - (\overline{x})^2} \qquad \text{(식 기본6-13)}$$

$$b = \frac{\overline{x^2}\,\overline{y} - \overline{x}\,\overline{xy}}{\overline{x^2} - (\overline{x})^2} \qquad \text{(식 기본6-14)}$$

$$r = \frac{\overline{xy} - \overline{x}\,\overline{y}}{\sqrt{\overline{x^2} - (\overline{x})^2}\,\sqrt{\overline{y^2} - (\overline{y})^2}} \qquad \text{(식 기본6-15)}$$

기본 07 실험 노트와 보고서

실험은 나만의 즐거움을 위하여 할 수도 있지만, 실험 결과를 남들과 공유하여 현재의 문제점을 찾고 현상에 대한 더 나은 해석을 위한 토론의 장을 마련하기 위한 목적이 더 크다고 할 수 있다. 이와 같이 실험 결과를 남들과 공유하기 위해서는 남들이 알 수 있는 방법으로 결과를 정리하고 보고해야 한다. 이를 위해서는 먼저 실험 노트를 마련하여 각 실험 전에 실험에 대한 조사를 하여 정리하고, 실험 중에는 관찰되는 사항을 노트에 기록하며, 실험 후에는 실험 내용과 결과를 정리하여 보고서로 제출하는 것이 중요하다. 기초 화학 실험의 내용은 대부분 이미 알려져 있는 것이지만, 실험 노트에서 보고서까지 일련의 과정은, 앞으로 다른 종류 또는 복잡한 실험에 대한 결과를 보고하거나 논문을 작성하는 데 기초적인 훈련이 된다.

실험 노트에는 실험 전에 다음의 내용을 정리하여 기록한다.

1. 실험 제목
2. 실험의 목적
3. 이론적 바탕 – 실험을 통해 이해하고자 하는 개념과 이론적 바탕을 이 책의 내용을 읽고 간략히 정리한다. 이해가 어려운 부분이 있으면 교과서나 다른 문헌를 참고하여 정리한다.
4. 실험 방법 – 실험 순서, 사용할 기기와 기구, 시약의 양 등을 정리한다.
5. 관찰 기록 – 실험에서 측정 또는 관찰할 내용을 기록할 칸을 마련한다.(책에 있는 결과보고서를 참고하여 준비한다.)
6. 참고 문헌 – 실험 노트를 준비하는 데 참고하였던 각 참고 문헌의 저자, 제목, 참고한 쪽, 출판사, 출판 연도를 적어 정리한다.

실험 결과를 보고하기 위해서는 실험 과정에서 관찰된 사항을 정확히 기록하고 이를 정리하는 것이 중요하다. 이를 위해 이 책에서는 각 실험 단원의 끝에 결과보고서를 마련하였다. 결과보고서는 실험에서 측정한 값 또는 계산하여 유도할 값을 기록할 칸과 관찰한 내용 중 실험을 이해하는 데 필요한 내용을 기록할 칸이 마련되어 있다. 실험 도중에 바로 결과보고서 또는 따로 마련한 실험 노트에 측정값 또는 관찰 사항을 기록한다.

실험을 마친 후에는 다음 실험 시간 시작 전에 이번 실험 내용을 정리한 최종보고서를 제출해야 한다. 최종보고서는 다음의 순서로 작성한다,

1. 제목 – 실험의 제목, 실험 수행 날짜, 학과, 이름 등을 기록한다.
2. 서론 – 실험과 관련되어 기존에 알려진 내용과 실험의 목적 등을 기록한다.
3. 실험 – 실험 방법과 사용 기기 등을 간략히 정리한다.
4. 결과 – 각 실험 뒤에 있는 결과보고서를 사용하거나, 표, 그래프 등을 직접 만들어 알기 쉽게 실험 결과를 정리한다.
5. 고찰 및 논의 – 각 실험 뒤에 있는 고찰할 내용을 바탕으로 실험 결과에 대하여 분석하고, 실험과 관련되어 생각해 보아야 할 내용을 적는다.
6. 결론 – 실험에서 어떤 내용을 확인하였고, 실험의 목적은 달성하였는지 등을 간략히 정리한다.
7. 참고 문헌 – 최종보고서를 준비하는 데 참고하였던 각 참고 문헌의 저자, 제목, 참고한 쪽, 출판사, 출판 연도를 적어 정리한다.

실험 I

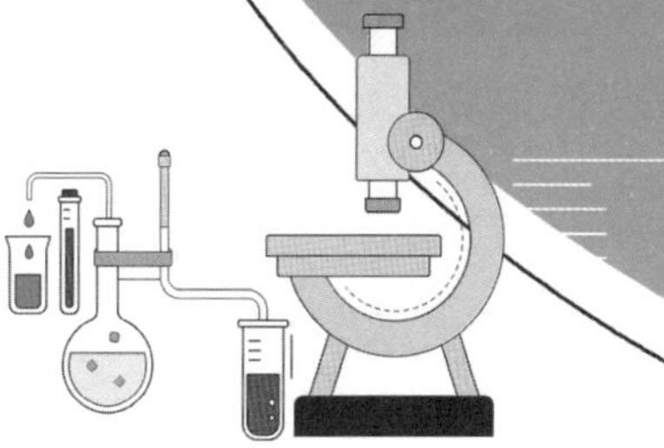

실험 01

질량과 부피 및 밀도

1 실험의 목표

가장 기본적인 물리량인 질량, 길이, 부피, 온도를 측정하고 물질의 밀도를 계산하여 봄으로써 저울과 각종 실험 기구의 사용법을 익히고 측정의 정확도와 유효 숫자의 의미를 이해한다.

2 이해해야 할 개념

정성적인 관찰, 정량적인 관찰(측정), SI 기본 단위, 측정의 정밀도와 정확도, 유효 숫자

3 실험을 이해하기 위한 기본 이론

(1) 측정과 단위

과학은 관찰로부터 시작된 학문이다. 관찰에는 **정성적인 관찰**(qualitative observation)과 **정량적인 관찰**(quantitative observation)이 있다. 정성적인 관찰이란 어떤 사건 또는 현상에 대한 묘사라고 할 수 있고, 정량적인 관찰이란 좀 더 정밀한 관찰로서 항상 측정(measurement)이 동반된다. 예를 들어 "공기가 들어 있는 풍선의 온도를 높였더니 풍선의 부피가 늘어났다."는 정성적인 관찰로서 온도에 따라 풍선의 부피가 늘어난 현상을 묘사하고 있다. 위에서 풍선의 부피와 온도를 측정하여, "공기가 들어 있는 풍선이 15°C에서 그 부피가 1,234 cm^3이었는데, 온도를 65°C로 올렸더니 그 부피가 1,448 cm^3로 늘어났다."라고 좀 더 정밀하

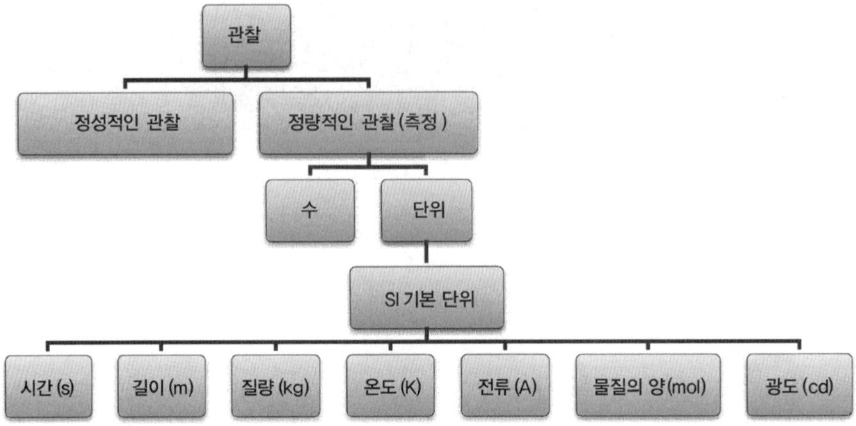

그림 1-1 관찰과 SI 기본 단위

게 표현하는 것을 정량적 관찰이라고 한다. 정량적 관찰에는 측정이 바탕이 되므로, 측정 자체를 정량적인 관찰이라고도 한다.

측정은 항상 두 부분으로 이루어져 있는데 하나는 **수**(number)이고 다른 하나는 **단위**(unit)이다. 수는 크기를 나타내는 것이고 단위는 어떠한 물리량을 측정하였는가를 나타낸다. 따라서 측정한 결과를 표시할 때는 수와 단위를 함께 나타내야 의미를 가지게 된다. 과학계에서는 국제적 합의에 의해 국제단위계(international system)를 사용한다. 국제단위계는 프랑스어로 le Système International이라고 쓰기 때문에 줄여서 **SI 단위**라고 한다. **부록 1**에는 SI 기본 단위와 그 밖의 SI 단위를 정리하여 놓았다. **SI 기본 단위**에는 **시간**, **길이**, **질량**, **온도**, **전류**, **물질의 양**, **광도** 등 일곱 개의 물리량을 각각 나타내는 s, m, kg, K. A. mol, cd 등이 있다. 이 일곱 개의 물리량을 바탕으로 우리는 우주의 모든 물리적인 양들을 표현할 수 있기 때문에 SI 기본 단위를 이해하는 것은 매우 중요하다.

(2) 측정값의 평균과 불확실도

본 단원을 읽기 전에 반드시 이 책의 앞부분에 있는 '**화학 실험실에서의 기본 4.** 측정의 불확실도와 유효 숫자' 그리고 '**화학 실험실에서의 기본 5.** 유효 숫자의 계산법' 단원을 읽고 측정의 **정밀도**와 **정확도** 그리고 측정에는 **불확실도**가 항상 존재한다는 것과 **유효 숫자**의 의미를 이해하기 바란다. 우리는 참값이 얼마인지를 모르기 때문에 실험과 측정을 통하여 참값을 찾는다. 그러나 참값을 100% 정확하게 찾는 것은 정의상 불가능하고 단지 참값에 가까운 값을 찾아내는 것이다. 보통 측정을 할 때는 한 번만 하는 것이 아니라 여러 번 반복한 후 그 평균값을 보고한다. 이는 측정기기를 신뢰하고 있을 때 반복 측정을 많이 할수록 그 평균값은 참값에 가까워진다고 가정하기 때문이다. N회 반복 측정한 평균값을 $< x >$라고 하면 통계적으로 불확실도(표준 편차)는 다음과 같이 주어진다.

$$\sigma = \sqrt{\frac{\sum_{i=1}^{N}(x_i - < x >)^2}{N-1}} \qquad \text{(식 1–1)}$$

여기서 x_i는 측정값이다. 식 1–1에서 볼 수 있듯이 N이 클수록 불확실도가 줄어들 것임을 짐작할 수 있다. 한 번의 실험에서는 불확실도가 무한대가 되기 때문에 측정 결과를 보고할 때는 여러 번 반복한 후 그 평균값과 불확실도 '$< x > \pm \sigma$'로 표시하는 것이 가장 이상적이다. 반복 실험의 횟수가 충분치 않을 때는 유효 숫자를 이용해서 불확실도를 묵시적으로 나타내기도 한다.

(3) 밀도

밀도는 물질의 고유한 성질 중의 하나로서 어떤 물질인가를 확인하고 그 양을 정하는 데 유용하게 쓸 수 있다. 밀도는 물질의 단위 부피당 질량으로 정의되기 때문에 질량과 부피를 측정하면 실험실에서 쉽게 결정할 수 있다.

$$\text{밀도}\,(d) = \frac{\text{질량}\,(M)}{\text{부피}\,(V)} \qquad \text{(식 1–2)}$$

질량의 SI 기본 단위는 kg이다. 길이의 SI 기본 단위는 m이므로 부피의 SI 단위는 m^3이다. 따라서 밀도의 SI 단위는 kg/m^3이다. 그밖에 질량 단위로는 g(1 g = 10^{-3} kg), 톤(1 ton = 1000 kg) 등이 쓰이고[1] 부피의 단위로는 cm^3(1 cm^3 = 10^{-6} m^3), L(1 L = 10^{-3} m^3 = 1000 cm^3), mL(1 mL = 1 cm^3) 등이 쓰인다. 관용적으로 많이 쓰이는 밀도의 단위는 g/mL(=g/cm^3)이다. 길이, 질량, 시간의 단위로 m, kg, s를 사용하는 단위계를 MKS 단위계(SI 단위계)라고 하고 cm, g, s를 사용하는 단위계를 CGS 단위계라고 한다. 국제 과학계에서는 MKS 단위계를 표준으로 사용하고 있다.

---

1) 질량 단위로 우리나라에서는 전통적으로 돈(1돈 = 3.75 g), 근(1근 = 600 g) 등이 있고 영미계에서는 파운드(1 lb = 4536 g), 그레인(1 grain = 0.0648 g), 온스(1 oz = 28.35 g) 등이 있다.

이번 실험에서는 피펫을 이용하여 일정 부피의 물을 비커에 옮겨 질량을 측정한 후 **부록** 2에 있는 온도에 따른 물의 밀도를 이용하여 물의 부피를 구한다. 이를 피펫으로 측정한 부피와 비교해 본다. 실험 온도에서의 물의 밀도는 부록에서 가장 가까운 두 온도에서의 밀도로부터 비례식을 이용하여 구한다. 예를 들어 물의 온도가 24.7°C라고 하면 밀도는 [24°C에서의 밀도 + 0.7 × (25°C에서의 밀도 − 24°C에서의 밀도)]가 된다.

또 여러 가지 모양의 금속의 질량을 저울을 이용해 측정하고 부피는 다음의 두 가지 방법으로 구한 후 밀도를 계산한다. 부피는 첫 번째로 버니어 캘리퍼스를 사용하여 금속의 높이, 길이 등을 측정하고 부피를 계산한다. 두 번째로 금속을 물속에 담갔을 때 늘어난 부피로 측정한다.

4 실험 기구 및 시약

기구	시약
화학 저울 10 mL 피펫 25 mL 비커 피펫 채우개 버니어 캘리퍼스 100 mL 눈금 실린더 무게접시	증류수 여러 가지 모양의 금속

5 실험 방법

(1) 실험을 하기 전에 책의 앞 부분에 있는 **'화학 실험에서의 기본'**을 읽고 충분히 익힌다.

(2) 저울 정보 입력

① 실험에 사용할 저울의 제조회사와 모델, 측정 용량(최대 측정 질량), 측정의 정밀도를 조사하고 결과표에 적는다.

② 교수나 조교가 설명한 저울의 올바른 사용법과 시약의 질량을 측정하는 방법에 대해 충분히 익힌다.

(3) 실험 A. 피펫을 이용한 액체 옮기기와 부피 계산

① 교수나 조교가 설명한 피펫 채우개와 피펫의 사용법을 충분히 익힌다.(주의: 피펫 채우개에 용액이 들어가지 않도록 한다. 용액이 들어가면 채우개가 손상되거나 채우개에 들어 있는 용액이 피펫에 담긴 용액을 오염시킬 수도 있다.)

② 증류수로 피펫을 깨끗이 헹군다. 피펫의 안쪽에 물방울이 남아 있으면 피펫을 세제를 이용해서 깨끗하게 씻어내고 다시 증류수로 헹군다.

③ 서로 다른 3개의 비커에 네임펜으로 1, 2, 3이라고 표시하고 저울을 사용하여 비커의 질량을 측정한다.

④ 피펫 채우개를 사용해서 10 mL 피펫의 가장 위쪽 눈금 위까지 증류수를 채우고 비커에 옮긴다.(1, 2, 3 비커에 각각 한 번씩 모두 세 번)

⑤ 증류수가 담겨 있는 비커의 질량을 잰다.

⑥ **부록 2**에 있는 물의 밀도를 이용해서 피펫으로 옮긴 증류수의 부피를 계산한다.

⑦ 부피의 평균값과 불확실도(표준 편차)를 구한다.

⑧ 피펫으로 옮긴 증류수 부피와 질량으로부터 계산한 부피의 차이를 구한다.

(4) 실험 B. 버니어 캘리퍼스와 눈금 실린더를 이용한 금속의 밀도 측정

① 저울 위에 무게 접시를 올려 영점을 맞춘 후 금속 조각의 질량을 측정한다.

② 금속 조각의 높이, 길이, 폭 등을 버니어 캘리퍼스를 이용하여 측정하고 부피를 계산하여 밀도를 구한다.

③ 눈금 실린더의 안쪽 벽면에 물방울이 생기지 않도록 깨끗하게 씻고 증류수로 헹군다.

④ 눈금 실린더에 물을 대략 50 mL 채우고 부피를 측정한다.

⑤ 금속 조각을 물속에 완전히 잠기도록 넣은 후의 물의 부피를 측정한다.(물방울이 생기지 않도록 주의)

⑥ 금속 조각의 부피를 구하고 밀도를 계산한다.

⑦ 위 실험을 3회 반복하고, 버니어 캘리퍼스와 눈금 실린더로 구한 금속 밀도의 평균값과 불확실도를 구한다.

결과보고서

실험 01 질량과 부피 및 밀도

학과	학번	조	이름	실험일	확인
				년 월 일	

사용한 저울

제조회사 ______________ 모델명 ______________

최대측정용량 ______________ g 정밀도 ______________ g

실험 A 피펫을 이용한 액체 옮기기와 부피 계산

피펫으로 옮긴 증류수의 부피 ______________ mL

실온(증류수 온도) ______________ °C

실온에서 증류수의 밀도 ______________ g/mL

	1회	2회	3회
비커의 처음 질량(g)			
비커의 나중 질량(g)			
증류수의 질량(g)			
증류수의 부피(mL)			

증류수의 평균 부피 ______________ mL

부피의 불확실도 ______________ mL

피펫으로 측정한 부피와의 차이 ______________ mL

실험 B 버니어 캘리퍼스와 눈금 실린더를 이용한 금속의 밀도 측정

금속 조각의 질량

	1회	2회	3회
질량(g)			

금속 조각의 질량 ______________ g

질량의 불확실도 ______________ g

버니어 캘리퍼스를 사용한 부피 측정과 밀도 계산

금속 조각의 모양 (모양을 그리고 부피 계산에 필요한 길이를 a, b… 등으로 표시할 것)

	1회	2회	3회
a(cm)			
b(cm)			
c(cm)			
d(cm)			
e(cm)			
금속 조각의 부피(mL)			
금속 조각의 밀도(g/mL)			

금속 조각의 평균 밀도 ______________ g/mL

밀도의 불확실도 ______________ g/mL

눈금 실린더를 이용한 부피 측정과 밀도 계산

	1회	2회	3회
눈금 실린더의 처음 부피(mL)			
눈금 실린더의 나중 부피(mL)			
금속 조각의 부피(mL)			
금속 조각의 밀도(g/mL)			

금속 조각의 평균 밀도 ______________ g/mL

밀도의 불확실도 ______________ g/mL

고찰할 내용

- 실험 A에서 피펫을 이용하여 측정한 증류수의 부피와 질량을 이용하여 구한 부피 중에서 더 신뢰할 수 있는 부피는 어느 것인가? 그리고 그 이유를 생각해 보라.
- 실험 B에서 버니어 캘리퍼스와 눈금 실린더를 이용하여 구한 금속 조각의 밀도 중 더 신뢰할 수 있는 밀도는 어느 것인가? 그리고 그 이유를 생각해 보라.

실험 02

몰과 아보가드로 수

1 실험의 목표

물 위에서 단층막을 형성하는 스테아르산을 이용하여 몰을 정의하는 아보가드로 수를 추정한다.

2 이해해야 할 개념

몰, 아보가드로 수, 몰질량, 극성 분자, 무극성 분자, 친수성, 소수성, 단층막

3 실험을 이해하기 위한 기본 이론

(1) 몰, 아보가드로 수, 몰질량

우리는 물질의 양(물질의 개수)을 나타내는 방법으로 한 개, 두 개 … 등을 사용한다. 그러나 어떤 물질을 구성하는 원자나 분자는 너무 많기 때문에 전통적인 방법을 사용하여 나타내기가 불편하다. 과학계에서는 물질의 양을 표시하는 SI 기본 단위로 몰(mole, 기호 mol)을 사용한다. 1 mol은 **아보가드로 수**(Avogadro's number,[1] $6.02214076 \times 10^{23}$)의 구성 요소를 포함한 어떤 계의 물질량이다. 따라서 "1 mol C 원자"는 탄소(C) 원자가 $6.02214076 \times 10^{23}$ 개 있다는 의미이다.

몰질량(molar mass)은 어떤 물질 1 mol의 질량을 일컫는다. 질량수 12인 탄소

1) 아보가드로 수는 기체의 성질에 대하여 많은 연구를 한 아보가드로(Amedeo Avogadro)의 업적을 기리기 위하여 이름을 붙인 것이다.

(^{12}C)의 몰질량은 12 g에 매우 근접한다.[2] 따라서 ^{12}C 원자 하나의 질량은

$$\frac{12\,g}{6.022 \times 10^{23}} = 1.993 \times 10^{-23}\ g$$

이 된다. 원자의 질량을 나타내는 단위로는 **원자 질량 단위**(atomic mass unit, 기호 amu)를 사용하는데 ^{12}C 원자 하나의 질량을 12 amu로 정의한다. 따라서 1 amu는

$$\frac{1.993 \times 10^{-23}\,g}{12} = 1.661 \times 10^{-24}\ g$$

이다. 탄소(C)의 몰질량을 구하기 위해서는 동위원소가 있기 때문에 주의를 해야 한다. 자연계에서 탄소는 ^{12}C가 98.89%, ^{13}C가 1.11% 그리고 ^{14}C가 아주 극미량 존재한다. ^{12}C의 질량은 12 amu이고 ^{13}C의 질량은 13.003355 amu이기 때문에 탄소의 평균 원자 질량은

$$12\ amu \times 0.9889 + 13.003355\ amu \times 0.0111 = 12.01\ amu$$

가 된다. 따라서 ^{12}C의 몰질량은 12 g이고 ^{13}C의 몰질량은 13.003355 g이지만 탄소(C)의 몰질량은 이들 동위원소의 존재비를 모두 고려한 평균 몰질량인 12.01 g이 된다. 주기율표에 나타나 있는 원소의 질량은 바로 평균 원자 질량 혹은 평균 몰질량으로서 수소(H)의 경우 1.008은 수소(H) 원자의 평균 질량이 1.008 amu 혹은 평균 몰질량이 1.008 g임을 의미한다.

(2) 극성 분자, 무극성 분자의 상호 작용

극성 분자(polar molecule)는 전기 쌍극자를 가지고 있는 분자로서 물(H_2O)이 대표적인 예이다. 물은 **그림 2-1(A)**와 같이 V자 모양을 하고 있는데 산소와 수소의 전기음성도 차이가 크기 때문에 그림의 십자 화살표 방향으로 전기 쌍극자를 가지게 된다. 무극성 분자는 **그림 2-1(B)**의 이산화 탄소(CO_2)와 같이 대칭적인 분자나 전기음성도의 차이가 크지 않은 원자들로 이루어진 분자이다. 전기 쌍극자들 사이의 인력 때문에 극성 분자는 극성 분자와, 무극성 분자는 무극성 분자와 서로 잘 섞인다.

2) ^{12}C의 몰질량은 12.0000000126(37) g이다. (https://physics.nist.gov/cgi-bin/cuu/Value?mm12c 참조)

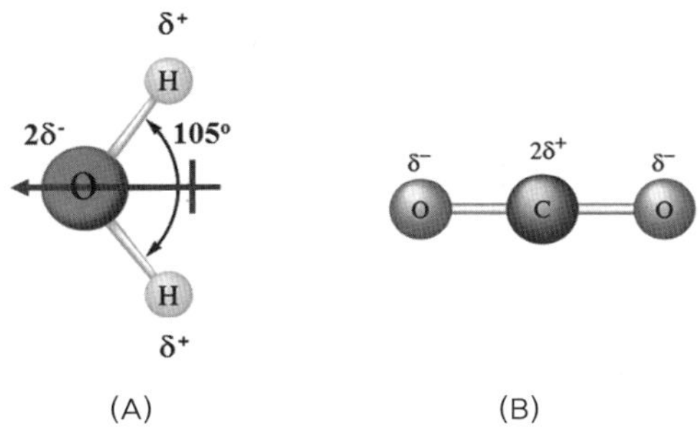

그림 2-1 (A) 극성 분자인 물, (B) 무극성 분자인 이산화 탄소

분자에 따라서는 분자의 일부분에서는 극성이 크고 다른 부분에서는 극성이 약한 경우가 있다. 예를 들어 **그림 2-2**(A)의 스테아르산(stearic acid, $CH_3(CH_2)_{16}COOH$)의 머리에 있는 $-COOH$ 기는 산소의 전기음성도가 크기 때문에 극성을 띠고, 꼬리에 있는 $-(CH_2)_{16}CH_3$ 부분은 C와 H의 전기음성도가 작고 그 차이도 크지 않아서 극성이 작다. 이러한 분자를 물과 같이 극성이 큰 분자 용매에 녹이면 극성이 큰 부분은 물 쪽으로 향하고(**친수성**, hydrophilic), 극성이 작은 부분은 물에서 멀어진다(**소수성**, hydrophobic). 따라서 충분한 양의 스테아르산을 물 위에 떨어뜨리면 **그림 2-2**(B)와 같이 스테아르산이 정렬하여 **단층막**(monolayer)을 형성한다.

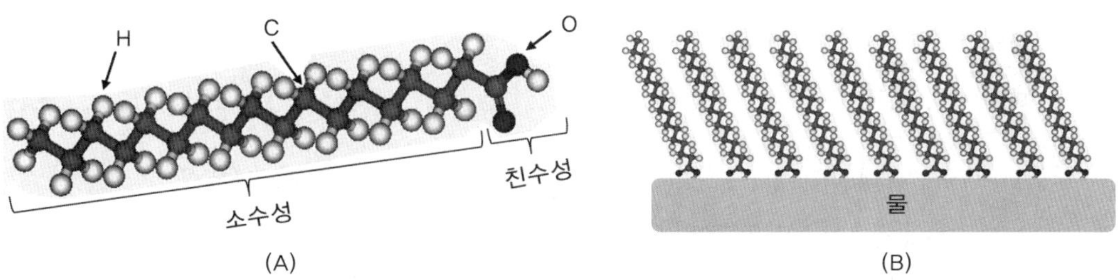

그림 2-2 (A) 스테아르산, (B) 물 위에서 스테아르산의 배향

(3) 스테아르산을 이용한 아보가드로 수의 추정 실험

이번 실험에서는 먼저 스테아르산을 헥세인에 녹여 농도를 아는 스테아르산 용액을 만든다. 실험을 통하여 헥세인 한 방울의 부피를 구하고, 스테아르산 농도로부터 용액 한 방울 안에 있는 스테아르산의 질량을 구한다. 스테아르산의 밀도

(0.941 g/cm^3)를 써서 용액 한 방울 안에 있는 스테아르산의 부피를 알아낸다. 다음으로 스테아르산 용액을 물 위에 떨어뜨려 단층막을 형성시킨다. 스테아르산이 물 위에서 차지하는 면적과 앞의 실험을 통하여 얻은 스테아르산의 부피로부터 단층막의 높이(스테아르산의 길이)를 구한다. 스테아르산을 정육면체 모양의 탄소 원자 18개가 쌓여 있는 것으로 가정하여 탄소 원자 하나의 부피를 추정하고, 다이아몬드의 밀도(3.51 g/cm^3)와 탄소의 몰질량(12.011 g/mol)을 이용하여 탄소의 몰부피를 계산한 후 이를 탄소 원자 하나의 부피로 나누어 아보가드로 수를 계산한다.

4 실험 기구 및 시약

기구	시약
파스퇴르 피펫	헥세인
피펫 채우개	스테아르산
1 mL 눈금 실린더	송화 가루
작은 약숟가락	
큰 물통	
10 cm 자	
1 cm 주사기	

5 실험 방법

① 헥세인(hexane, C_6H_{14})을 파스퇴르 피펫에 충분히 채운다.

② 눈금 실린더의 부피가 1.00 mL가 될 때까지 파스퇴르 피펫으로 한 방울씩 떨어뜨린다. 떨어뜨린 방울 수로 한 방울의 부피를 계산한다. 2회 반복하여 한 방울의 평균 부피를 구한다.(방울을 떨어뜨릴 때는 똑바로 세운 상태에서 한다. 눈금 실린더보다는 뷰렛을 이용하는 것이 더 정확할 수도 있다.)

③ 큰 물통에 물을 충분히 채우고 수면이 잔잔해질 때까지 기다린 후 작은 약숟가락으로 송화 가루를 물통의 중앙에 뿌린다. 송화 가루가 원형 모양으로 퍼지도록 한다. 이때 송화 가루는 물통의 벽에 닿지 않아야 한다.

④ 파스퇴르 피펫으로 스테아르산을 헥세인에 녹인 용액(0.01~0.02 g/100 mL. 스테아르산의 농도는 실험 조교가 알려줄 것이다.)을 취한 후 용액 한 방울을 송화 가루가 퍼져 있는 한 가운데에 떨어뜨린다. 스테아르산에 의해 생긴 기름 단층막과 송화 가루의 경계를 쉽게 볼 수 있을 것이다.

⑤ 원형으로 퍼진 기름막의 지름을 측정한다. 많은 경우 원형으로 퍼지지 않으므로 대각선 방향을 여러 번 측정하여 평균값을 계산한다.

실험 주의 사항

① 헥세인은 인화성 물질이므로 화기가 닿지 않도록 한다.

② 헥세인은 휘발성이 크므로 헥세인이 담긴 용기는 잘 막아 둔다.

결과보고서

실험 02

몰과 아보가드로 수

학과	학번	조	이름	실험일	확인
				년 월 일	

1. 헥세인 방울 실험

	1회	2회
헥세인 1 mL의 방울 수		
헥세인 한 방울의 부피(mL/방울)		

헥세인 한 방울의 평균 부피 ________________ mL/방울

2. 스테아르산 용액 한 방울에 있는 스테아르산의 부피 계산

스테아르산의 농도 ________________ g/mL

스테아르산의 질량 ________________ g/방울

스테아르산의 밀도 0.941 g/cm^3

스테아르산의 부피 ________________ cm^3/방울

3. 스테아르산 단층막 실험

스테아르산 단층막의 지름 ________________ cm

스테아르산 단층막의 면적 ________________ cm^2

스테아르산 단층막의 높이 ________________ cm

정육면체 모양으로 가정한 탄소 원자 한 변의 길이 ________________ cm

정육면체 모양으로 가정한 탄소 원자의 부피 ________________ cm^3

4. 아보가드로 수의 계산

다이아몬드의 밀도	3.51	g/cm^3
탄소의 몰질량	12.011	g/mol
탄소의 몰부피	____________	cm^3/mol
아보가드로 수	____________	/mol

고찰할 내용

- 실제 아보가드로 수와 비교하여라.
- 탄소의 모양을 구(球)로 가정하고 아보가드로 수를 구할 때와 비교하여라.
- 스테아르산은 C−C 단일 결합만을 가지고 있다. 만일 C=C 이중 결합을 가지고 있는 분자를 사용하여 실험하면 어떤 결과가 나올지 생각해 보라.

실험 03

기체의 몰질량

1 실험의 목표

이상 기체 상태 방정식을 응용하여 기체 분자의 몰질량을 측정한다.

2 이해해야 할 개념

이상 기체, 이상 기체 상태 방정식, 몰질량, 기화, 응축

3 실험을 이해하기 위한 기본 이론

(1) 몰질량

몰질량(molar mass)은 '실험 2. 몰과 아보가드로 수'에서 알았듯이 어떤 물질 1 mol의 질량을 일컫는다. 원자의 몰질량은 주기율표에서 알 수 있다. 이때의 몰질량은 동위원소의 자연 존재비를 고려한 원자의 평균 몰질량이다. 어떤 분자의 몰질량은 그 분자 1 mol의 질량이다. 분자의 몰질량은 분자를 조성하는 원자들의 몰질량의 합이다. 따라서 물(H_2O)의 몰질량은

$$\text{수소의 몰질량} \times 2 + \text{산소의 몰질량}$$
$$= 1.008\ \text{g/mol} \times 2 + 15.999\ \text{g/mol} = 18.015\ \text{g/mol}$$

이다.

(2) 기체의 몰질량 측정

대부분의 기체는 상온, 대기압 근처에서 **이상 기체**(ideal gas)와 비슷하게 행동한다. 이상 기체의 압력(P), 온도(T), 부피(V) 사이의 관계를 나타내는 **이상 기체 상태 방정식**

$$PV = nRT \ (n\text{은 몰수, } R\text{은 기체 상수}) \quad \text{(식 3–1)}$$

로부터

$$M = \frac{mRT}{PV} \ (M\text{은 몰질량, } m = nM\text{은 시료의 질량}) \quad \text{(식 3–2)}$$

의 관계를 유도할 수 있다.

이번 실험에서는 **그림 3–1**과 같은 몰질량 측정 장치의 플라스크에 액체 시료를 소량 넣고 가열하여 플라스크를 기체 분자로 가득 채운 후, 플라스크를 다시 냉각시켜서 얻은 **응축**된 액체의 질량으로부터 플라스크 안에 있는 기체의 질량을 구한다. 이때 기체의 압력은 대기압과 같게 하고 온도를 측정한 후 **식 3–2**를 이용하여 기체 분자의 몰질량을 구한다.

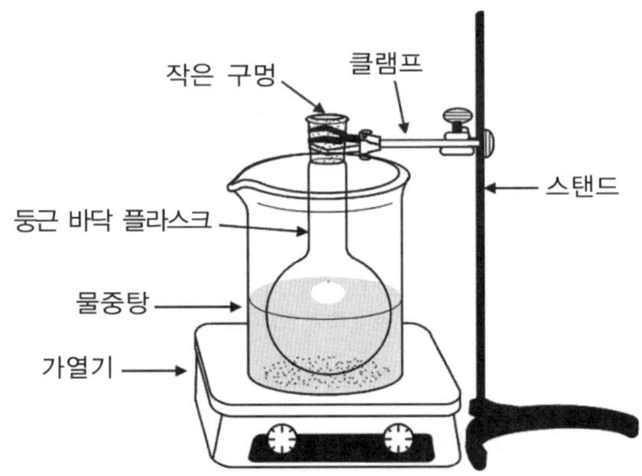

그림 3–1 기체의 몰질량 측정 장치

4 실험 기구 및 시약

기구	시약
100 mL 둥근 바닥 플라스크 500 mL 비커 250 mL 눈금 실린더 화학 저울 알루미늄 호일 가열교반기 온도계 스탠드 클램프 손전등	미지 액체 시료 A, B, C (아세톤, 에탄올, 헥세인)

5 실험 방법

① 깨끗하게 말린 100 mL 둥근 바닥 플라스크에 알루미늄 호일로 뚜껑을 만들어 씌우고 가는 바늘이나 샤프촉을 이용하여 작은 구멍을 뚫는다.

② 뚜껑을 덮은 둥근 바닥 플라스크의 질량을 측정한다.

③ 플라스크에 약 5 mL의 액체 시료(시료 A, B, C 중 택 1)를 넣고 뚜껑으로 다시 막는다.

④ 끓는 물을 반쯤 채운 500 mL 비커에 둥근 바닥 플라스크가 바닥에 닿지 않을 정도로 깊이 넣고 스탠드로 고정한다.

⑤ 물을 가열하면서 끓는 물의 온도와 대기압을 측정(조교가 알려준다.)하고 플라스크 속의 액체가 모두 기화할 때까지 기다린다. 뚜껑에 뚫린 구멍을 옆에서 자세히 관찰하면 빛의 산란 때문에 기체가 새어 나오는 것을 관찰할 수 있다.(손전등을 사용하면 더 잘 보인다.)

⑥ 플라스크의 액체가 모두 기화되면 잠시 기다린 후에 플라스크를 끓는 물에서 꺼내어 식힌다. 잠시 후 플라스크 속에 남아 있던 기체가 다시 응축되어 플라스크 속에 액체가 형성되는 것을 볼 수 있다.(플라스크는 뜨거우므로 주의한다.)

⑦ 플라스크 바깥에 묻은 물을 완전히 닦아 말리고 뚜껑을 덮은 플라스크의 질량을 측정한다.

⑧ 플라스크를 깨끗하게 씻은 후 증류수를 가득 채우고, 눈금 실린더를 사용해서 증류수의 부피를 측정하여 플라스크의 부피를 안다.

실험 주의 사항

① 증발된 기체를 흡입하지 않도록 한다.

② 뜨거운 플라스크 등에 화상을 입지 않도록 주의한다.

결과보고서

실험 03

기체의 몰질량

학과	학번	조	이름	실험일	확인
				년 월 일	

선택한 시료의 종류 ________________

둥근 바닥 플라스크와 뚜껑의 질량 ________________ g

끓는 물의 온도 ________________ °C = ________________ K

대기압(기상청 홈페이지 '관측자료' 참조) ________________ atm

냉각시킨 둥근 바닥 플라스크와 뚜껑의 질량 ________________ g

액화된 시료의 질량 ________________ g

둥근 바닥 플라스크의 부피 ________________ mL

액체 시료의 몰질량 ________________ g/mol

고찰할 내용

- 만일 기화되기 어려운 액체 시료를 사용하면 실험에 어떤 어려움이 있을지 생각해 보라.
- 플라스크 안의 기체의 압력이 왜 대기압과 같은지 생각해 보라.
- 예측한 액체 시료는 무엇인지 알아보라.

실험 04

알코올의 증류

1 실험의 목표

불순물이 들어 있는 알코올에서 순수한 알코올을 분리한다.

2 이해해야 할 개념

물질, 순물질, 혼합물, 화합물, 원소, 균일 혼합물, 불균일 혼합물, 물리적 분리 방법, 화학적 분리 방법, 증류, 여과, 크로마토그래피, 단순 증류

3 실험을 이해하기 위한 기본 이론

(1) 물질의 분류

물질(matter)은 공간을 차지하고 질량을 가진 것으로 정의한다. 물질은 어떻게 구분하는가에 따라 다양하게 분류할 수 있다. 예를 들어 물질의 상태(state)에 따라 물질을 구분하면 고체, 액체, 기체로 분류할 수 있다. 조성에 따라 구분하면 물질은 **순물질**(pure substance)과 **혼합물**(mixture)로 분류할 수 있다. 순물질은 일정한 조성을 가지고 있는 물질이다. 순물질은 다시 **화합물**(compound)과 **원소**(element)로 분류할 수 있는데 화합물은 두 가지 이상의 원소(또는 원자)가 일정한 조성을 가지고 이룬 물질이고 원소는 한 가지 원자로 이루어진 물질이다. 물(H_2O)은 산소 원자 하나와 수소 원자 두 개로 조성되어 있는 순물질이고, 산소 분자(O_2)와 수소 분자(H_2)는 각각 한 종류의 원자로 이루어진 원소이다. 혼합물은 두 가지 이상의 순물질이 섞여 있는 것이다. 우리 주위에 있는 대부분의 물질은

혼합물로서, 예를 들어 흙에는 여러 종류의 순물질이 섞여 있고 설탕물에는 순물질인 설탕과 물이 섞여 있다. 흙과 같은 혼합물은 부분적으로 순물질의 혼합 비율이 다르다는 것을 눈으로도 알 수 있는데 이와 같은 혼합물을 **불균일 혼합물**(inhomogeneous mixture)이라고 한다. 또한 설탕물처럼 설탕물 안의 어느 부분에서나 설탕과 물의 혼합 비율이 같은 혼합물을 **균일 혼합물**(homogeneous mixture)이라고 한다.

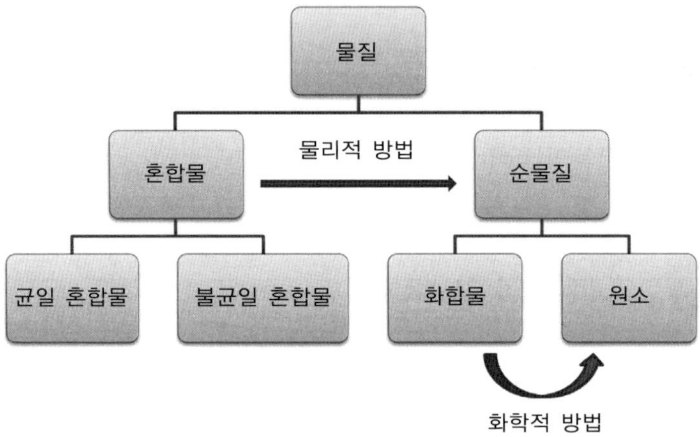

그림 4-1 물질의 분류

(2) 물질의 분리

혼합물에서 순물질을 분리하는 방법에는 섞여 있는 순물질의 성질에 따라 여러 가지가 있다. 액체와 액체가 섞여 있을 때는 **증류**(distillation)를 사용하고 고체와 액체의 혼합물은 **여과**(filtration)를 하여 분리한다. **크로마토그래피**(chromatography) 방법에서는 고체인 정지상(고정상)과 액체 또는 기체인 이동상을 이용하여 분리한다. 혼합물에 있는 각 성분이 두 상과 친화력이 다르면 크로마토그래피를 통과할 때 다른 속도로 이동하게 되어 분리가 일어난다.

혼합물에서 순물질을 분리하는 과정에서는 순물질의 물리적 성질 변화를 이용하므로 순물질의 조성은 변하지 않는다. 이를 달리 말하여 혼합물에서 순물질을 분리할 때는 **물리적 방법**을 사용한다고 한다. 화합물에서 원소를 분리할 때는 화합물의 조성이 바뀌므로 화학적 변화(화학 결합의 변화)가 일어난다. 이를 달리 말하여 화합물에서 원소를 분리할 때는 **화학적 방법**을 사용한다고 한다. 물(H_2O)

을 전기분해하여 산소 분자(O_2)와 수소 분자(H_2)를 분리하는 과정은 화학적 방법을 동원한 예이다.

(3) 증류

증류(distillation)란 두 가지 이상의 액체가 섞인 혼합물에서 각 액체의 끓는점 차이를 이용하여 분리하는 방법이다. 가장 간단한 증류 방법은 **단순 증류**(simple distillation)로 액체를 기화시켜 얻은 기체를 냉각기에서 다시 액화시켜 분리한다. 그 밖의 증류법으로는 분별 증류(fractional distillation), 감압 증류(vacuum distillation), 증기 증류(steam distillation)가 있다. 분별 증류에서는 긴 증류관이 필요하다. 증류관의 높이에 따라 온도가 달라지는 것을 이용하여 혼합 액체의 기화와 액화를 반복시켜 순수한 액체를 분리한다. 원유의 정제는 분별 증류를 이용한다. 감압 증류는 끓는점이 높은 액체 혼합물을 분리하는 방법으로 압력을 감소시켜 증류 속도를 증가시키는 방법이다. 증기 증류는 뜨거운 수증기를 혼합물에 불어 넣어 수증기와 함께 기화된 액체 성분을 분리하는 증류법이다.

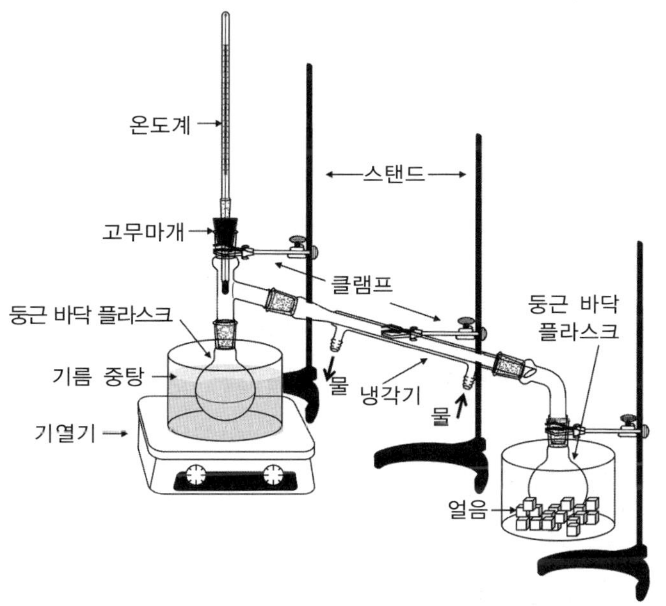

그림 4-2 단순 증류 장치

이번 실험에서는 알코올에 불순물로 메틸오렌지를 넣고 단순 증류법을 이용하여 순수한 알코올을 분리한다. 실험에서는 먼저 그림 4-2와 같은 단순 증류 장치를 설치하고 기름 중탕에 담겨 있는 둥근 바닥 플라스크에 혼합물을 넣은 후 기름 중탕을 가열하여 휘발성이 큰 알코올을 먼저 기화시킨다. 냉각기를 통과하면서 액화된 알코올을 얼음물로 차게 만든 플라스크에 모은다.

4 실험 기구 및 시약

기구	시약
100 mL 둥근 바닥 플라스크	메틸오렌지가 녹아 있는 알코올
50 mL 둥근 바닥 플라스크	얼음
기름 중탕, 가열교반기	
끓임쪽, 온도계, 스탠드, 클램프, 냉각기	

5 실험 방법

① 단순 증류 장치를 설치한다.

② 100 mL 둥근 바닥 플라스크에 불순물(메틸오렌지)이 포함되어 있는 알코올 60 mL와 끓임쪽을 넣는다.

③ 냉각기에 물을 연결하고, 액화가 효과적으로 일어나게 하기 위해서 알코올을 수집하는 수집관(50 mL 둥근 바닥 플라스크)을 얼음물에 담근다.

④ 모든 설치가 끝나면, 기름 중탕의 온도를 서서히 올리면서 40~50분간 증류되는 알코올을 수집관에 모은다.

실험 주의 사항

① 알코올을 흡입하지 않도록 한다.

② 냉각기에 흘리는 물이 너무 세지 않도록 한다.

③ 온도계는 플라스크의 가지 부분에 위치하도록 한다.

결과보고서

실험 04

알코올의 증류

학 과	학 번	조	이 름	실 험 일	확 인
				년　월　일	

혼합물의 색 ______________

알코올이 끓는 온도 ______________ °C

분리한 알코올의 색 ______________

고찰할 내용

- 여러 가지 알코올의 끓는점을 조사하여 실험에서 사용한 알코올은 무엇인지 알아보라.
- 증류하여 얻은 알코올의 색깔을 순수한 알코올과 비교하여 얼마나 순수한지 생각해 보라.
- 주변에서 사용되고 있는 증류에는 어떠한 것이 있는지 조사해 보라.

실험 05

산–염기 적정

1 실험의 목표

중화 반응을 이용하여 염산의 농도와 식초에서 아세트산의 농도를 구하고 산–염기 반응의 특성을 이해한다.

2 이해해야 할 개념

산, 염기, 아레니우스의 산–염기, 브뢴스테드–로우리의 산–염기, 산–염기 반응, 중화 반응, 몰농도, 노르말 농도, 당량, 산–염기 적정, 적정 용액(표준 용액), 분석 용액, 당량점, 종말점, 적정 곡선(pH 곡선), 지시약, % 농도

3 실험을 이해하기 위한 기본 이론

(1) 산과 염기

일상에서 산과 염기는 흔히 발견된다. 신맛을 가지고 있는 산(acid)의 용어는 라틴어로 '시다(sour)'는 의미의 *acidus*에서 유래되었다. 식초나 귤의 신맛은 산 때문이다. 반면에 **염기**(base)는 쓴맛을 가지고 있고 미끈미끈하다. 주변에서 찾을 수 있는 세척제에는 염기가 포함되어 있다. **아레니우스**(Svante Arrhenius)는 수용액에서 수소 이온($H^+(aq)$)을 내어 놓는 화합물을 산으로, 수산화 이온($OH^-(aq)$)을 내어 놓는 화합물을 염기로 정의하였다. 아레니우스의 산–염기는 산–염기 반응에 대한 정량화에 큰 기여를 하였다. 그 후 **브뢴스테드**(Johannes Brønsted)와 **로우리**(Thomas Lowry)는 산과 염기의 정의를 일반화하여 산은 양성자(H^+) 주개

로, 염기는 양성자 받개로 정의하였다. 아레니우스의 산-염기는 수용액에서만 정의되는 반면에 브뢴스테드-로우리의 산-염기는 그 밖의 용액에서도 산-염기가 정의될 수 있게 한다. **루이스**(Gilbert N. Lewis)는 산은 전자쌍 받개로, 염기는 전자쌍 주개로 정의하여 산-염기의 개념을 더욱 확장하였다.

(2) 중화 반응

산과 염기가 만나면 **산-염기 반응**을 일으킨다. 센 산인 염산(HCl)은 수용액에서 염화 이온($Cl^-(aq)$)과 수소 이온($H^+(aq)$)으로 분리되고 센 염기인 수산화 소듐(NaOH)은 수용액에서 소듐 이온($Na^+(aq)$)과 수산화 이온($OH^-(aq)$)으로 분리된다. 따라서 염산 수용액과 수산화 소듐 수용액을 섞으면 수소 이온($H^+(aq)$)과 수산화 이온($OH^-(aq)$)이 만나서 물(H_2O)이 생기고 나머지 이온들은 반응에 참여하지 않는 구경꾼 이온이 된다. 이와 같이 수용액에서의 산-염기 반응에서는 산이 내어 놓은 수소 이온과 염기가 내어 놓은 수산화 이온이 만나서 물이 생긴다. 이를 **중화 반응**(neutralization reaction)이라고 한다.

$$HCl(aq) + NaOH(aq) \longrightarrow Cl^-(aq) + H^+(aq) + Na^+(aq) + OH^-(aq)$$

$$\longrightarrow Cl^-(aq) + Na^+(aq) + H_2O(l) \ (= NaCl(aq) + H_2O(l))$$

$$\text{알짜 반응: } H^+(aq) + OH^-(aq) \longrightarrow H_2O(l)$$

약한 산인 아세트산(CH_3COOH)과 센 염기인 수산화 소듐이 만나도 중화 반응이 일어난다.

$$CH_3COOH(aq) + NaOH(aq) \longrightarrow CH_3COONa(aq) + H_2O(l)$$

(3) 몰농도(M)와 노르말 농도(N)

몰농도(molarity)는 용액 1000 mL에 녹아 있는 용질의 몰(mol) 수이고 **노르말 농도**(normality)는 용액 1000 mL에 녹아 있는 용질의 **당량**(equivalent) 수이다. 산이나 염기에서 1당량은 1 mol의 H^+를 주거나 받을 수 있는 양이다. 따라서 HCl 1 mol은 1당량이고 H_2SO_4 1 mol은 2당량이다. 그리고 NaOH 1 mol은 1당량이고 $Ca(OH)_2$ 1 mol은 2당량이다.

$$몰농도(M) = \frac{용질의\ 몰수(mol)}{용액의\ 부피(L)} \quad (식\ 5\text{-}1)$$

$$노르말\ 농도(N) = \frac{용질의\ 당량수(Eq)}{용액의\ 부피(L)} \quad (식\ 5\text{-}2)$$

(4) 산-염기 적정

중화 반응은 매우 빠르게 일어나고 또한 위에서 볼 수 있듯이 정량적($H^+:OH^-$ = 1:1)으로 일어나기 때문에 이를 이용해서 수용액에 녹아 있는 산이나 염기의 농도를 알아낼 수 있다. 이러한 실험을 **산-염기 적정**(acid-base titration)이라고 한다. 적정은 농도를 알고 있는 용액(적정 용액 또는 표준 용액)을 이용하여 농도를 모르는 용액(분석 용액)의 농도를 결정하는 실험으로서, 산-염기 적정에서는 산 또는 염기 용액 중에서 농도를 알고 있는 적정 용액을 뷰렛에 넣고 플라스크에는 분석 용액을 넣은 후 적정 용액을 분석 용액에 천천히 떨어뜨리면서 적정한다(그림 5-1).

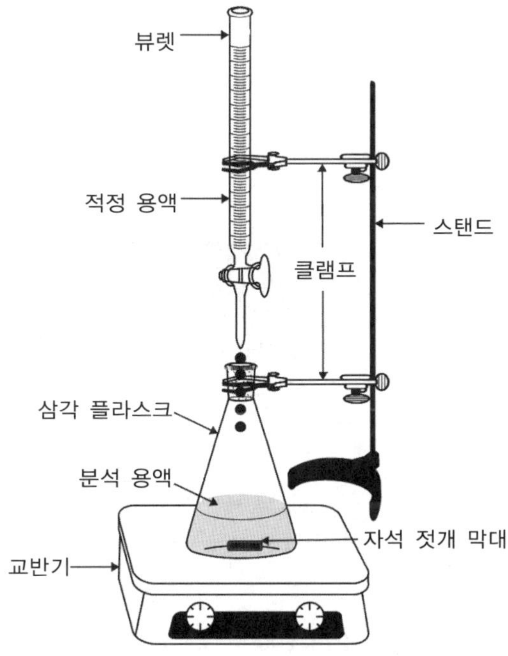

그림 5-1 적정 장치

분석 용액에 있는 수소 이온(또는 수산화 이온)의 양과 정확히 같은 양의 수산화 이온(또는 수소 이온)을 포함하는 적정 용액이 가해졌을 때를 **당량점**(equilvalent point)이라고 한다. 따라서 플라스크에 담겨 있는 분석 용액의 부피가 $V_{분석}$이고 그 속에 있는 수소 이온(또는 수산화 이온)의 몰농도가 $M_{분석}$일 때, 적정 용액에 있는 수산화 이온(또는 수소 이온)의 몰농도가 $M_{적정}$이고 당량점까지 가해진 적정 용액의 부피가 $V_{적정}$라면

$$M_{분석} V_{분석} = M_{적정} V_{적정} \qquad (식\ 5\text{–}3)$$

의 관계가 성립한다. 이를 산과 염기의 노르말 농도(N)로 표현하면

$$N_{산} V_{산} = N_{염기} V_{염기} \qquad (식\ 5\text{–}4)$$

가 된다.

당량점은 **적정 곡선**(pH 곡선)이나 **지시약**(indicator)을 이용하여 알아낼 수 있다. **그림 5–2**는 0.200 M HCl 수용액을 0.100 M NaOH 수용액으로 적정할 때와 0.200 M CH_3COOH 수용액을 0.100 M NaOH 수용액으로 적정할 때의 적정 곡선을 나타낸 것이다. 그림에서 보듯이 당량점 근처에서는 넣어 준 NaOH 용액 한두 방울에 의해서 혼합 용액의 pH가 급격하게 변한다. 따라서 넣어 준 NaOH 용액의 부피에 따른 pH

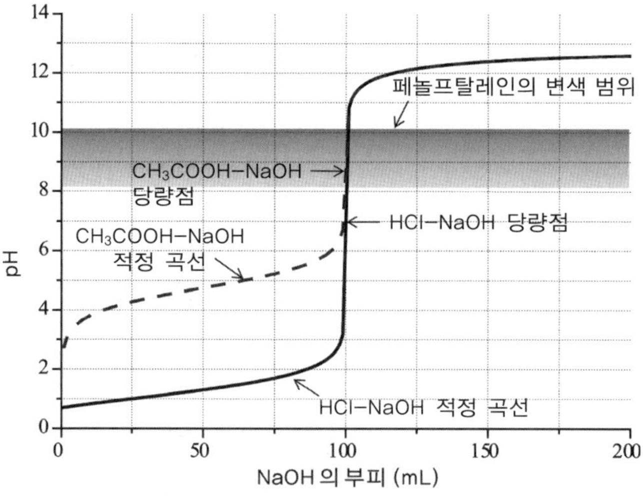

그림 5–2 0.200 M HCl 용액 50 mL를 0.100 M NaOH 용액으로 적정할 때의 적정 곡선(실선)과 0.200 M CH_3COOH 용액 50 mL를 0.100 M NaOH 용액으로 적정할 때의 적정 곡선(점선)

변화를 그린 그래프로부터 당량점에서의 NaOH 용액의 부피를 알 수 있다. 강산을 강염기로 적정하면 당량점에서의 pH는 7이 되고 약산을 강염기로 적정하면 당량점에서의 pH는 7보다 크게 된다. 이번 실험에서는 용액의 pH를 직접 잴 수 있는 pH 미터를 사용하여 pH를 측정한다.

지시약을 이용해서도 당량점을 대략 알 수 있다. 페놀프탈레인은 흔하게 사용하는 지시약인데 페놀프탈레인은 산성 용액에서는 무색을 띠고 염기성 용액에서는 빨간색을 띤다(**그림 5-3**). 변색 범위는 **그림 5-2**에 나타낸 바와 같이 pH 8~10이다. 당량점 근처에서는 용액의 pH가 급격히 변하므로 당량점 근처에서 NaOH 용액 한두 방울에 의해서 혼합 용액의 색깔이 무색에서 빨간색으로 변한다. 이와 같이 지시약의 색이 변하는 지점을 **종말점**(end point)이라고 한다. 지시약을 사용할 경우에는 종말점을 당량점으로 삼는다.

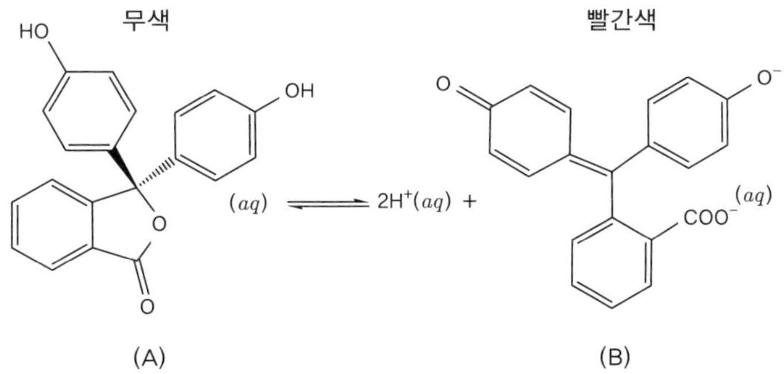

그림 5-3 (A) 페놀프탈레인의 산성 용액에서의 모양과 (B) 염기성 용액에서의 모양

(5) % 농도

질량 % 농도는 용액 100 g에 녹아 있는 용질의 g 수이다.

$$\%\ 농도(\%) = \frac{용질의\ 질량(g)}{용액의\ 질량(g)} \times 100 \qquad (식\ 5\text{-}5)$$

4 실험 기구 및 시약

기구	시약
50 mL 뷰렛	식용 식초
250 mL 삼각 플라스크	염산(HCl) 수용액
10 mL 피펫	0.500 M 수산화 소듐(NaOH) 수용액
100 mL 눈금 실린더	페놀프탈레인
화학 저울	증류수
피펫 채우개	
pH 미터	
가열교반기	
자석 젓개 막대	
스탠드	
클램프	

5 실험 방법

(1) 실험 A. 식초의 분석

① 250 mL 삼각 플라스크의 질량을 측정한다.

② 시판되고 있는 식초 10.0 mL를 피펫으로 정확하게 취해서 250 mL 삼각 플라스크에 넣고 질량을 측정한다.

③ 약 40 mL의 증류수를 플라스크에 넣고 페놀프탈레인 지시약 두세 방울을 넣는다.

④ pH 미터의 전극 부분이 플라스크의 용액에 잠기도록 클램프를 이용해서 고정한다.

⑤ 뷰렛에 0.500 M 수산화 소듐 표준 용액을 넣고 적정한다.

⑥ 수산화 소듐(NaOH) 용액이 2 mL씩 첨가될 때마다 넣어 준 수산화 소듐 용액의 부피와 pH를 기록한다. 용액이 분홍색을 띠기 시작하면 수산화 소듐 용액을 조금씩 넣어 주면서 용액을 잘 저어 준다. 넣어 준 수산화 소듐 용액의 부피와 pH를 계속 기록한다. 분홍색이 30초 이상 지속된 후 없어지면 수산화 소듐 한 방울 더 넣어 주고 당량점으로 여긴다.

⑦ 당량점 이후에서는 수산화 소듐 용액을 2 mL씩 첨가하면서 넣어 준 수산화 소듐 용액의 부피와 pH를 기록한다.

⑧ 당량점을 결정하고 식초에서 아세트산(CH_3COOH)의 농도를 계산한다.

⑨ 식초에서 아세트산의 질량 백분율(% 농도)을 구한다.

⑩ 시간이 허락하면 위 실험을 1회 더 반복한다.

(2) 실험 B. 염산의 적정

① 식초 대신에 농도를 모르는 염산(HCl) 용액 20.0 mL를 피펫으로 정확하게 취해서 250 mL 삼각 플라스크에 넣고 실험 A와 같은 방법으로 적정하여 염산 용액의 농도를 구한다.

② 시간이 허락하면 위 실험을 1회 더 반복한다.

실험 주의 사항

① 실험을 하기 전에 '화학 실험실에서의 기본 3. 기구 및 기기 사용법'에 있는 pH 미터 사용법을 읽고 충분히 익힌다.

② 식초의 냄새를 맡지 않도록 하고 실험실의 환기가 잘 되도록 한다.

③ 염산과 수산화 소듐이 손에 닿지 않아야 한다. 닿았을 경우에는 물로 씻어낸다.

결과보고서

실험 05

산-염기 적정

학 과	학 번	조	이 름	실 험 일	확 인
				년 월 일	

실험 A 식초의 분석

	1회	2회
넣어 준 식초의 부피(mL)		
넣어 준 NaOH 용액의 부피(mL)		
비커의 질량(g)		
비커와 식초의 질량(g)		
넣어 준 식초의 질량(g)		

NaOH 표준 용액의 농도 ____________ mol/L

당량점(종말점)까지 넣어 준 NaOH 용액의 평균 부피 ____________ mL

식초에서 아세트산의 농도 ____________ mol/L

아세트산의 몰질량 60.05 g/mol

식초에서 아세트산의 질량 ____________ g

식초에서 아세트산의 % 농도 ____________ %

적정 곡선(1회)

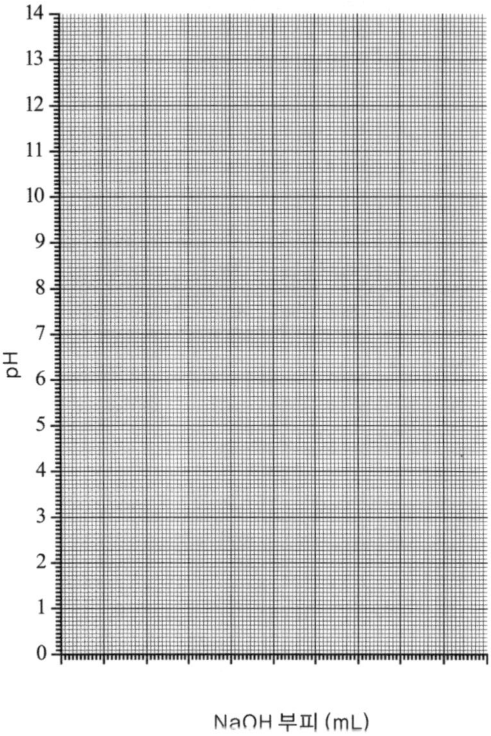

적정 곡선(2회)

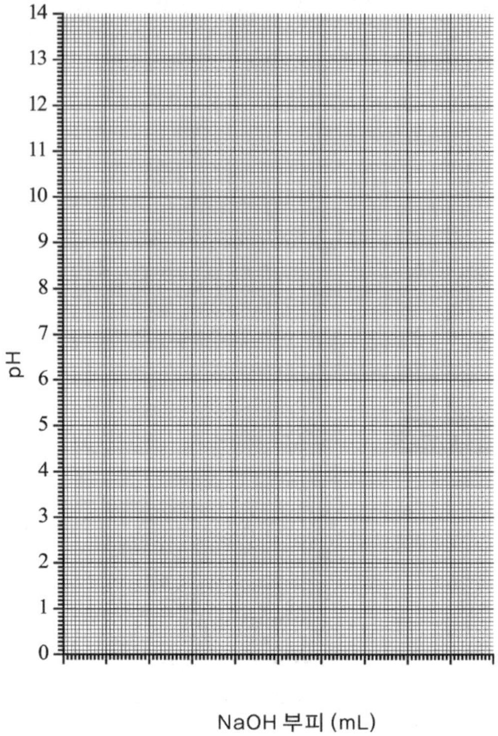

실험 B 염산의 적정

넣어 준 염산(HCl) 용액의 부피	________	mL
NaOH 표준 용액의 농도	________	mol/L
당량점(종말점)까지 넣어 준 NaOH 용액의 평균 부피	________	mL
염산의 농도	________	mol/L

적정 곡선(1회)

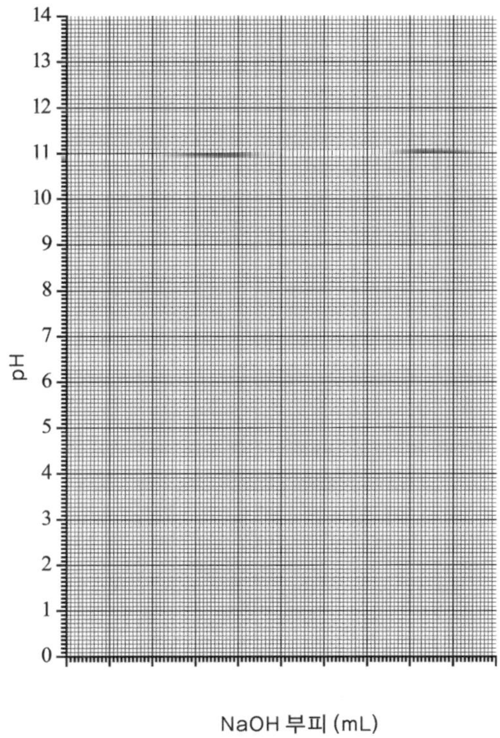

적정 곡선(2회)

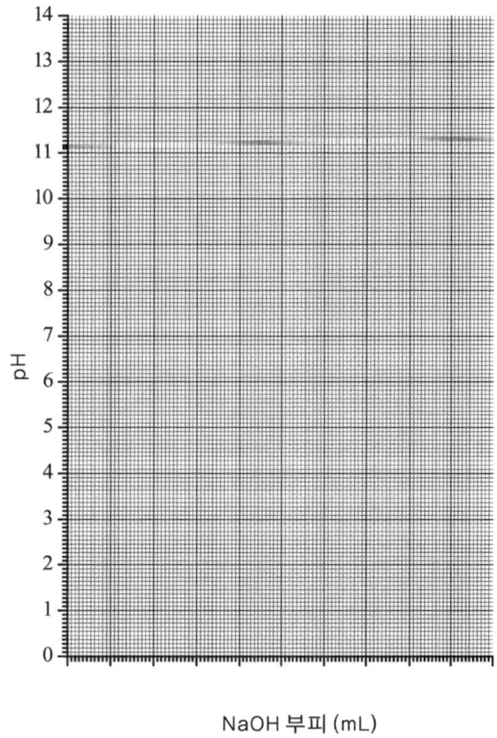

고찰할 내용

- 식용 식초병의 겉에 있는 아세트산의 % 농도와 실험에서 구한 % 농도 사이의 차이를 비교하여라.
- 강산을 강염기로 적정하면 당량점에서의 pH는 7이 되고 약산을 강염기로 적정하면 당량점에서의 pH는 7보다 크게 되는 이유를 생각해 보라.

실험 06

산화-환원 적정

1 실험의 목표

과망가니즈산 이온과 과산화 수소 사이의 반응을 이용하여 과산화 수소를 정량하고 산화-환원 반응을 이해한다.

2 이해해야 할 개념

산화-환원 반응, 산화, 환원, 산화제, 환원제, 산화수, 과망가니즈산 적정법

3 실험을 이해하기 위한 기본 이론

(1) 산화-환원 반응

수용액에서의 반응은 크게 산-염기 반응, 산화-환원 반응, 침전 반응의 세 가지로 나눌 수 있다. 그 중에서 **산화-환원 반응**(oxidation-reduction reaction)은 반응물들 사이에 전자를 주고받는 반응을 일컫는다. 이때 전자를 주는 화합물은 **산화**(oxidation)되었다고 하고, 받는 화합물은 **환원**(reduction)되었다고 한다. 또한 전자를 주는 화합물은 다른 화합물에 전자를 주어 그것을 환원시켰으므로 **환원제**(reductant 또는 reducing agent)라고 하고, 전자를 받은 화합물은 다른 화합물로부터 전자를 빼앗아 그것을 산화시켰으므로 **산화제**(oxidant 또는 oxidizing agent)라고 한다. 전자를 주는 화합물이 있으면 반드시 받는 화합물이 있어야 하므로 산화와 환원은 항상 동시에 일어난다.

(2) 산화수

산화–환원 반응에서 어떤 화합물이 산화되었는지 환원되었는지는 화합물에 있는 원자들의 **산화수**(oxidation number) 변화로부터 알 수 있다. 반응에서 어떤 원자의 산화수가 증가하면 산화된 것이고 감소하면 환원된 것이다. 산화수는 화합물에 있는 원자들 사이의 결합을 완전한 이온 결합으로 가정하였을 때의 원자의 알짜 전하수이다. 즉 공유하고 있는 전자를 전기음성도가 큰 원자가 모두 차지하였다고 가정하였을 때의 알짜 전하수이다. 예를 들어 CH_4에는 C–H 단일 결합이 네 개 있는데 C의 전기음성도가 H보다 크므로 C–H 결합에 있는 두 개의 공유 전자를 C가 모두 가지고 갔다고 가정하면 C는 모두 8개의 최외각 전자를 가지게 되고 따라서 C의 산화수는 −4(중성의 C는 최외각에 4개의 전자를 가지고 있다.)가 되고 H는 최외각에 전자가 없으므로 산화수가 +1(중성의 H는 최외각에 1개의 전자를 가지고 있다.)이 된다. 산화수를 쉽게 결정하는 방법은 다음과 같다.

〈산화수를 결정하는 규칙〉

1. 화합물(분자, 이온)이나 원소에 있는 원자들의 산화수의 합은 그 화합물의 전하수와 같다.
2. 화합물에 있는 F의 산화수는 −1이다.
3. 화합물에 있는 O의 산화수는 −2이다.(예외: O_2^-에서 O의 산화수는 −1/2, O_2^{2-}에서 O의 산화수는 −1, O_3^-에서 O의 산화수는 −1/3)
4. 공유 결합하고 있는 H의 산화수는 +1이다.
5. 금속과 결합하고 있는 H의 산화수는 −1이다.

위의 규칙은 번호의 순서대로 적용한다. 규칙 1에서 먼저 결정할 수 없을 경우에는 그 다음 규칙에 따라 산화수를 찾고 다시 규칙 1을 적용한다. 따라서 CH_4에서 C와 H의 산화수를 결정하면, 규칙 4에 따라 H의 산화수는 +1이 되고 다음으로 규칙 1에 따라 C의 산화수는 −4가 된다. 그리고 CO_2에서는 규칙 3에 따라 O의 산화수는 −2가 되고 다음으로 규칙 1에 따라 C의 산화수는 +4가 된다.

모든 연소 반응은 산화–환원 반응인데 이는 CH_4가 연소되어 CO_2와 H_2O가 된 경우를 보면 쉽게 생각할 수 있다.

$$CH_4(g) + 2O_2(g) \longrightarrow CO_2(g) + 2H_2O(g)$$

산화수를 결정하는 규칙에 따라 O_2에서 O의 산화수는 0이고 H_2O에서 O의 산화수는 −2, 그리고 H의 산화수는 +1이 된다. 그러므로 위의 반응식에서 산화수가 변한 원자를 살펴보면 C는 −4(CH_4)에서 +4(CO_2)로 산화수가 증가하였고 O는 0(O_2)에서 −2(CO_2, H_2O)로 산화수가 감소하였다. 따라서 CH_4는 산화되었고 O_2는 환원되었다. 즉 CH_4는 환원제이고 O_2는 산화제이다.

(3) 과망가니즈산 포타슘 용액의 표준화

이번 실험에서는 과망가니즈산 포타슘($KMnO_4$) 용액을 적정 용액으로 사용하여 과산화 수소(H_2O_2)의 농도를 결정하려고 한다. 이를 위해 먼저 과망가니즈산 포타슘 수용액을 만들고 이 농도를 정확히 결정해야 하는데 이를 표준화라고 한다. 과망가니즈산 포타슘은 순수한 상태로 얻기 어렵고 소량의 이산화 망가니즈(MnO_2)를 포함하고 있으므로 옥살산 소듐($Na_2C_2O_4$), 산화 비소(III), 순수한 철, 모어염과 같은 일차 표준 물질을 이용하여 표준화시킨 후 사용해야 한다. 과망가니즈산 포타슘은 산성과 염기성 용액에서 모두 사용할 수 있지만 일반적으로 산성 용액에서 자주 사용한다. 과망가니즈산 포타슘과 옥살산 소듐을 물에 녹이면 먼저 이온화된다.

$$KMnO_4(aq) \longrightarrow K^+(aq) + MnO_4^-(aq)$$

$$Na_2C_2O_4(aq) \longrightarrow 2Na^+(aq) + C_2O_4^{2-}(aq)$$

발생된 이온 중에서 K^+와 Na^+는 반응에 참여하지 않는 구경꾼 이온이 되고, 산성 용액에서 MnO_4^-와 $C_2O_4^{2-}$ 사이에 다음과 같은 반응이 일어난다.

$$2MnO_4^-(aq) + 5C_2O_4^{2-}(aq) + 16H^+(aq) \longrightarrow 2Mn^{2+}(aq) + 10CO_2(g) + 8H_2O(l)$$

위 반응에서 Mn의 산화수는 +7에서 +2로 감소하였고 C의 산화수는 +3에서 +4로 증가하였다. 따라서 MnO_4^-는 산화제로, $C_2O_4^{2-}$는 환원제로 작용하였다. 이번 실험에서는 옥살산 소듐($Na_2C_2O_4$) 용액에 과망가니즈산 포타슘($KMnO_4$) 용액을 떨어뜨리면서 적정한다. 따라서 당량점(종말점)이 지나면 MnO_4^-의 색(자주색)이 나타나고 이로부터 당량점을 알 수 있다. MnO_4^-와 $C_2O_4^{2-}$는 2:5로 반응하므로 당량점에서

$$5 \times KMnO_4\text{의 몰수} = 2 \times Na_2C_2O_4\text{의 몰수}$$

이다. 따라서 다음의 관계가 성립한다.

$$5 \times M_{\text{과망가니즈산 포타슘}} V_{\text{과망가니즈산 포타슘}} = 2 \times M_{\text{옥살산 소듐}} V_{\text{옥살산 소듐}} \quad (\text{식 } 6\text{–}1)$$

(4) 과산화 수소 용액의 정량

과망가니즈산 이온(MnO_4^-)과 과산화 수소(H_2O_2)는 산성 용액에서 다음과 같은 산화–환원 반응을 일으킨다.

$$2MnO_4^-(aq) + 5H_2O_2(aq) + 6H^+(aq) \longrightarrow 2Mn^{2+}(aq) + 5O_2(g) + 8H_2O(l)$$

위 반응에서 Mn의 산화수는 +7에서 +2로 감소하였고, O의 산화수는 −1(H_2O_2)에서 0(O_2)으로 증가하였다. 따라서 MnO_4^-는 산화제로, H_2O_2는 환원제로 작용하였다. 이번 실험에서는 과산화 수소(H_2O_2) 용액에 과망가니즈산 포타슘($KMnO_4$) 용액을 떨어뜨리면서 적정한다. 따라서 당량점(종말점)이 지나면 MnO_4^-의 색(자주색)이 나타나고 이로부터 당량점을 알 수 있다. MnO_4^-와 H_2O_2는 2:5로 반응하므로 당량점에서

$$5 \times KMnO_4\text{의 몰수} = 2 \times H_2O_2\text{의 몰수}$$

이다. 따라서 다음의 관계가 성립한다.

$$5 \times M_{\text{과망가니즈산 포타슘}} V_{\text{과망가니즈산 포타슘}} = 2 \times M_{\text{과산화 수소}} V_{\text{과산화 수소}} \quad (\text{식 } 6\text{–}2)$$

위와 같이 과망가니즈산 이온(MnO_4^-)이 산성 용액에서 Mn^{2+}로 환원되면서 내는 강력한 산화력을 이용한 적정법을 **과망가니즈산 적정법**이라고 한다.

4 실험 기구 및 시약

기구	시약
50 mL 뷰렛 100 mL 부피 플라스크 250 mL 삼각 플라스크 10 mL 피펫 100 mL 눈금 실린더 500 mL 물중탕 용기 화학 저울 온도계 피펫 채우개 갈색 시약병(과망가니즈산 포타슘 용액 저장용) 가열교반기 자석 젓개 막대 스탠드 클램프	0.02 M 과망가니즈산 포타슘($KMnO_4$) 표준 용액 옥살산 소듐($Na_2C_2O_4$) 3% 과산화 수소(H_2O_2) 1:1 황산(H_2SO_4) 증류수

5 실험 방법

(1) 실험 A. 과망가니즈산 포타슘 용액의 표준화

① 순수한 옥살산 소듐($Na_2C_2O_4$) 약 0.7 g의 질량을 정확히 측정한 후 100 mL 부피 플라스크에 넣는다.

② 소량의 증류수로 옥살산 소듐을 완전히 녹이고 눈금까지 증류수를 채워 표준 용액을 만든다.

③ 피펫으로 표준 용액 10 mL를 취하여 250 mL 삼각 플라스크에 넣고 증류수 60 mL와 1:1 황산 5 mL를 넣는다.

④ 준비되어 있는 과망가니즈산 포타슘($KMnO_4$) 표준 용액(~0.02 M $KMnO_4$)을 뷰렛에 넣는다.

⑤ 옥살산 소듐 용액이 담겨 있는 삼각 플라스크를 70~80°C 물중탕에 넣고 자석 젓개 막대로 잘 섞으면서 뷰렛의 과망가니즈산 포타슘 용액으로 적정한다. 과망가니즈산 포타슘 용액이 옥살산 소듐 용액에 떨어지면 과망가니즈산 포타슘의 자주색이 없어지는데 당량점(종말점)에 가까워지면서 자주

색이 없어지는 시간이 점점 늘어난다. 과망가니즈산 포타슘 용액 한 방울을 넣어서 엷은 자주색이 30초 이상 남아 있으면 종말점으로 한다.

⑥ 적정 실험을 총 3회 실시하여 당량점까지 들어간 과망가니즈산 포타슘 용액의 평균 부피를 구하고 과망가니즈산 포타슘 용액의 농도를 계산한다.

(2) 실험 B. 과산화 수소 용액의 정량

① 3% 과산화 수소(H_2O_2) 수용액 10 mL를 정확히 측정해서 100 mL 부피 플라스크에 넣고 증류수를 눈금까지 채운다.

② 이 용액 10 mL를 250 mL 삼각 플라스크에 넣고 증류수 90 mL를 넣어 묽히고 1:1 황산 10 mL를 넣는다.

③ 과망가니즈산 포타슘 표준 용액을 뷰렛에 넣는다.

④ 과산화 수소 용액을 과망가니즈산 포타슘 표준 용액으로 적정한다. 과망가니즈산 포타슘 용액이 과산화 수소 용액에 떨어지면 과망가니즈산 포타슘의 자주색이 없어지는데 당량점(종말점)에 가까워지면서 자주색이 없어지는 시간이 점점 늘어난다. 과망가니즈산 포타슘 용액 한 방울을 넣어서 엷은 자주색이 30초 이상 남아 있으면 종말점으로 한다.

⑤ 적정 실험을 총 3회 실시하여 당량점까지 들어간 과망가니즈산 포타슘 용액의 평균 부피를 구하고 과산화 수소 용액의 농도를 계산한다.

실험 주의 사항

① 과망가니즈산 포타슘은 빛에 의해 분해되므로 갈색 시약병에 보관한다.

② 뜨거운 물에 주의한다.

③ 당량점(종말점)을 알기 위해 참고용으로 250 mL 삼각 플라스크에 넣어 준 용액의 부피와 같은 부피의 증류수를 넣고 과망가니즈산 포타슘 표준 용액 한 방울을 넣어 색을 관찰한다.

결과보고서

실험 06

산화-환원 적정

학 과	학 번	조	이 름	실 험 일	확 인
				년 월 일	

실험 A 과망가니즈산 포타슘($KMnO_4$) 용액의 표준화

옥살산 소듐($Na_2C_2O_4$)의 몰질량 134.0 g/mol

옥살산 소듐의 질량 ______________ g

옥살산 소듐 용액의 부피 ______________ mL

옥살산 소듐 용액의 농도 ______________ mol/L

	1회	2회	3회
당량점까지 넣어 준 과망가니즈산 포타슘 표준 용액의 부피(mL)			

당량점에서 과망가니즈산 포타슘 표준 용액의 평균 부피 ___________ mL

과망가니즈산 포타슘 표준 용액의 농도 ___________ mol/L

실험 B 과산화 수소 용액의 정량

3% 과산화 수소(H_2O_2) 용액의 부피 ______________ mL

	1회	2회	3회
당량점까지 넣어 준 과망가니즈산 포타슘 표준 용액의 부피 (mL)			

당량점에서 과망가니즈산 포타슘 표준 용액의 평균 부피 ___________ mL

3% 과산화 수소 용액의 농도 ___________ mol/L

과산화 수소의 몰질량 34.014 g/mol

3% 과산화 수소 용액의 밀도 1.01 g/mL

3% 과산화 수소 용액의 % 농도 ___________ %

고찰할 내용

- 주어진 과산화 수소 용액의 % 농도와 실험에서 구한 % 농도 사이의 차이를 비교하여라. 어느 것을 더 신뢰하겠는지 생각해 보라.
- 과산화 수소 용액을 삼각 플라스크에 넣은 후 증류수를 첨가한다. 넣어 준 증류수의 양은 실험 결과에 영향을 미칠지 생각해 보라.
- 염기성 용액에서 과망가니즈산 이온과 과산화 수소 사이에 일어나는 산화–환원 반응의 반응식을 생각해 보라.

실험 07

용해열

1 실험의 목표

염화 칼슘과 질산 암모늄이 물이 녹는 과정에서 발생하는 열(용해열)을 측정하고 용해열의 발생 원리를 이해한다.

2 이해해야 할 개념

용질, 용매, 용액, 용해열(용해 엔탈피), 발열 반응, 흡열 반응, 엔트로피, 열량계, 열용량, 비열, 몰열용량, 격자 에너지(격자 엔탈피), 수화열(수화 엔탈피)

3 실험을 이해하기 위한 기본 이론

(1) 용액의 형성

용질(solute)이 **용매**(solvent)에 녹아 있는 상태를 **용액**(solution)이라고 한다. 용액이 형성되는 과정을 열역학적으로 고찰하기 위해서는, 용액의 형성 과정을 다음과 같이 세 단계로 나누어 생각한다. 첫 단계로 자기들끼리 뭉쳐 있는 용질 분자는 확장되어 개별 분자로 분리되어야 한다. 두 번째로 자기들끼리 뭉쳐 있는 용매 분자는 확장되어 용질 분자가 들어갈 공간을 만들고 마지막으로 용질 분자와 용매 분자는 상호 인력에 의하여 섞여 용액을 형성한다(그림 7–1).

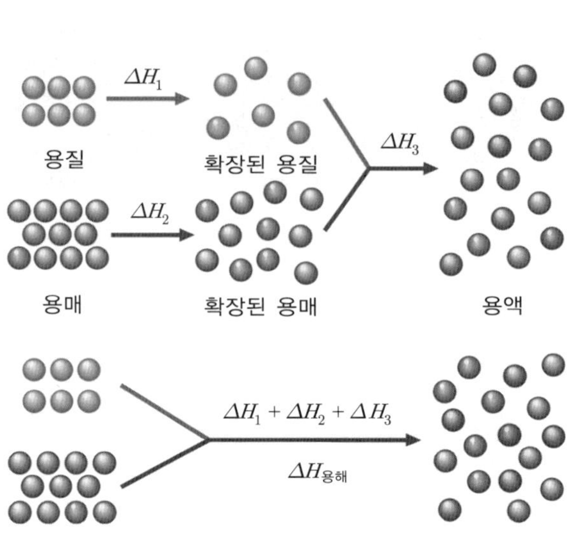

그림 7-1 용액 형성의 열역학적 고찰

위의 각 단계에서 에너지(열)의 출입이 있게 되는데, 첫 단계와 두 번째 단계에서는 자기들끼리 뭉쳐 있는 것을 분리하기 위하여 열을 가해 주어야 하고, 마지막 단계에서는 용질 분자와 용매 분자 사이에 잡아당기는 힘이 작용하므로 열을 내어 놓게 된다. 각 단계에서 출입하는 열을 ΔH_1, ΔH_2,ΔH_3라고 하면 전체적으로 용질이 용매에 녹아 용액을 형성하는 과정에서 $\Delta H_1 + \Delta H_2 + \Delta H_3$만큼의 열이 출입한다. 이를 **용해열**(heat of solution) 또는 **용해 엔탈피**(enthalpy of solution)라고 한다.[1] 용해열은 ΔH_1, ΔH_2, ΔH_3 사이의 상대적인 크기에 따라 양(흡열 반응) 또는 음(발열 반응)이 될 수 있다(그림 7-2).

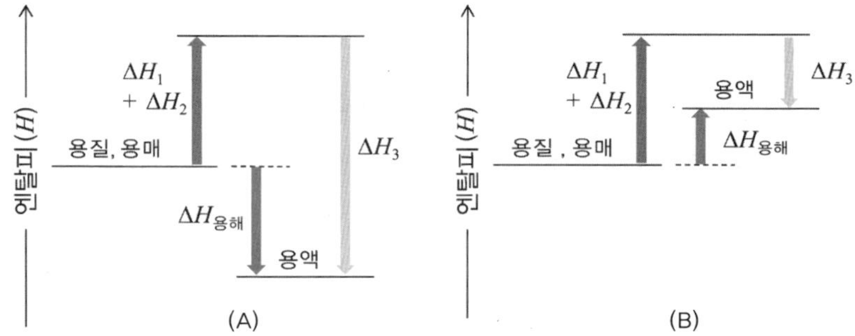

그림 7-2 용해열 (A) 발열 반응($\Delta H_{용해} < 0$) (B) 흡열 반응($\Delta H_{용해} > 0$)

---

1) 엔탈피와 그 밖의 열역학적 개념은 '실험 8. 반응 엔탈피와 헤스 법칙'에서 좀 더 자세히 살펴보도록 한다.

이번 실험에서는 염화 칼슘($CaCl_2$)이 물에 녹는 과정에서 발생하는 열과 질산 암모늄(NH_4NO_3)이 물에 녹는 과정에서 흡수하는 열을 측정한다.

$$CaCl_2(s) + H_2O(l) \longrightarrow Ca^{2+}(aq) + 2Cl^-(aq) \qquad \Delta H_{용해} = -82.93 \text{ kJ/mol}$$
$$NH_4NO_3(s) + H_2O(l) \longrightarrow NH_4^+(aq) + NO_3^-(aq) \qquad \Delta H_{용해} = 26.7 \text{ kJ/mol}$$

위에서 보듯이 염화 칼슘이 녹는 과정에서는 열이 발생하고 질산 암모늄을 녹이기 위해서는 열을 가해야 한다. 이는 Ca^{2+} 이온과 Cl^- 이온이 가까이에서 규칙적으로 배열되어 있는 고체 상태보다 개개의 이온을 극성 분자인 물이 둘러싸고 있는 상태가 더 안정하다는 의미인 반면에 질산 암모늄은 고체 상태보다 NH_4^+ 이온과 NO_3^- 이온을 물이 둘러싸고 있는 상태가 에너지적으로 더 높은 상태에 있다는 의미이다. 에너지만 고려하면 고체 질산 암모늄은 물에 녹지 않을 것으로 예상되지만 녹는 과정에서 무질서도인 **엔트로피**(entropy)가 크게 증가하기 때문에 질산 암모늄도 물에 녹는다.[2)]

(2) 열량계

열량계는 열의 흐름을 측정하는 장치이다. **그림 7-3**은 단열재인 스티로폼 컵 두 개를 이용해서 만든 간단한 열량계로서 열량계 뚜껑에 구멍이 있기 때문에 압력은 항상 대기압으로 유지된다. 열량계 안에 물을 넣고 어떤 반응을 시켰을 때 열이 발생하였을 경우에는 물의 온도가 올라가고 열이 흡수되었을 경우에는 물의 온도가 내려가는 것을 관찰하여 열의 흐름을 정량적으로 알 수 있다. 물의 질량을 m, 반응 전후의 온도차를 ΔT, 물의 비열을 c라고 하면 발생되거나 흡수된 열 Q는 다음과 같이 주어진다.

$$Q = cm\Delta T \qquad \text{(식 7-1)}$$

어떤 물질의 온도를 1°C 올리는 데 필요한 열량을 **열용량**(heat capacity)이라고 한다. **비열**(specific heat capacity)은 어떤 물질 1 g의 온도를 1°C 올리는 데 필요한 열량으로 단위는 J/g·°C 또는 J/g·K이다. **몰열용량**(molar heat capacity)은 어떤 물질 1 mol의 온도를 1°C 올리는 데 필요한 열량으로 단위는 J/mol·°C 또는 J/mol·K이다.

2) 반응이 어느 방향으로 진행되는가를 알아보기 위해서는 열역학적 함수인 자유 에너지를 알아야 한다. 이에 대한 논의는 '**실험 16. 화학 반응 속도**'와 '**실험 21. 용해도곱 상수와 용해열, 용해 엔트로피**'를 참고하기 바란다.

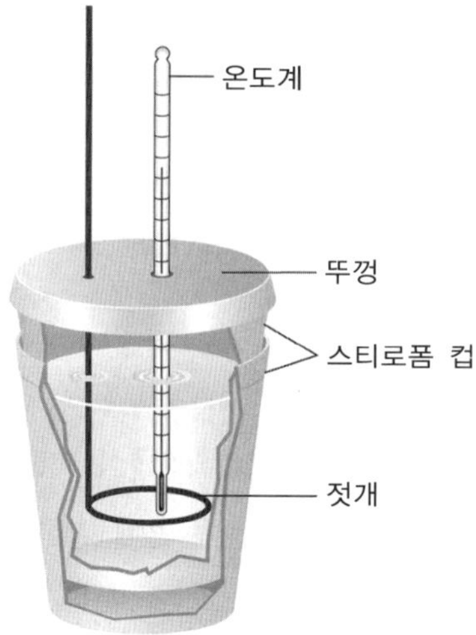

그림 7-3 스티로폼 컵을 이용한 간단한 열량계

4 실험 기구 및 시약

기구	시약
스티로폼 컵(200 mL 정도) 2개	염화 칼슘
스티로폼 컵 뚜껑	질산 암모늄
온도계	증류수
초시계	
화학 저울	
철사로 만든 젓개	

5 실험 방법

(1) 실험 A. 염화 칼슘의 용해열

① 단열재로 만들어진 열량계를 준비한다. 뚜껑의 가운데에는 온도계를 넣을 수 있는 구멍을 만들고, 온도계가 컵의 바닥에서 1 cm 정도 떨어진 곳에 위치하도록 고무줄로 고정한다.

② 빈 열량계의 질량을 측정한 후 열량계에 100 mL 정도의 물을 넣어서 질량과 온도를 정확하게 측정한다.

③ 염화 칼슘($CaCl_2$) 약 20 g을 정확하게 측정해서 열량계 속에 넣은 후 뚜껑을 덮고 철사로 만든 젓개로 천천히 저어 주면서(젓개가 없는 경우에는 열량계를 천천히 흔들어 주면서) 온도가 최고로 올라갈 때까지 시간에 따른(10초마다) 온도 변화를 기록한다.

(2) 실험 B. 질산 암모늄의 용해열

① 염화 칼슘 대신 질산 암모늄(NH_4NO_3)을 이용해서 실험 A와 같은 실험을 반복한다.

② 온도가 최저로 내려갈 때까지 시간에 따른 온도 변화를 기록한다.

실험 주의 사항

① 염화 칼슘이 피부에 닿으면 열을 발생시키므로 주의해서 다루고 염화 칼슘이 묻었을 경우에는 물로 씻는다.

② 고체 질산 암모늄은 강력한 산화제이므로 화기가 있으면 폭발할 수 있다. 따라서 조심해서 다루어야 한다.

③ 사용한 시약은 회수통에 종류별로 모아서 처리한다.

결과보고서

실험 07

용해열

학과	학번	조	이름	실험일	확인
				년 월 일	

실험 A 염화 칼슘의 용해열

빈 열량계의 질량 ________ g

물이 담긴 열량계의 질량 ________ g

물의 질량 ________ g

염화 칼슘($CaCl_2$)의 질량 ________ g

처음 온도 ________ °C

온도 변화

시간(초)						
온도(°C)						
시간(초)						
온도(°C)						

최고 온도 ________ °C

온도차 ________ °C

물의 비열 4.18 J/g·°C

발생한 열량 ________ J

염화 칼슘의 몰질량 ________ g/mol

염화 칼슘의 몰용해열 ________ kJ/mol

실험 B 질산 암모늄의 용해열

빈 열량계의 질량 ________ g

물이 담긴 열량계의 질량 ________ g

물의 질량 ________ g

질산 암모늄(NH_4NO_3)의 질량 ________________ g

처음 온도 ________________ °C

온도 변화

시간(초)						
온도(°C)						
시간(초)						
온도(°C)						

최저 온도 ________________ °C

온도차 ________________ °C

흡수된 열량 ________________ J

질산 암모늄의 몰질량 ________________ g/mol

질산 암모늄의 몰용해열 ________________ kJ/mol

고찰할 내용

- 염화 칼슘과 질산 암모늄 용해열의 부호를 생각해 보라.
- 염화 칼슘과 질산 암모늄이 물에 녹는 과정에서 왜 엔트로피가 증가하는지 설명하여라.
- 고체 염화 칼슘이 물에 녹는 과정($CaCl_2(s) \longrightarrow Ca^{2+}(aq) + 2Cl^-(aq)$)에 출입하는 열($\Delta H_{용해}$)은 다음과 같이 생각해도 된다.

$$
\begin{array}{ll}
CaCl_2(s) \longrightarrow Ca^{2+}(g) + 2Cl^-(g) & \Delta H_{격자}(CaCl_2) \\
Ca^{2+}(g) + H_2O(l) \longrightarrow Ca^{2+}(aq) & \Delta H_{수화}(Ca^{2+}) \\
2Cl^-(g) + H_2O(l) \longrightarrow 2Cl^-(aq) & 2\times \Delta H_{수화}(Cl^-) \\
\hline
CaCl_2(s) + H_2O(l) \longrightarrow Ca^{2+}(aq) + 2Cl^-(aq) & \Delta H_{용해}(CaCl_2) \\
 & = \Delta H_{격자}(CaCl_2) + \Delta H_{수화}(Ca^{2+}) \\
 & \quad + 2\times \Delta H_{수화}(Cl^-)
\end{array}
$$

$\Delta H_{격자}(CaCl_2)$는 고체 이온 화합물 $CaCl_2$를 개개의 기체 이온으로 분리하는 데 필요한 에너지로, **격자 에너지**(또는 격자 엔탈피)라고 한다. $\Delta H_{수화}(Ca^{2+})$는 기체 Ca^{2+} 이온이 수화되는 데 필요한 열로 **수화열**이라고 한다. $CaCl_2(s)$의 격자 에너지, $Ca^{2+}(g)$의 수화열, $Cl^-(g)$의 수화열을 조사하여 $CaCl_2(s)$의 용해열을 구하고 실험에서 구한 용해열과 비교하여라.

실험 08

반응 엔탈피와 헤스 법칙

1 실험의 목표

염산과 수산화 소듐 사이의 중화 반응열을 측정하여 엔탈피가 상태 함수임을 확인하고 헤스 법칙을 이해한다.

2 이해해야 할 개념

에너지, 일, 열, 열역학, 열역학 제1법칙, 우주, 계, 주위, 내부 에너지, 운동 에너지, 퍼텐셜 에너지, PV 일, 상태 함수, 엔탈피, 반응열(반응 엔탈피), 발열 반응, 흡열 반응, 헤스 법칙, 표준 생성 엔탈피

3 실험을 이해하기 위한 기본 이론

(1) 내부 에너지

에너지(energy)란 **일**(work)을 하거나 **열**(heat)을 발생시킬 수 있는 능력을 말한다. 에너지와 에너지의 변화를 다루는 연구를 **열역학**(thermodynamics)이라고 하는데 열역학에는 열역학 제0, 제1, 제2, 제3 법칙의 네 가지가 있다. 이 중 **열역학 제1법칙**은 "우주의 에너지는 일정하다."이다. **우주**는 우리가 관심을 가지고 관찰하는 대상인 **계**(system)와 그 나머지인 **주위**(surroundings)를 합한 것이다. 따라서 열역학 제1법칙은 계의 에너지가 증가(또는 감소)하면 주위의 에너지는 감소(또는 증가)하여 우주의 에너지 총량은 변화가 없다는 것을 의미한다. 어떤 계를 이루고 있는 모든 입자의 운동 에너지와 퍼텐셜 에너지의 합을 그 계의 **내부 에너지**

(internal energy)라고 한다. **운동 에너지**(kinetic energy)는 입자가 운동할 때 가지고 있는 에너지이고 **퍼텐셜 에너지**(potential energy)는 입자의 위치나 조성이 가지고 있는 에너지이다. 에너지의 변화량을 ΔE로 표시하면 열역학 제1법칙은 다음과 같이 표현할 수 있다.

$$\Delta E_{우주} = \Delta E_{계} + \Delta E_{주위} = 0 \qquad \text{(식 8-1)}$$

계의 내부 에너지 변화량 $\Delta E_{계}$는 일반적으로 ΔE로 쓴다.

화합물은 자기가 가지고 있는 원자 조성과 화학 결합에 의해서 퍼텐셜 에너지를 가지게 된다. 따라서 화학 반응의 전후에는 비록 질량은 보존되어도(질량 보존의 법칙) 원자 조성과 화학 결합의 변화가 발생하기 때문에 퍼텐셜 에너지의 차이가 발생하게 되어 에너지를 내어 주거나 받아들이게 된다. 즉 메테인(CH_4)이 연소하면 열을 발생시키고 질소 분자(N_2)를 연소시키려면 열을 가해야 한다.

$$CH_4(g) + 2O_2(g) \longrightarrow CO_2(g) + 2H_2O(g) + 에너지$$
$$N_2(g) + O_2(g) + 에너지 \longrightarrow 2NO(g)$$

화학 반응에서 계는 반응물과 생성물을 일컫는다. 따라서 메테인의 연소 반응에서 내부 에너지의 변화량은 음수($\Delta E < 0$)이고 질소의 연소 반응에서 내부 에너지의 변화량은 양수($\Delta E > 0$)이다(그림 8-1).

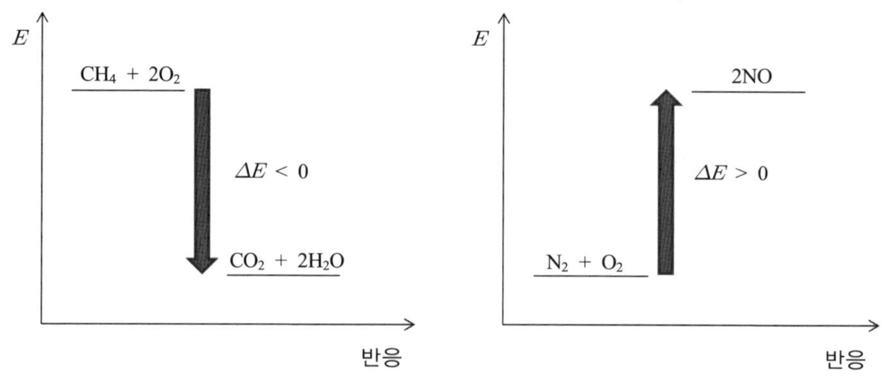

(A) (B)

그림 8-1 (A) 메테인의 연소 반응과 (B) 질소의 연소 반응에서 내부 에너지의 변화

내부 에너지의 변화는 계가 일을 하거나(또는 받거나) 열을 발생시킴(또는 흡수함)으로써 일어나게 되므로

$$\Delta E = q + w \qquad \text{(식 8–2)}$$

의 관계가 성립한다. 여기서 q는 열, w는 일을 나타낸다. 계가 주위에 열을 주었을 때는 $q < 0$, 주위로부터 열을 받았을 때는 $q > 0$, 계가 주위에 일을 하였을 때는 $w < 0$, 주위로부터 일을 받았을 때 $w > 0$임에 주의해야 한다. 화학 반응과 가장 흔하게 관련되어 있는 일은 기체의 팽창과 압축에 의한 "PV 일"이다. 따라서 어떤 화학 반응에서 PV 일 외에 다른 일이 관련되어 있지 않다면

$$\Delta E = q - P\Delta V \qquad \text{(식 8–3)}$$

이다. 여기서 P는 외부 압력, ΔV는 계의 부피 변화이다. 따라서 ΔV가 양수이면 계의 부피가 늘어나 외부에 일을 해 주게 되므로 w는 음수가 되어 $w = -P\Delta V$의 관계가 성립한다.

계의 내부 에너지는 과거의 계가 어떠한 상태에 있었는지, 또는 어떠한 경로를 통해서 현재에 이르렀는지에 상관없이 단지 현재의 상태에만 의존하는 값이다. 이와 같이 변화의 과정이나 경로와 상관없이 현재 상태의 특성에만 의존하는 값을 가지는 함수를 **상태 함수**(state function)라고 한다. 따라서 내부 에너지는 상태 함수이고 화학 반응에서 내부 에너지의 변화량은 반응의 중간 단계가 무엇이든 항상 다음 관계가 성립한다.

$$\Delta E = E_{\text{생성물}} - E_{\text{반응물}} \qquad \text{(식 8–4)}$$

(2) 엔탈피

앞에서는 계의 열역학적 성격을 나타내는 여러 함수 중에서 내부 에너지를 다루었다. 계의 열역학적 성격을 나타내는 다른 함수로 다음과 같이 정의되는 **엔탈피**(enthalpy, H)가 있다.

$$H = E + PV \qquad \text{(식 8–5)}$$

내부 에너지, 압력, 부피는 모두 상태 함수이므로 엔탈피도 상태 함수이다. 따라서 화학 반응에서 엔탈피의 변화량은 반응의 중간 단계가 무엇이든 항상

$$\Delta H = H_{\text{생성물}} - H_{\text{반응물}} \quad \text{(식 8–6)}$$

이 된다. 또한 계의 엔탈피 변화량(ΔH)은

$$\Delta H = \Delta E + \Delta(PV) \quad \text{(식 8–7)}$$

이다. 만일 계와 관련된 일은 오직 PV 일만 있고 계의 변화가 일정한 압력 조건에서 일어났다면 $\Delta E = q - P\Delta V$이고 $\Delta(PV) = P\Delta V$이므로

$$\Delta H = q_p \quad \text{(식 8–8)}$$

가 된다. 즉, 일은 오로지 PV 일만 허용되는 어떤 계가 일정한 압력 상태에 있을 때, 계에 출입하는 열의 양이 바로 계의 엔탈피 변화량(ΔH)이다.

반면에 만일 어떤 계에서 일은 오직 PV 일만 허용되고 일정한 부피 조건에서 변화가 일어난다면 $\Delta E = q - P\Delta V$에서 $\Delta V = 0$이므로

$$\Delta E = q_v \quad \text{(식 8–9)}$$

가 된다. 즉, 일은 오로지 PV 일만 허용되는 어떤 계의 부피가 일정할 때, 내부 에너지 변화량(ΔE)은 계에 출입하는 열의 양과 같다.

(3) 반응열(반응 엔탈피)

화학 반응 동안 계(반응물+생성물)는 열을 발생시키거나 흡수한다. 이때 발생시키거나 흡수한 열을 **반응열**(heat of reaction)이라고 한다. 대부분의 일상적인 반응은 일정한 압력 조건에서 일어나므로 반응열을 **반응 엔탈피**(enthalpy of reaction)라고도 한다. **발열 반응**(exothermic reaction)에서는 열이 계 밖으로 나가므로 반응열은 음의 값($\Delta H = q < 0$)을 갖는다. 반대로 **흡열 반응**(endothermic reaction)에서 반응열은 양의 값($\Delta H = q > 0$)을 갖는다.

(4) 헤스 법칙

엔탈피는 상태 함수이므로 처음 상태와 나중 상태의 엔탈피 차이는 변화의 경로와는 무관하다. 따라서 반응물에서 생성물이 만들어지는 과정에서의 엔탈피 변화량은 반응이 한 단계로 이루어지거나 여러 단계로 이루어지거나 같다. 이를 **헤스 법칙**(Hess's law)이라고 한다.

이번 실험에서는 염산(HCl)과 수산화 소듐(NaOH) 사이의 산–염기 반응

$$HCl(aq) + NaOH(aq) \longrightarrow NaCl(aq) + H_2O(l) \qquad \Delta H_1 \quad (\text{식 } 8\text{–}10)$$

을 이용하여 중화 반응

$$\text{알짜 반응: } H^+(aq) + OH^-(aq) \longrightarrow H_2O(l) \qquad \Delta H_1 \quad (\text{식 } 8\text{–}11)$$

에서의 반응열을 측정하고자 한다. 이를 위해 먼저 염산 수용액($HCl(aq)$)에 고체 수산화 소듐($NaOH(s)$)을 넣어 반응열(식 8–13)을 구한 후, 고체 수산화 소듐($NaOH(s)$)의 용해열(식 8–12)을 실험으로부터 알아내어 둘 사이의 차이로부터 중화 반응열(식 8–10, 11)을 구한다. 실험에서 발생한 열은 수용액과 유리로 된 플라스크의 온도를 변화시키기 때문에 반응 전후의 온도차로부터 구할 수 있다. 또 염산 수용액($HCl(aq)$)과 수산화 소듐 수용액($NaOH(aq)$)을 바로 섞을 때의 반응열을 구하여 헤스 법칙과 일치하는가를 알아본다.

$$NaOH(s) + H_2O(l) \longrightarrow Na^+(aq) + OH^-(aq) \qquad \Delta H_2 \quad (\text{식 } 8\text{–}12)$$

$$HCl(aq) + NaOH(s) \longrightarrow NaCl(aq) + H_2O(aq) \qquad \Delta H_3 \quad (\text{식 } 8\text{–}13)$$

$$\Delta H_3 = \Delta H_1 + \Delta H_2 \qquad (\text{식 } 8\text{–}14)$$

4 실험 기구 및 시약

기구	시약
250 mL 삼각 플라스크	고체 수산화 소듐(NaOH)
100 mL 눈금 실린더	0.25 M 염산(HCl) 수용액
500 mL 비커	0.5 M 염산 수용액
스티로폼 컵	0.5 M 수산화 소듐 수용액
온도계	증류수
화학 저울	
무게 접시	
솜	

5 실험 방법

(1) 실험 A. 염산 수용액과 고체 수산화 소듐의 반응열(ΔH_3)

① 깨끗한 250 mL 삼각 플라스크의 질량을 측정한다.

② 삼각 플라스크를 스티로폼 컵(또는 500 mL 비커)으로 만든 열량계에 넣고 빈 공간을 솜으로 막아 단열이 되도록 한다.(실험 7과 비슷한 열량계)

③ 0.25M 염산 수용액 200 mL를 넣고 온도를 정확하게 잰다.

④ 약 2 g의 고체 수산화 소듐을 빠르고 정확히 측정한 후 플라스크에 넣고 흔들어준다.

⑤ 용액의 온도가 가장 높이 올라갈 때의 온도를 기록하고, 플라스크의 질량을 측정한다.

(2) 실험 B. 수산화 소듐의 용해열(ΔH_2)

① 0.25 M 염산 수용액 대신 증류수 200 mL를 넣고 실험 A를 반복한다.

(3) 실험 C. 염산 수용액과 수산화 소듐 수용액의 반응열(ΔH_1)

① 깨끗한 250 mL 삼각 플라스크의 질량을 측정한다.

② 삼각 플라스크를 스티로폼 컵(또는 500 mL 비커)으로 만든 열량계에 넣고 빈 공간을 솜으로 막아 단열이 되도록 한다.

③ 0.5 M 염산 수용액 100 mL를 넣고 온도를 정확하게 잰다.

④ 눈금 실린더에 0.5 M 수산화 소듐 수용액 100 mL를 정확히 취해서 온도를 측정하여 염산 용액과 온도가 같은가를 확인한다.

⑤ 수산화 소듐 수용액을 염산 수용액에 재빨리 넣고 흔들어준다.

⑥ 용액의 온도가 가장 높이 올라갈 때의 온도를 기록하고, 플라스크의 질량을 측정한다.

실험 주의 사항

① 고체 수산화 소듐을 물에 넣을 때 그리고 염산과 수산화 소듐 수용액을 섞을 때 물이 튀지 않도록 주의한다.

② 염산과 수산화 소듐이 손에 닿았을 경우 물로 씻어낸다.

결과보고서

실험 08

반응 엔탈피와 헤스 법칙

학과	학번	조	이름	실험일	확인
				년 월 일	

실험 A 염산 수용액과 고체 수산화 소듐의 반응열(ΔH_3)

플라스크의 질량	______	g
고체 수산화 소듐(NaOH)의 질량	______	g
중화된 수용액과 플라스크의 질량	______	g
수용액의 질량	______	g
염산(HCl) 수용액의 온도	______	℃
중화된 수용액의 최고 온도	______	℃
온도차	______	℃
물의 비열	4.18	J/g·℃
플라스크의 비열	0.84	J/g·℃
중화 반응에 의해 발생한 열량	______	J
수산화 소듐의 몰질량	______	g/mol
수산화 소듐 1몰당 반응열(ΔH_3)	______	kJ/mol

실험 B 수산화 소듐의 용해열(ΔH_2)

플라스크의 질량	______	g
고체 수산화 소듐의 질량	______	g
수산화 소듐 수용액과 플라스크의 질량	______	g
수용액의 질량	______	g
물의 온도	______	℃

수산화 소듐 수용액의 최고 온도 ______________ ℃
온도차 ______________ ℃
수산화 소듐이 녹는 과정에서 발생한 열량 ______________ J
수산화 소듐의 몰질량 ______________ g/mol
수산화 소듐 1몰당 용해열(ΔH_2) ______________ kJ/mol

실험 C 염산 수용액과 수산화 소듐 수용액의 반응열(ΔH_1)

플라스크의 질량 ______________ g
중화된 수용액과 플라스크의 질량 ______________ g
수용액의 질량 ______________ g
수산화 소듐 수용액의 농도 ______________ mol/L
수산화 소듐 수용액의 부피 ______________ mL
염산 수용액과 수산화 소듐 수용액의 온도 ______________ ℃
중화된 수용액의 최고 온도 ______________ ℃
온도차 ______________ ℃
중화 반응에 의해 발생한 열량 ______________ J
반응에 참여한 수산화 소듐의 몰수 ______________ mol
수산화 소듐 1몰당 반응열(ΔH_1) ______________ kJ/mol

고찰할 내용

- 실험 결과가 헤스 법칙과 일치하는지 살펴보아라.
- 고체 수산화 소듐을 공기 중에 되도록 짧게 머무르도록 해야 하는 이유는 무엇인지 알아보라.
- 표준 생성 엔탈피에 대하여 알아보라. 부록 3에서 $H^+(aq)$, $OH^-(aq)$, $H_2O(l)$의 표준 생성 엔탈피를 찾아 중화 반응($H^+(aq) + OH^-(aq) \longrightarrow H_2O(l)$)에 대한 반응열을 구하고 실험에서 구한 값과 비교하여라.

실험 09 승화열

1 실험의 목표

드라이아이스의 승화열을 측정하고 상평형 그림의 의미를 이해한다.

2 이해해야 할 개념

물질의 상태(고체, 액체, 기체), 분자 간 힘, 상평형 그림, 상 변이, 용융열(용융 엔탈피), 기화열(기화 엔탈피), 승화열(승화 엔탈피)

3 실험을 이해하기 위한 기본 이론

(1) 물질의 상태와 분자 간 힘

대기압(1기압)이 유지될 때 물은 낮은 온도에서 얼음(고체)으로, 상온에서 물(액체)로, 높은 온도에서 수증기(기체) 상태로 존재한다. 이와 같이 물질은 **고체, 액체, 기체**의 세 가지 상태(또는 상)로 있을 수 있다. 얼음, 물, 수증기 모두 물 분자(H_2O)로 이루어진 것이며 물 분자 자체에는 변화가 없다. 즉 상태 변화가 일어날 때 분자 자체는 변하지 않고 단지 분자의 배열과 움직임이 달라진다. 기체 상태에서는 분자 사이가 멀고, 분자가 끊임없이 무질서하게 움직인다. 응축상(condensed state)이라고 하는 고체나 액체에서는 분자 사이가 가깝다. 고체에서 분자는 일정한 배열을 이루고 있지만,[1] 액체에서 분자는 끊임없이 무질서하게 움직인다(그림 9–1).

1) 고체에서 구성 입자의 배열이 무질서한 고체도 있다. 이를 무정형 고체 또는 비결정성 고체라 한다.

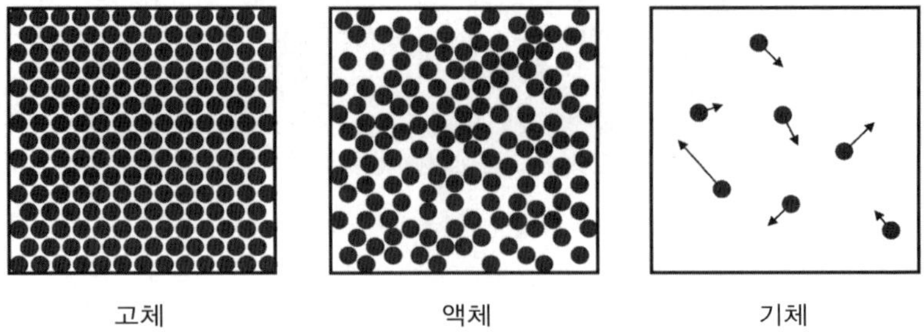

그림 9-1 고체, 액체, 기체에서 입자의 배열

응축상에서 분자 사이를 가깝게 하는 근원은 분자 사이의 힘이다. 분자 사이에 작용하는 힘에는 쌍극자-쌍극자 힘, 수소 결합, 분산력 등 세 가지가 있다. 전기 쌍극자(dipole)끼리는 정전기적으로 서로 잡아당기는 힘이 작용하는데, 극성 분자는 쌍극자 모멘트를 가지고 있기 때문에 이들 극성 분자끼리는 서로 잡아당기는 힘인 **쌍극자-쌍극자 힘**(dipole-dipole attraction)이 작용한다, 질소(N), 산소(O), 플루오린(F)과 같이 전기음성도가 큰 원자를 포함하고 있는 분자에서 이들 원자에 수소가 결합되어 있으면 분자 사이에는 매우 큰 쌍극자-쌍극자 힘이 작용하는데 이를 **수소 결합**(hydrogen bonding)이라고 한다. 쌍극자 모멘트가 없는 분자 사이에도 서로 잡아당기는 힘이 작용한다. 이는 무극성 분자나 헬륨(He)과 같은 불활성 기체가 낮은 온도에서 액체나 고체 상태로 존재하는 것을 보면 알 수 있다. 이때 작용하는 분자들 사이의 힘을 분산력(dispersion force)이라 한다. 분산력은 분자에서 전자의 움직임 때문에 발생하는 순간 쌍극자(instantaneous dipole)로 인해 유도되는 유도 쌍극자(induced dipole) 사이의 인력으로, 모든 분자들 사이에는 분산력이 작용한다.

물질의 온도는 바로 그 물질의 운동 에너지(kinetic energy)의 크기를 나타낸다. 따라서 온도가 높은 물질은 가지고 있는 운동 에너지가 크고, 온도가 낮은 물질은 가지고 있는 운동 에너지가 작다. 온도가 높은 분자는 분자 사이에 작용하는 힘을 극복할 수 있을 만큼 큰 운동 에너지를 가지고 있기 때문에 분자가 공간을 자유로이 돌아다니는 기체 상태로 존재한다. 온도가 낮아지면서 분자의 운동 에너지가 분자 사이에 작용하는 힘을 극복하지 못하면 분자는 액체 상태로 존재하고, 온도가 더 낮아지면 운동 에너지가 매우 작은 상태인 고체로 존재한다.

(2) 상평형 그림

물질의 상태는 물질의 온도와 그 물질에 가해지는 압력에 의해 결정되는데 이를 나타낸 그림을 **상평형 그림**(phase diagram)이라고 한다. 분자 사이의 힘은 분자의 종류에 따라 그 크기가 매우 다양하기 때문에 물질에 따라 상평형 그림이 다르다. 상평형 그림은 어떤 닫힌 계(closed system)를 그 물질이 꽉 채우고 있을 때 물질의 온도와 외부 압력에 따른 물질의 상태를 나타낸 것임을 명심해야 한다. **그림 9–2**는 물과 이산화 탄소(CO_2)의 상평형 그림을 나타낸 것이다. 상평형 그림에서 상태 사이의 경계는 그 압력과 온도에서 두 개의 상태가 같이 존재하는 것을 의미한다. **삼중점**(triple point)에서는 세 가지 상태가 같이 존재한다. 물의 삼중점은 0.0060기압, 0.0098°C이고 이산화 탄소의 삼중점은 5.1기압, −56.6°C이다. **임계점**(critical point)에서의 온도를 **임계 온도**(critical temperature)라고 하는데 이 온도보다 높은 온도에서는 아무리 압력을 가해도 기체 상태가 액체 상태로 바뀌지 않는다. **임계 압력**(critical pressure)은 임계 온도에서 액체를 얻는 데 필요한 압력이다. 물은 고체가 액체보다 밀도가 작기 때문에 고체/액체 경계선의 기울기가 음이지만, 이산화 탄소는 고체가 액체보다 밀도가 크기 때문에 고체/액체 경계선의 기울기가 양이다.

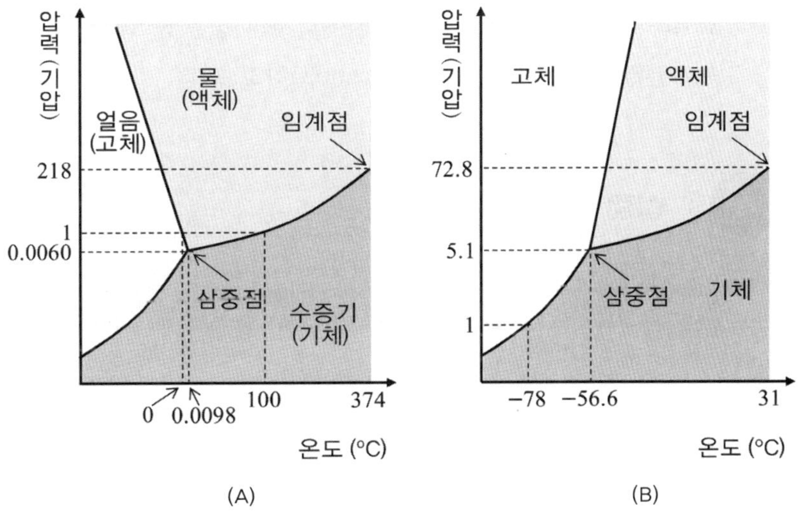

그림 9–2 (A) 물과 (B) 이산화 탄소의 상평형 그림

물은 대기압(1기압) 영하의 온도에서 고체로 존재하는데 열에너지를 가하면 고체의 온도가 높아지다가 0°C에서 액체로 되고, 열을 더 많이 가하면 액체의 온도가 높아지다가 100°C에서 기체 상태로 된다. 0°C에서는 가해진 열이 고체의 온도를 높이지 않고 물 분자들의 운동 에너지를 증가시킨다. 이로 인해 물 분자는 고체 상태에서의 격자 위치를 벗어나 액체 상태로 녹게 된다. 이처럼 녹는점(melting point)에서 고체가 녹아 액체로 되기 위하여 필요한 열을 **용융열**(heat of fusion) 또는 **녹음열**이라고 한다. 좀 더 엄밀히 **용융 엔탈피**(enthalpy of fusion)라고 한다. 고체가 액체로 모두 변한 뒤 가해진 열은 액체의 온도를 올린다. 100°C에서는 가해진 열이 물 분자의 운동을 활발하게 하고 마침내 물 분자는 분자 사이의 인력을 극복하고 기체 상태로 기화하며 기화가 모두 끝난 뒤에는 열이 기체의 온도를 높이게 된다. **끓는점**(boiling point)에서 액체가 기체로 바뀌는 데 필요한 열을 **기화열**(heat of vaporization) 또는 **기화 엔탈피**(enthalpy of vaporization)라고 한다.

이산화 탄소는 대기압 상온에서 기체로 존재한다. 상평형 그림에서 보듯이 이산화 탄소는 대기압에서 어떤 온도에서도 액체로는 존재하지 않고 고체 또는 기체로 존재한다. 고체 상태의 이산화 탄소를 드라이아이스(dry ice)라고 한다. 이산화 탄소는 대기압 −78°C에서 고체/기체의 상태 변화가 일어나는데, 이와 같은 고체와 기체 사이의 상태 변화를 **승화**(sublimation)라고 한다. 승화점에서 고체가 기체로 되는 데 필요한 열에너지의 양을 **승화열**(heat of sublimation) 또는 **승화 엔탈피**(enthalpy of sublimation)라고 한다.

4 실험 기구 및 시약

기구	시약
100 mL 눈금 실린더	드라이아이스(고체 이산화 탄소)
스티로폼 컵(200 mL)	
온도계	
화학 저울	
무게 접시	
아이스 박스	
목장갑	
약숟가락	

5 실험 방법

(1) 실험 A. 뜨거운 물을 사용한 승화열 측정

① 수돗물 250 mL를 50°C 정도로 가열한다.

② 스티로폼 컵 두 개 a와 b의 질량을 각각 측정한다.

③ 드라이아이스를 수건이나 종이 타월 속에 넣은 다음 작은 망치로 두드려 설탕 가루 정도로 잘게 부순 후 약 15 g 정도를 스티로폼 컵 a에 넣는다.

④ 뜨거운 물 60 mL 정도를 스티로폼 컵 b에 넣은 후 질량을 측정하고, 온도를 잰다.

⑤ 드라이아이스가 들어 있는 컵 a의 질량을 측정한 다음 곧바로 뜨거운 물이 담긴 컵 b에 쏟아 넣고 잘 흔들어준다.(온도계로 저어서는 안 된다.)

⑥ 약 5분 정도 기다리면 드라이아이스가 모두 없어지고 소용돌이도 멈추어진다. 이때 온도계를 다시 넣어서 온도를 측정한다.(온도가 더 이상 내려가지 않아야 한다.)

⑦ 같은 실험을 한 번 더 반복한다.

(2) 실험 B. 차가운 물을 사용한 승화열 측정

① 스티로폼 컵 두 개를 겹쳐서 열량계를 준비한다.

② 뚜껑에 깔때기와 온도계를 넣을 수 있는 구멍을 만든다.

③ 작은 풍선을 깔때기에 매달아 그림 9-3과 같은 열량계를 완성한다. 열량계가 넘어지지 않도록 온도계를 수직으로 세우고, 컵 속에 100 mL 정도의 물이 들어 있을 때 풍선의 절반 정도가 물속에 들어갈 수 있어야 한다.

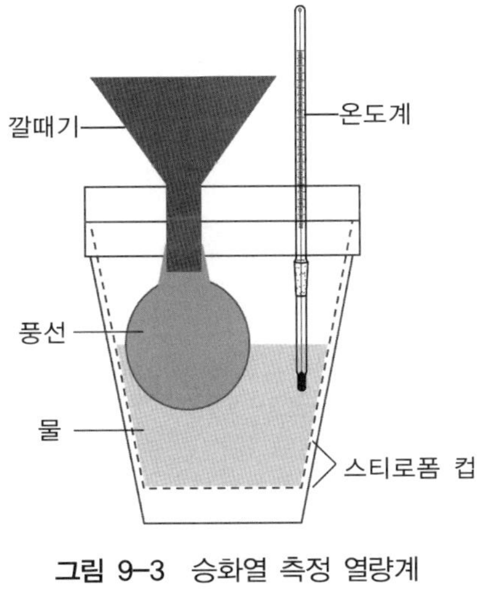

그림 9-3 승화열 측정 열량계

④ 완성한 열량계의 질량을 측정한다.

⑤ 컵 속에 상온의 물을 100 mL 정도 넣고 다시 질량을 측정한 후 온도를 잰다.

⑥ 실험 A에서와 같은 방법으로 잘게 부순 드라이아이스 약 5 g의 질량을 정확하게 측정해서 재빨리 깔때기에 부어 넣는다. 드라이아이스가 모두 물 속에 잠겨 있는 고무풍선 속으로 들어가야 한다.(컵을 저울 위에 올려놓은 상태에서 적당한 양의 드라이아이스를 부어 넣고 재빨리 저울의 눈금을 읽어도 된다.)

⑦ 온도가 더 이상 내려가지 않을 때까지 컵을 건드리지 말고 기다린다. 온도가 최저로 내려간 다음에 컵을 조용히 흔들어 주고 물의 온도를 다시 측정한다.

⑧ 같은 실험을 한 번 더 반복한다.

실험 주의 사항

- 드라이아이스를 맨손으로 만지지 않는다.

결과보고서

실험 09

승화열

학 과	학 번	조	이 름	실 험 일	확 인
				년 월 일	

실험 A 뜨거운 물을 사용한 승화열 측정

	1회		2회	
컵 a의 질량	______	g	______	g
컵 b의 질량	______	g	______	g
물을 담은 컵 b의 질량	______	g	______	g
물의 온도	______	°C	______	°C
드라이아이스를 담은 컵 a의 질량	______	g	______	g
드라이아이스를 넣은 후 최종 온도	______	°C	______	°C
물의 질량	______	g	______	g
온도차	______	°C	______	°C
물의 비열	4.18	J/g·°C		
승화할 때 흡수한 열량	______	J	______	J
드라이아이스의 질량	______	g	______	g
드라이아이스의 몰질량	______	g/mol		
드라이아이스의 승화열	______	kJ/mol	______	kJ/mol
드라이아이스의 평균 승화열	______	kJ/mol		

실험 B 차가운 물을 사용한 승화열 측정

	1회	2회
열량계의 질량	________ g	________ g
물을 담은 열량계의 질량	________ g	________ g
물의 온도	________ ℃	________ ℃
드라이아이스의 질량	________ g	________ g
드라이아이스를 넣은 후 최종 온도	________ ℃	________ ℃
물의 질량	________ g	________ g
온도차	________ ℃	________ ℃
승화할 때 흡수한 열량	________ J	________ J
드라이아이스의 승화열	________ kJ/mol	________ kJ/mol
드라이아이스의 평균 승화열	________ kJ/mol	

고찰할 내용

- 드라이아이스의 승화열을 조사하고 실험에서 구한 값과 비교하여라
- 실험 A와 B의 장단점을 고찰해 보고 어느 실험이 더 실험 오차를 줄일 수 있는지 생각해 보라.

실험 10

원소의 선 스펙트럼

1 실험의 목표

수소의 선 스펙트럼을 관찰하여 빛의 발생 원리와 물질의 양자화된 에너지 상태를 이해한다.

2 이해해야 할 개념

에너지 준위, 보어의 원자 모형, 양자 역학적 원자 모형, 오비탈, 축퇴, 바닥 상태, 들뜬 상태, 전자 배치, 선 스펙트럼

3 실험을 이해하기 위한 기본 이론

(1) 원자의 에너지 상태

우리 눈에 보이는 모든 물질은 근원적으로 원자들의 집합체이다. 원자는 양전하를 띠는 핵과 음전하를 띠는 전자로 이루어져 있다. 핵을 구성하는 양성자와 중성자의 질량은 각각 전자 질량의 1,840배 정도이므로 원자 질량의 대부분은 핵에 집중되어 있다. 원자의 에너지는 원자가 가지고 있는 운동 에너지와 퍼텐셜 에너지의 합인데, 무거운 핵은 원자의 중심에 가만히 있다고 가정할 수 있기 때문에 원자가 가지고 있는 에너지는 전자의 운동 에너지와 퍼텐셜 에너지의 합으로 결정된다. 원자에서 전자의 에너지는 아무 값이나 가질 수 없고, 핵에 있는 양성자와의 상호작용에 의해서 결정되는 불연속적인 에너지 상태를 갖게 된다. 이처럼 불연속적인 값을 가지는 에너지 상태를 원자의 **에너지 준위**(energy level)라고 한다.

(2) 보어의 원자 모형

원자가 가지고 있는 불연속적인 에너지 준위에 대하여 처음으로 설명을 시도한 과학자가 보어(Niels Bohr)이다. 보어는 원자에서 전자는 핵을 중심으로 원형 궤도를 따라 돌고 있으며 이때 원형 궤도를 도는 전자는 특정한 각운동량을 가지고 있어야 한다고 하였다. 이를 만족시키는 전자의 궤도는 무한개가 있는데, 그 중에서 에너지 준위가 가장 낮은 궤도의 번호(n)를 1이라고 하고, 그 다음 순차적으로 2, 3, 4 ··· 이다(그림 10-1). 각 궤도의 에너지 준위(E_n)는 궤도 번호에 의존하며 다음과 같이 표시된다.

$$E_n = -R_H\left(\frac{Z^2}{n^2}\right) \qquad \text{(식 10-1)}$$

여기서 Z는 원자 번호이고 R_H는 리드베리(Rydberg) 상수(= 2.178×10^{-18} J)이다.

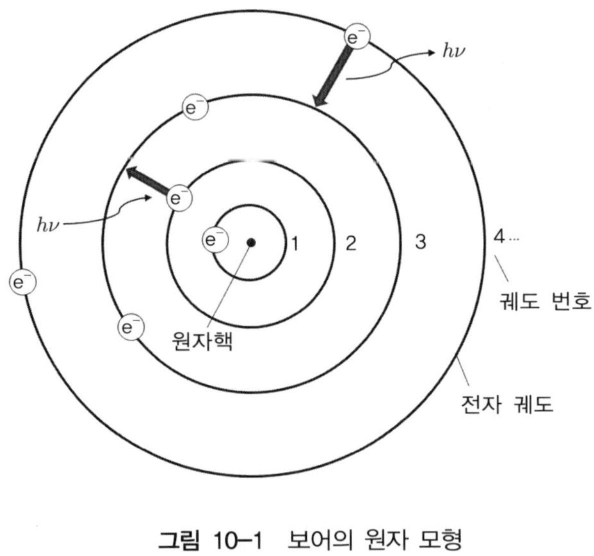

그림 10-1 보어의 원자 모형

보어는 높은 에너지 준위에 있는 전자가 낮은 에너지 준위로 전이할 때 빛을 방출하고, 빛을 흡수할 경우에는 낮은 에너지 준위에 있는 전자가 높은 에너지 준위로 전이한다고 하였다. 이때 방출하거나 흡수하는 빛 에너지는 높은 에너지 준위와 낮은 에너지 준위의 차이라고 하였다.

$$\Delta E = E_{n_2} - E_{n_1} = R_H(\frac{1}{n_1^2} - \frac{1}{n_2^2})Z^2 \quad \text{(식 10–2)}$$

$$\Delta E = h\nu = \frac{hc}{\lambda} \quad \text{(식 10–3)}$$

여기서 h는 플랑크(Planck) 상수(= 6.6261 × 10^{-34} J·s), ν는 진동수, c는 빛의 속력(=299,792,458 m/s), λ는 파장이고 $n_2 > n_1$이다.

(3) 양자 역학적 원자 모형

보어의 원자 모형은 하나의 전자를 가지고 있는 원자나 이온에 대해서는 잘 적용이 되지만 여러 개의 전자를 가지고 있는 원자나 이온에는 적용이 되지 않는 등 문제점을 가지고 있다. 지금은 보어의 원자 모형이 아닌 양자 역학적으로 원자의 구조와 성격을 설명한다. **양자 역학적 모형**에서는 전자의 상태를 파동 함수(wave function)로 표현한다. 파동 함수를 **오비탈**(orbital)이라고 하는데, 오비탈에는 $1s$, $2s$, $2p$, $3s$, $3p$, $3d$, $4s$, $4p$, $4d$, $4f$ … 등이 있으며, 전자는 이와 같은 정해진 상태(오비탈)에만 있을 수 있다. 오비탈에서 1, 2, 3 … 등의 자연수를 **주양자수**(principle quantum number)라고 한다. 각 s 오비탈은 하나만 있으나, p 오비탈은 p_x, p_y, p_z의 세 가지, d 오비탈은 d_{z^2}, $d_{x^2-y^2}$, d_{xy}, d_{xz}, d_{yz}의 다섯 가지, f 오비탈은 일곱 가지의 오비탈이 있다. **그림 10–2**는 각 오비탈의 모양으로 s 오비탈은 공, p 오비탈은 아령, d 오비탈은 클로버와 비슷한 모습이다. 각 오비탈에는 전자가 2개까지 들어갈 수 있어서, 예를 들어 $2p$ 오비탈에는 최대 6개의 전자가, $3d$ 오비탈에는 10개까지 전자가 들어갈 수 있다.

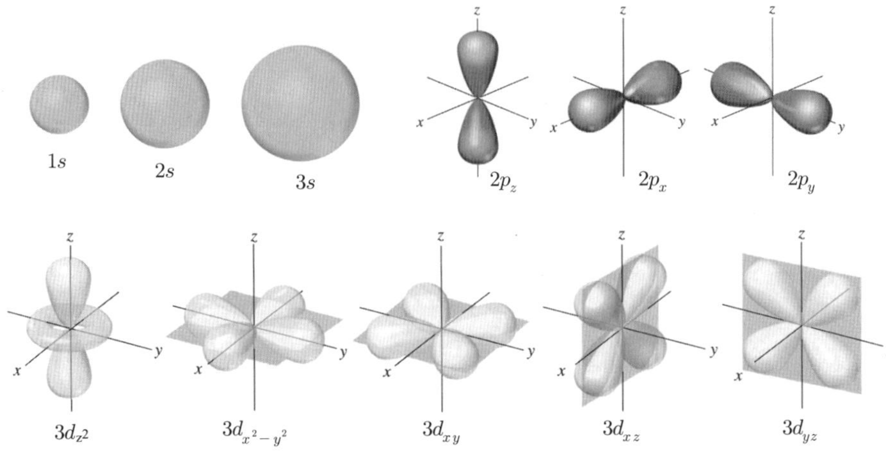

그림 10–2 s, p, d 오비탈의 모양

오비탈의 에너지 준위는 **그림 10–3**처럼 주양자수가 클수록 높아진다. 수소꼴 원자(전자를 하나만 가지고 있는 원자나 이온)에서 각 오비탈의 에너지 준위는 주양자수에 의존하며 보어 모형에서와 같다. 여기서 Z는 원자 번호, n은 주양자수이다.

$$E_n = -R_H(\frac{Z^2}{n^2}) \qquad \text{(식 10–4)}$$

따라서 수소꼴 원자에서 $2s$와 $2p$의 4개 오비탈은 에너지 준위가 같다. 이와 같이 에너지 준위가 같은 오비탈들을 **축퇴**(degenerate)되었다고 한다. 즉 수소꼴 원자에서 주양자수가 2인 오비탈들은 4중 축퇴되어 있으며, 주양자수가 3인 오비탈은 9중 축퇴되어 있다.

전자를 두 개 이상 가지고 있는 다전자 원자에서는 **그림 10–3(B)**에서와 같이 오비탈의 에너지 준위가 주양자수뿐만 아니라 오비탈의 모양에도 영향을 받는다. 다전자 원자에서는 일반적으로 에너지 준위가 $1s$, $2s$, $2p$, $3s$, $3p$, $4s$, $3d$, … 순서로 높아진다. 그리고 p 오비탈은 3중 축퇴되어 있으며, d 오비탈은 5중 축퇴되어 있다.

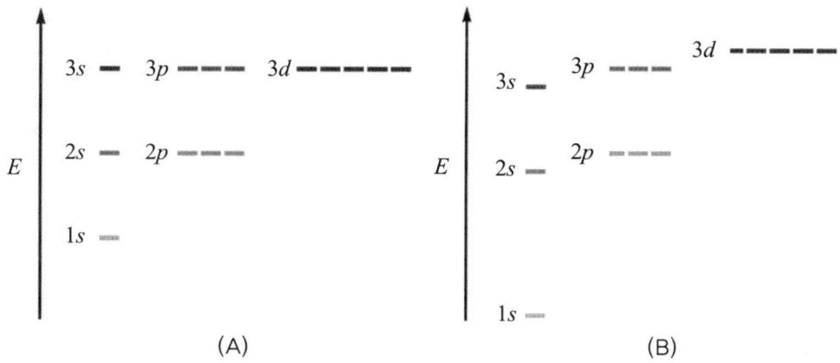

그림 10-3 오비탈의 에너지 준위: (A) 수소꼴 원자, (B) 다전자 원자

물질은 주로 낮은 에너지 상태를 가지려고 한다. 어떤 물질이 가지는 에너지 상태 중 가장 낮은 상태를 **바닥 상태**(ground state), 그 밖의 높은 에너지 상태를 **들뜬 상태**(excited state)라고 한다. 원자의 에너지 상태는 전자가 어느 오비탈에 있는가에 의해 결정된다. 따라서 바닥 상태의 원자는 전자가 가장 낮은 에너지 준위의 오비탈부터 높은 오비탈로 차례로 들어가 있는 상태이다. 예를 들어 바닥 상태의 수소는 하나의 전자가 $1s$ 오비탈에 들어 있는 상태이고, 바닥 상태의 탄소는 6개의 전자가 $1s$ 오비탈에 2개, $2s$에 2개, $2p$에 2개 있는 상태이다. 전자가 어느 오비탈에 몇 개 있는가를 나타내는 것을 **전자 배치**(electron configuration)라고 한다. 수소의 바닥 상태 전자 배치는 $1s^1$, 탄소의 바닥 상태 전자 배치는 $1s^2 2s^2 2p^2$이며, 그 밖의 전자 배치를 하면 각 원자는 들뜬 상태의 원자가 된다.

(4) 원소의 선 스펙트럼

수소 분자(H_2)를 가열하거나 전기 방전관에 넣어 방전시키면, 수소 분자는 수소 원자로 쪼개어질 수 있고, 또한 가해진 에너지에 의해 수소 원자는 들뜬 상태가 된다. 들뜬 상태의 원자는 다시 더 낮은 에너지 상태로 옮겨갈 수 있고 이때 빛을 내놓는다. 수소는 전자를 하나만 가지고 있으므로 수소의 에너지 상태는 전자가 어느 오비탈에 있는가에 의해 결정된다. 들뜬 상태의 수소에서 전자가 주양자수가 1보다 큰 오비탈에서 1번 오비탈로 떨어질 때 자외선 영역의 빛을 내놓고(Lyman 계열), 주양자수가 2보다 큰 오비탈에서 2번 오비탈로 떨어질 때 가시광선 영역의 빛을 내놓으며(Balmer 계열), 주양자수가 3보다 큰 오비탈에서 3번 오비탈로 떨어질 때 적외선 영역의 빛을 내놓는다(Paschen 계열). 오비탈의 에너지 준위가 불연속적이기 때문에 내놓는 빛들의 파장도 식 10-2와 식 10-3으로부터 유도되는 식

10–5에 따라 띄엄띄엄 나타나게 된다. 이를 **수소의 선 스펙트럼**(line spectrum)이라고 한다(그림 10–4).

$$\lambda = \frac{hc}{R_H(\frac{1}{n_1^2} - \frac{1}{n_2^2})} \qquad (n_2 > n_1) \qquad \text{(식 10–5)}$$

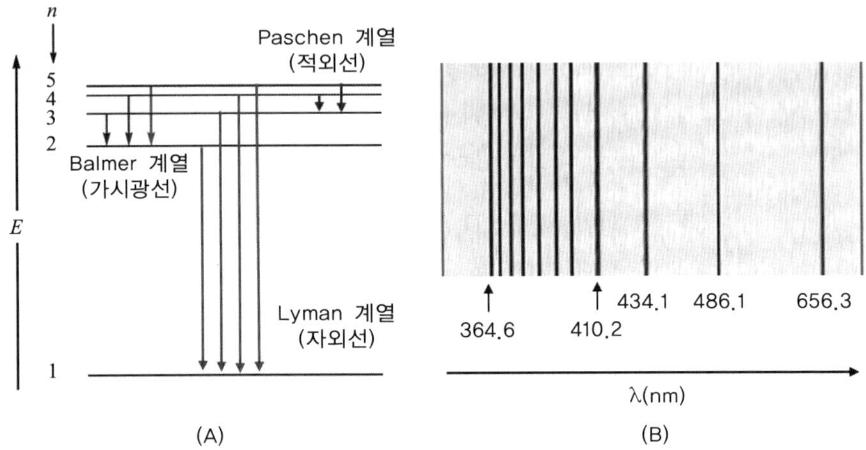

그림 10–4 (A) 수소의 에너지 준위와 (B) 수소의 선 스펙트럼

수소뿐만 아니라 다른 원소도 가열하거나 전기 방전관에 넣어 방전시키면, 수소처럼 선 스펙트럼을 관찰할 수 있다. 각각의 원소를 구성하는 원자는 그 종류에 따라 오비탈의 에너지 준위가 다르기 때문에, 들뜬 상태에서 낮은 상태로 전이하면서 각기 특징적인 파장의 빛을 내놓는다. 따라서 원소의 선 스펙트럼을 관찰하면 그 원소가 무엇인지 알 수 있다.

(5) 빛의 분리

빛은 파장에 따라 굴절률이 다르기 때문에 프리즘이나 회절발(diffraction grating)을 통과하면 분리된다. 회절발 필름은 투명한 필름에 가는 선을 많이 그어 선 사이 간격을 아주 좁게 만든 것으로서, 간격은 가시광선의 파장 정도에 해당하기 때문에 빛이 선(회절발) 사이를 통과할 때 회절 현상을 일으킨다. 빛의 파장과 회절각 사이에는 다음과 같이 라우에(Von Laue)의 관계가 성립한다.

$$m\lambda = dsin\theta \qquad \text{(식 10–6)}$$

여기서 m은 1, 2, 3 ⋯ 의 자연수, λ는 빛의 파장, d는 회절발 간격, θ는 회절각이다. 이번 실험에서는 수소 기체가 들어 있는 방전관에 전기를 가하여 방전을 일으키고 여기에서 나오는 빛을 회절발을 통과시켜 분리하고 빛의 파장과 에너지를 구한다.

4 실험 기구 및 시약

기구
수소 기체 방전관
기체 방전관 전기 공급 장치
회절격자분광기

5 실험 방법

① 수소 기체 방전관을 220 V 전원에 연결한다. 스위치를 켜면 특이한 색이 나타난다.

② 광원에서 나오는 빛이 잘 보이도록 회절격자분광기를 맞춘다.

③ 회절격자분광기 앞쪽에 있는 두 개의 슬릿을 조정하여 색깔별 선 스펙트럼의 각도를 구한다.

④ 광원의 색깔별 파장을 구한다.

실험 주의 사항

① 방전관으로부터는 가시광선뿐만 아니라, 눈에 해로운 자외선이 나오므로 방전관을 오랫동안 직접 쳐다보지 말아야 한다.

② 회절발의 선은 눈으로 잘 볼 수 없기 때문에 미리 방향을 확인해서 회절발 필름의 양쪽 끝에 흰 테이프를 붙여 표시해 두는 것이 좋다. 회절발 필름을 통해서 긴 형광등을 보았을 때 수은에 의한 선들이 보이면 회절발의 선이 형광등의 길이 방향으로 향하고 있다는 것이다.

③ 선 스펙트럼을 관찰할 때는 방전관 주위의 실내등을 끄거나 커튼을 내리는 것이 좋다.

결과보고서

실험 10

원소의 선 스펙트럼

학 과	학 번	조	이 름	실 험 일	확 인
				년 월 일	

격자 간격 d ______________ nm

관찰된 수소의 선 스펙트럼

(아래의 상자에 선 스펙트럼을 선으로 나타내고 선 위에는 색을, 선 아래는 각도를 표시하여라.)

색

각도(°)

색	회절각(°)	파장(nm)	빛의 에너지(J)	리드베리 상수(J)

고찰할 내용

- 문헌에 있는 리드베리 상수와 실험에서 구한 값을 비교하여라.
- 관찰된 빛들은 전자가 어느 주양자수에서 어느 주양자수로 전이할 때 나오는 빛인지 식 10-5와 그림 10-4를 참고하여 생각해 보라.
- 실험에서 관찰되는 빛은 Balmer 계열의 빛이다. Lyman 계열의 빛과 Paschen 계열의 빛의 회절 각도는 각각 Balmer 계열의 빛보다 회절각이 큰지 작은지 생각해 보라.
- 주변에서 관찰되는 회절 격자의 예를 들어 보라.

실험 11

크로마토그래피를 이용한 물감의 색소 분리

1 실험의 목표

크로마토그래피를 이용하여 혼합물을 분리하는 방법과 그 원리를 이해한다.

2 이해해야 할 개념

크로마토그래피, 물질의 극성

3 실험을 이해하기 위한 기본 이론

(1) 크로마토그래피

'실험 4. 알코올의 증류'에서 우리는 혼합물에서 순물질을 분리하는 방법으로 **물리적 방법**과 **화학적 방법**에 대하여 알아보았고, 물리적 분리 방법의 하나인 증류법을 이용하여 혼합물에 섞여 있는 알코올을 분리하였다. **크로마토그래피**(chromatography)는 물리적 분리 방법의 하나로서, 고체인 **정지상**(고정상, stationary phase)과 액체 또는 기체인 **이동상**(mobile phase)을 이용하여 분리한다. 혼합물에 있는 각 성분이 두 상과 친화력이 다르면 크로마토그래피를 통과할 때 다른 속도로 이동하게 되어 분리가 일어난다.

종이 크로마토그래피(paper chromatography)는 가장 간단한 크로마토그래피로서 거름종이 같은 다공성 종이를 길게 잘라 고정상으로 사용한다. **그림 11-1**은 종이 크로마토그래피를 이용하여 잉크의 각 성분을 분리하는 과정을 보여 주고 있다. 잉크를 종이의 아랫부분에 살짝 바른 후(그림 A), 종이의 끝을 액체에 담가 놓으면 액체가 종이를 따라 올라가면서 발라 놓은 잉크도 따라 올라가게 된다(그림 B). 잉크의 성분 중에서 정지상인 종이와 친화력이 약한 성분은 액체를 따라 빠르게 올라가고, 친화력이 큰 성분은 천천히 올라가게 되어 분리가 일어난다(그림 C).

(A) (B) (C)

그림 11-1 종이 크로마토그래피를 이용한 잉크의 분리

크로마토그래피는 분류하는 기준에 따라 여러 가지 종류로 나뉜다. 정지상을 어떻게 설치하는가 하는 물리적 방법을 기준으로 하면 **관 크로마토그래피**(column chromatography)와 **평면 크로마토그래피**(planar chromatography)로 나눌 수 있다. 관 크로마토그래피에서는 정지상이 좁은 관에 고정되어 있고, 그 관을 통하여 이동상이 압력이나 중력의 힘으로 이동하면서 분리가 일어난다. 평면 크로마토그래피에서는 정지상을 유리판이나 다공성 종이에 도포하여 사용하는데, 이동상은 모세관 현상이나 중력의 영향을 받아 정지상을 통과하며 이때 분리가 일어난다. 평면 크로마토그래피에는 종이 크로마토그래피와 **얇은층 크로마토그래피**(thin layer chromatography, TLC) 등이 있다.

이동상의 종류에 따라 크로마토그래피를 분류하기도 한다. 여기에는 이동상이 기체인 **기체 크로마토그래피**(gas chromatography, GC)와 액체인 **액체 크로마토그래피**(liquid chromatography, LC)가 있다. 기체 크로마토그래피에서는 항상 관 크로마토그래피를 사용하지만, 액체 크로마토그래피에서는 관 크로마토그래피와 평면 크로마토그래피 둘 다 사용할 수 있다. 종이 크로마토그래피는 액체 크로마토그래피의 일종이다.

혼합물이 분리되는 메커니즘, 즉 정지상과 혼합물의 성분 사이에 일어나는 상호 작용에 따라 크로마토그래피의 종류를 나누기도 한다. 여기에는 **흡착 크로마토그래피**(adsorption chromatography), **분배 크로마토그래피**(partition chromatography), **이온 교환 크로마토그래피**(ion exchange chromatography), **분자배제 크로마토그래피**(size exclusion chromatography) 등이 있다. 종이 크로마토그래피는 흡착 크로마토그래피에 속한다.

(2) 얇은층 크로마토그래피

얇은층 크로마토그래피는 유리, 플라스틱, 금속, 알루미늄 호일 등의 표면에 실리카젤, 산화 알루미늄, 셀룰로스 분말 등을 얇게 입혀 정지상으로 사용하는 크로마토그래피로, 이동상은 모세관 작용이나 중력 또는 전위차에 의하여 이동한다. 얇은층 크로마토그래피는 같은 종류의 크로마토그래피인 종이 크로마토그래피보다 더 빠르게 혼합물을 분리하고, 더 좋은 분해능과 감도를 가진다. 또한 사용이 간편하고 시간이 적게 걸리기 때문에 화학 반응을 관찰하고 생성물을 정성 분석하는 데 많이 이용되고 있다.

이번 실험에서는 얇은 유리판에 실리카젤을 도포한 얇은층 크로마토그래피판(TLC판)을 이용하여 여러 색소가 섞여 있는 물감에서 각 색소를 분리하고자 한다. 실험은 **그림 11-2(A)**와 같이 전개제(단일 또는 혼합 용매)가 담긴 용기에 시료를 살짝 묻힌 TLC판을 수직으로 세워 준비한다.(이때 시료가 전개제에 닫거나 잠기면 안 된다.) 이동상인 전개제는 모세관 현상에 의해 TLC판을 따라 올라가게 되고 전개제가 시료의 위치에 도달하면 시료가 전개제에 녹아, 전개제를 따라 올라간다. 고정상인 실리카젤은 표면에 하이드록시기(–OH)를 가지고 있어서 큰 극성(polarity)을 띤다(**그림 11-3**). 혼합물 시료의 각 성분이 가지고 있는 극성이 서로 차이가 나면, 큰 극성을 가지고 있는 성분은 실리카젤 표면과의 인력 때문에 더디게 이동하고 작은 극성을 가지고 있는 성분은 상대적으로 전개제를 따라 빠르게 이동한다. 이런 성질을 이용하여 혼합물을 분리할 수 있다.

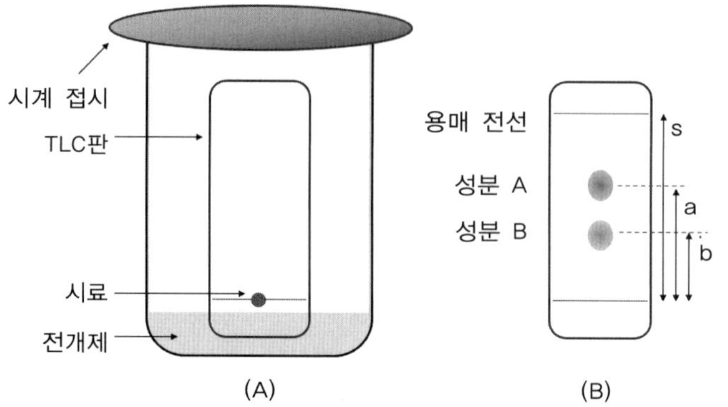

그림 11-2 (A) 얇은층 크로마토그래피 실험 준비
(B) 실험 후 TLC판의 결과

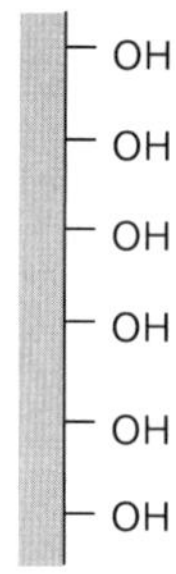

그림 11-3
실리카젤의 표면

시간이 흐르면 전개제인 용매의 전선(front line)이 가장 위로 올라가게 되고 시료의 각 성분은 **그림 11-2(B)**처럼 그 아래에 분리되어 나타난다. 각 성분을 확인하기 위해서는, 위의 실험을 할 때, 예상되는 순물질 시료들과 미지의 혼합 시료를 가로로 간격을 두어 TLC판에 찍은 후 결과를 비교하면 된다. 전개되어 올라간 순물질 시료의 높이와 혼합 시료에서 분리되어 올라간 어떤 성분의 높이가 같으면 둘은 같은 물질로 예상할 수 있다. 같은 TLC판을 사용할 수 없을 경우에는 시료 이외의 다른 조건은 동일하게 하여 실험을 한 후 **머무름 지수**(R_f, retention factor, 혹은 지연 지수라고도 한다.)를 비교하면 된다. 머무름 지수는 용매 이동 거리에 대한 시료 이동 거리의 상대적인 비율로 그 값은 0에서 1 사이이다(식 11-1). 일반적으로 머무름 지수는 소수점 둘째 자리까지 표현한다. **그림 11-2(B)**에서 성분 A와 성분 B의 R_f 값은 각각 a/s와 b/s이다.

$$R_f = \frac{d_R}{d_M} = \frac{\text{시료가 출발선에서부터 이동한 거리}}{\text{전개제(용매)가 출발선에서부터 이동한 거리}} \quad \text{(식 11-1)}$$

4 실험 기구 및 시약

기구	시약
250 mL 비커	빨간색 물감
얇은층 크로마토그래피 판(TLC판)	파란색 물감
시계 접시	노란색 물감
모세관	미지의 혼합 물감
자	전개제(1–뷰탄올:아세트산:물=60:15:25)

5 실험 방법

① 얇은층 크로마토그래피 판(TLC판)의 세로 방향(긴 방향) 아래 2 cm 쯤에 연필이나 바늘 끝을 이용해 가로 방향으로 살짝 줄을 긋는다.

② 빨간색, 파란색, 노란색 색소가 섞여 있는 혼합 물감과 미지 시료 A와 B를 각각 모세관에 묻혀서, TLC판에 그어 놓은 선을 따라 1 cm 간격으로 살짝 찍어 반점을 만들고 말린다.

③ 250 mL 비커에 물감 분리용 전개제(1–뷰탄올:아세트산:물을 60:15:25의 비로 섞은 용매)를 약 1.5 cm 높이로 채운다.

④ 전개제가 담겨 있는 비커에 물감을 찍은 TLC판을 수직으로 세워 담근 후 시계 접시로 비커를 덮는다. 이때 물감 반점이 전개제에 닫거나 잠기지 않도록 주의한다.

⑤ 전개제가 TLC판을 따라 올라가면서 물감 반점도 따라 올라가는 것을 관찰할 수 있을 것이다. 전개제의 맨 위(용매 전선)가 TLC판의 위쪽 끝에서 아래로 1 cm 정도까지 도달하면 TLC판을 꺼내 말린다.

⑥ 전개제와 각 물감의 이동 거리를 재어 R_f 값을 계산하고 혼합 물감의 성분을 확인한다.

> **실험 주의 사항**
>
> • 전개제에 들어 있는 아세트산은 냄새가 심하니 후드에서 실험하는 것이 좋다.

결과보고서

실험 11 크로마토그래피를 이용한 물감의 색소 분리

학 과	학 번	조	이 름	실 험 일	확 인
				년 월 일	

1. 관찰 결과

시료	이동 거리(cm)			
	전개제(용매)	빨간색	파란색	노란색
혼합 물감				
미지 시료 A				
미지 시료 B				

2. 머무름 지수(R_f)

빨간색 ______________

파란색 ______________

노란색 ______________

고찰할 내용

- 각 색소가 가지고 있는 극성들 사이의 차이를 비교하여라.
- 이번 실험에서는 정성적으로 시료의 성분만을 확인하였다. 정량적으로 각 성분의 상대적인 양을 알 수 있으려면 어떻게 해야 하겠는지 생각해 보라.
- 실험에서 용기를 닫아야 하는 이유는 무엇인가?

실험 12

수돗물의 잔류 염소량 정량 분석

1 실험의 목표

수돗물에 남아 있는 염소의 양을 알아보는 과정에서 분광법의 원리와 정량 분석을 이해한다.

2 이해해야 할 개념

정성 분석, 정량 분석, 잔류 염소량, DPD 비색법, 흡수 분광법, Beer-Lambert 법칙, 검정선, 검정선 법

3 실험을 이해하기 위한 기본 이론

(1) 정성 분석과 정량 분석

우리 주위에서 쉽게 볼 수 있고 만질 수 있는 것들은 대부분 혼합물이다. 우리는 '**실험** 4. 알코올의 증류'와 '**실험** 11. 크로마토그래피를 이용한 색소의 분리'에서 혼합물을 분리하는 방법을 알아보았다. 화학이 추구하는 여러 측면들 중에서 아주 중요한 것 중의 하나는 어떤 혼합물을 이루는 순물질이 무엇인가(혹은 미지의 순물질 자체가 무엇인가)를 알아내고 그 양은 얼마인가를 알아내는 것이다. 어떤 순물질이 무엇인가를 알기 위한 방법을 **정성 분석**(qualitative analysis)이라고 하고 그 양은 얼마인가를 알기 위한 방법을 **정량 분석**(quantitative analysis)이라고 한다. 크로마토그래피는 혼합물의 분리에도 사용되지만 정성 분석에도 많이 쓰이고 있다. 또한 실험을 세심히 설계하여 실험하면 정량 분석에도 쓰일 수 있다. 지금은

많은 화합물의 특성을 자세히 알고 있어서 개개의 화합물에 대하여 적합한 정성, 정량 분석법을 쉽게 찾아 볼 수 있다.

(2) 잔류 염소량

우리가 마시는 수돗물은 강이나 호수에서 취수하여 불순물을 제거한 후 여러 단계의 정수 과정을 거쳐 만들어진 후 각 가정에 공급된다. 정수 과정에서 뛰어난 소독 효과를 가지고 있는 액화 염소(Cl_2)를 주입한다. Cl_2가 물에 녹으면 염화수소(HCl, hydrochloric acid)와 하이포염소산(HOCl, hypochlorous acid) 등이 형성된다. 또한 물의 pH, 온도 조건과 녹아 있는 유기물, 암모니아성 질소 등의 양에 따라 하이포염소산 이온(OCl^-, hypochlorite ion), 클로라민(chloramine)류의 NH_2Cl, $NHCl_2$, NCl_3 등이 생성된다.(식 12–1)

$$Cl_2(aq) + H_2O(l) \longrightarrow HCl(aq) + HOCl(aq) \qquad \text{(식 12–1)}$$

$$HOCl(aq) \rightleftharpoons H^+(aq) + OCl^-(aq)$$

$$HOCl(aq) + NH_3(aq) \rightleftharpoons H_2O(l) + NH_2Cl(aq)$$

$$HOCl(aq) + NH_2Cl(aq) \rightleftharpoons H_2O(l) + NHCl_2(aq)$$

$$HOCl(aq) + NHCl_2(aq) \rightleftharpoons H_2O(l) + NCl_3(aq)$$

HOCl, OCl^- 등을 **유리 잔류 염소**(free residual chlorine), NH_2Cl, $NHCl_2$, NCl_3 등을 **결합 잔류 염소**(combined residual chlorine)라고 한다. 수돗물에 남아 있는 유리 잔류 염소의 양을 유리 잔류 염소량, 결합 잔류 염소의 양을 결합 잔류 염소량, 그 합을 총 **잔류 염소량**이라고 한다. 이러한 잔류 염소는 그 양이 너무 적으면 소독 효과가 떨어지기 때문에 가정용 수돗물의 경우 수도꼭지에서 물이 나올 때 잔류 염소량이 유리 잔류 염소는 0.1 mg/L 이상, 결합 잔류 염소는 0.4 mg/L 이상이 유지되어야 한다.(수도법 시행 규칙 제22조의 2, 2012.5.17) 잔류 염소는 그 양이 너무 많으면 인체에 유해하기 때문에 수돗물 잔류 염소량의 상한을 법으로 정하여 놓은 국가도 있으나 우리나라에서는 아직 법적인 상한은 없다.

(3) 잔류 염소의 정량 분석

잔류 염소를 정량 분석하는 방법에는 전류 적정법(amperometric titration), DPD 비색법(colorimetric DPD), DPD 적정법(titrimetric DPD) 그리고 아이오딘

적정법(iodometric titration) 등이 있다. 이 중에서 DPD 비색법은 실험이 간편하고 현장에서 적용하기 쉽기 때문에 잔류 염소량 측정에 가장 많이 이용되고 있다.

이번 실험에서는 DPD 비색법을 이용하여 잔류 염소량을 측정하고자 한다. DPD(= *N,N*-diethyl-*p*-phenyldiamine)는 Cl_2, HOCl, OCl^-, I_3^- 등과 반응하면 산화되어 자홍색의 Würster Dye와 무색의 imine 형태로 바뀐다(식 12–2).

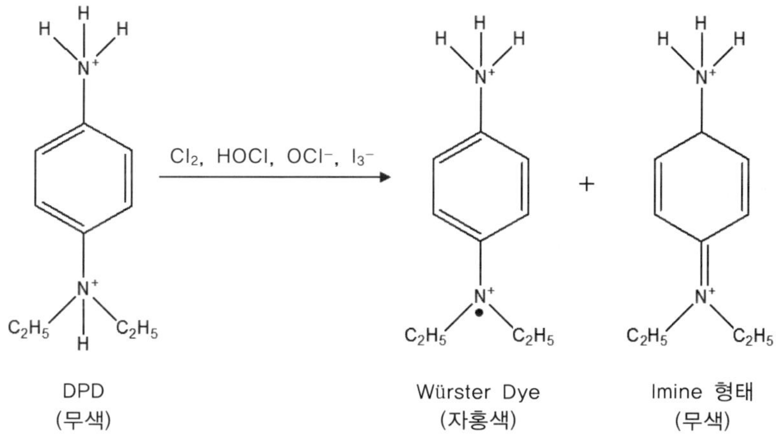

(식 12–2)

과량의 DPD를 물에 녹이면 생성되는 Würster Dye와 imine 형태에서 각각의 양은 물에 존재하는 Cl_2, HOCl, OCl^-, I_3^-의 총량에 비례한다.(둘의 상대적인 존재량은 용액의 pH에 의존한다.) 따라서 Cl_2, HOCl, OCl^-, I_3^- 등이 녹아 있는 물에 DPD를 첨가하면 용액의 색이 자홍색으로 바뀌게 되고 Cl_2, HOCl, OCl^-, I_3^-의 총량이 많으면 많을수록 용액의 색이 진하게 되어, 그 진하기로부터 Cl_2, HOCl, OCl^-, I_3^-의 존재량의 합을 알 수 있다.

보통의 물에는 I_3^-가 거의 없고 또한 식 12–1에서 보는 바와 같이 Cl_2는 분해되어 대부분 사라지기 때문에 DPD를 사용하면 유리 잔류 염소(HOCl, OCl^-)의 양을 알 수 있다. DPD와 KI를 함께 사용하면 I^-가 결합 잔류 염소와 반응하여 I_3^-가 생성된다. I_3^-는 식 12–2에 따라 DPD를 산화시키므로 DPD와 KI를 함께 사용하면 결합 잔류 염소(NH_2Cl, $NHCl_2$, NCl_3)의 총량도 같이 측정되기 때문에 총 잔류 염소량(유리 잔류 염소량과 결합 잔류 염소량의 합)을 알 수 있다.

(4) 흡수 분광법

물질의 색은 그 물질의 분자 오비탈(molecular orbital, 원자나 단원자 이온의 경우에는 원자 오비탈) 그리고 전자 배치(electron configuration)와 밀접한 관계가 있다. 예를 들어 물의 바닥 상태(ground state, 바닥 상태 전자 배치를 한 상태)와 들뜬 상태(excited state, 들뜬 상태 전자 배치를 한 상태) 사이의 에너지 차이는 자외선(ultraviolet) 영역인데, 물에 모든 파장의 빛이 포함되어 있는 태양광을 쪼여 주면 자외선을 흡수하여 물은 바닥 상태에서 들뜬 상태로 들뜨게(excited)된다. 그러나 가시광선(visible light)은 흡수되지 않고 그냥 통과하여 무색투명하게 보인다. 그런데 자홍색 물감을 물에 녹이면 용액이 자홍색을 띠게 된다. 이는 자홍색 물감 분자의 바닥 상태와 들뜬 상태 사이의 에너지 차이가 대략 녹색 빛(파장이 ~540 nm) 정도이어서, 용액에 태양광을 쪼여 주면 물이 자외선을 흡수하고 또한 자홍색 물감 분자가 녹색 빛을 흡수하여, 용액이 녹색의 보색인 자홍색으로 보이게 된다. 이때 흡수되는 광자(photon)의 양은 빛이 통과하는 길에 있는 분자의 양이 많을수록 증가한다. 따라서 물감의 농도가 높아지면 흡수되는 녹색 빛의 양도 많아지게 되어, 용액의 자홍색이 점점 짙어지게 된다. 용액에서 분자가 흡수하는 광자의 양과 존재하는 분자의 농도 사이에 있는 관계를 Beer-Lambert 법칙(Beer-Lambert law)이라고 한다(식 12-3, 그림 12-1).

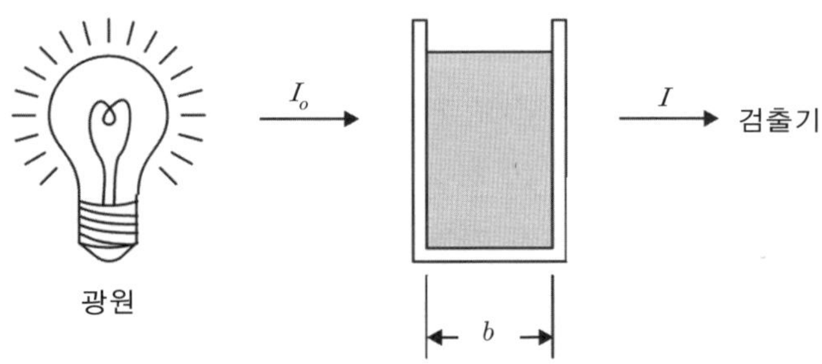

그림 12-1 용액에 빛을 쪼이면 특정 파장의 빛이 흡수된다.

그림 12-1에서 세기 I_o인 어떤 파장의 빛을 용액에 통과시켰을 때 통과한 후 빛의 세기가 I라면, 다음의 관계가 성립한다.

$$A = \epsilon bc = -\log(I/I_o) \qquad \text{(식 12-3)}$$

여기서 ϵ은 빛을 흡수한 분자의 몰흡광 계수(molar absorptivity, 단위 $M^{-1}cm^{-1}$), b는 용액에서 빛이 통과한 거리(단위 cm), c는 용액의 농도(단위 M)이다. 또 A를 흡광도(absorbance), I/I_o를 투과도(transmittance)라고 한다.

물질에 자외선 또는 가시광선 영역의 빛을 쪼여 물질이 어떤 파장의 빛을 얼마나 흡수하는가를 분석하여 그 특성을 알아내는 방법을 **흡수 분광법**(UV/Vis electronic absorption spectrophotometry)이라고 한다. 흡수 분광법을 이용하여 물질을 분석할 때는 흔히 여러 파장에서 흡광도를 측정하여 그래프로 그려 분석한다. 이와 같은 그래프를 흡수 스펙트럼(absorption spectrum)이라고 하는데 **그림 12-2**는 Würster Dye 수용액의 흡수 스펙트럼이다.

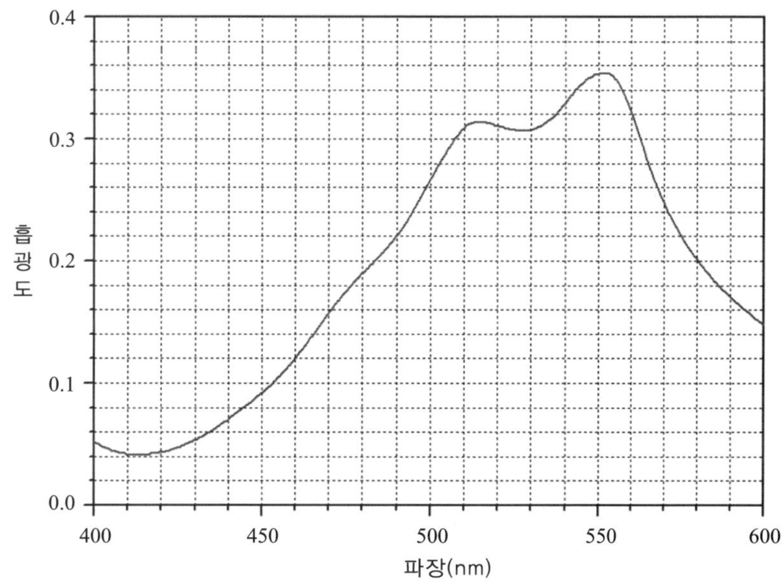

그림 12-2 Würster Dye의 흡수 스펙트럼

(5) 검정선 법

검정선(calibration curve)을 이용하여 시료의 농도를 알아내는 방법을 검정선 법(calibration method)이라고 한다. 검정선 법은 두 변수(x, y)가 선형의 관계에 있을 때 적용할 수 있는데, 본 실험에서 측정하는 흡광도는 시료의 농도에 비례하므로 검정선 법을 이용하여 미지 시료의 농도를 구할 수 있다.

검정선을 얻기 위해서는 먼저 여러 농도의 표준 용액(시료의 농도를 알고 있는 용액)을 준비하여 흡광도를 측정한 후 농도를 x−축, 흡광도를 y−축으로 하는 점 그래프를 그린다. 농도−흡광도의 데이터에 최소제곱법('화학 실험실에서의 기본 6. 최소제곱법' 참조)을 적용하여, 얻은 데이터를 가장 잘 표현하는 1차식 $y = ax + b$의 기울기 a와 절편 b를 구한다. 이 1차식을 검정선이라고 한다. 그림 12-3은 가상의 데이터에 대한 점 그래프와 이로부터 구한 검정선이다. 그림에서 최소제곱법으로 구한 검정선의 기울기는 0.50505(표준 편차 0.01646)이고 절편은 0.02164(표준편차 0.00974)이다. 농도를 모르는 시료로부터 측정한 흡광도가 0.35라고 하면 검정선으로부터 시료의 농도가 0.65 ± 0.04 mg/L임을 추정할 수 있다.

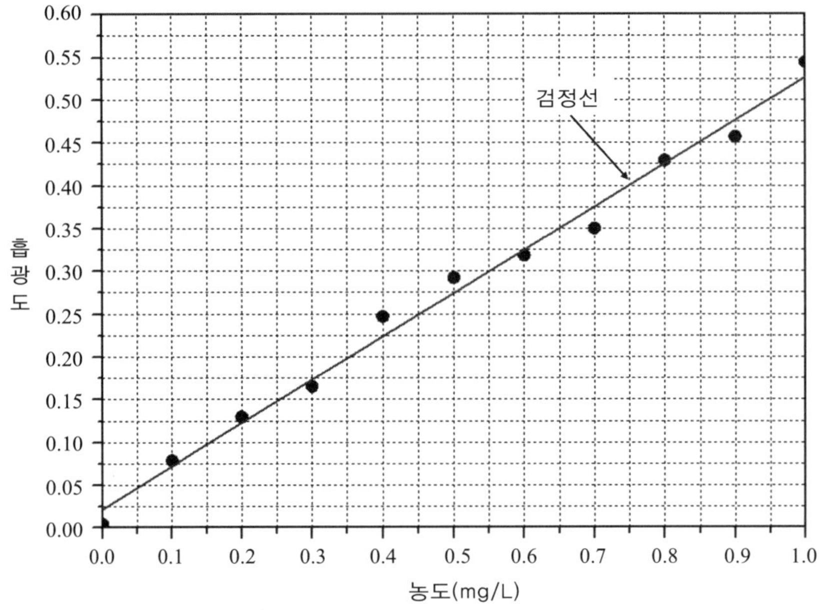

그림 12-3 여러 농도의 표준 용액에 대한 흡광도와 검정선

4 실험 기구 및 시약

기구	시약
흡수 분광기	인산염 완충 용액(pH = 6.4)
1 mL 마이크로 피펫	DPD 용액(kit)
20 mL 눈금 피펫	염소 표준 용액(ample 시료로부터 0.0, 0.4, 0.8, 1.2, 1.6, 2.0 ppm 용액 준비)
50 mL 삼각 플라스크	

5 실험 방법

(1) 실험 준비. 흡수 분광기

① 이 책의 앞 부분에 있는 '화학 실험실에서의 기본 3. 기구 및 기기 사용법'에 있는 흡수 분광기 사용법을 읽고 내용을 이해한다.

② 흡수 분광기를 켜서 충분히 예열(warm-up)시킨다.

(2) 실험 A. 염소 표준 용액의 검정선 만들기

① 50 mL 삼각 플라스크 8개를 준비하고, 순서에 따라 1, 2,⋯, 8을 삼각 플라스크에 표시한다.

② 각 삼각 플라스크에 마이크로피펫으로 인산염 완충 용액 1.0 mL와 DPD 용액 1.0 mL를 넣고 잘 흔든다.

③ 1, 2,⋯, 6로 표시된 삼각 플라스크에 순서대로 0.0, 0.4, 0.8, 1.2, 1.6, 2.0 mg/L(ppm) 염소 표준 용액 20 mL를 넣고 잘 흔들어 섞는다.

④ 0.0 mg/L 염소 표준 용액을 넣은 1번 삼각 플라스크의 용액을 4 mL 취해 큐벳(큐벳이 없으면 시험관을 사용해도 된다.)에 담고, 큐벳을 흡수 분광기의 시료 자리(sample holder)에 넣은 후 흡수 분광기의 파장을 553 nm로 맞춘다. 이 용액을 기준 용액으로 하여 흡수 분광기의 영점 조정을 한다. 영점 조정이 끝나면 큐벳을 꺼내어 잘 보관한다.

⑤ 0.4 mg/L 염소 표준 용액을 넣은 2번 삼각 플라스크의 용액을 4 mL 취해 큐벳에 넣는다. 흡수 분광기를 사용하여 파장 553 nm에서 이 용액의 흡광도를 측정한다.

⑥ 3, 4, 5, 6번 삼각 플라스크 용액의 흡광도를 측정하기 위해 ④와 ⑤의 과정을 반복한다.

⑦ 염소 표준 용액에 대한 농도 대 흡광도의 점 그래프를 그린다.

⑧ 최소제곱법('화학 실험실에서의 기본 6. 최소제곱법' 참조)을 이용하여, 실험에서 얻은 여섯 개의 농도 대 흡광도 점을 가장 잘 표현할 수 있는 직선의 식을 구하고 그래프에 그린다.

(3) 실험 B. 수돗물과 호숫물의 분석

① 실험 A의 삼각 플라스크 여덟 개 중 남은 두 개의 플라스크 7과 8에 각각 수돗물과 호숫물(주변에 있는 강물이나 호숫물) 20 mL를 넣고 잘 흔든다.

② 실험 A의 ④와 같이 분광기를 영점 조정한 후, 수돗물과 호숫물의 흡광도를 553 nm에서 측정한다.

③ 측정한 흡광도와 실험 A에서 구한 검정선을 이용하여 수돗물과 호숫물의 유리 잔류 염소량을 구한다.

> **실험 주의 사항**
>
> ① 진한 염소 용액은 유해하므로 염소 표준 용액을 준비할 때는 고무장갑을 사용한다.
>
> ② 큐벳에 얼룩이나 지문이 남지 않도록 주의한다.

결과보고서

실험 12

수돗물의 잔류 염소량 정량 분석

학 과	학 번	조	이 름	실 험 일	확 인
				년 월 일	

실험 온도 ________ °C

실험 A 염소 표준 용액의 검정선 만들기

염소 표준 용액의 농도(mg/L)	0.0	0.4	0.8	1.2	1.6	2.0
흡광도(553 nm)	0					

흡광도

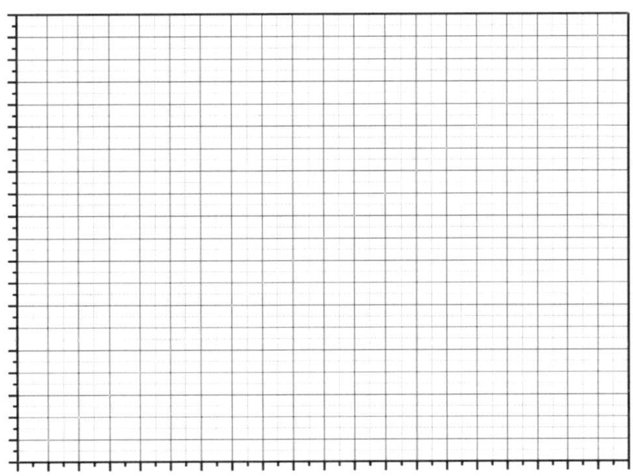

농도(mg/L)

최소제곱법으로 구한 검정 직선의 식: 흡광도 = (L/mg) × 농도 + (   )

실험 B 수돗물과 호숫물의 분석

물	흡광도	유리 잔류 염소량(mg/L)
수돗물		
호숫물		

고찰할 내용

- 분광기를 사용할 때 증류수(0.0 mg/L 염소 표준 용액)을 사용하여 투과도를 100%(또는 흡광도를 0)으로 영점 조정하는 이유는 무엇인가?
- 식 12-2에서 DPD는 산화되어 염소 등에 의해서 Würster Dye가 되었다. 산화되었다는 것을 어떻게 알 수 있는가? ('실험 6. 산화-환원 적정' 참조)
- 실험에서 20 mL의 염소 표준 용액에 1 mL의 인산염 완충 용액과 1 mL의 DPD 용액을 섞었다. 따라서 흡광도를 측정한 용액에서의 염소 농도는 원래의 20/22배가 되었다. 그러나 검정선 그래프에서 가로축의 염소 농도에는 원래 농도를 사용하였으며 이로부터 검정 직선을 얻었다. 이 검정 직선을 이용하여 수돗물과 호숫물의 잔류 염소량을 구하여도 전혀 문제가 없다. 그 이유를 생각해 보라.
- 실험에서 실제로 측정한 것은 Würster Dye의 흡광도이다. 이를 이용하여 염소 표준 용액의 농도-흡광도 검정선을 만들고 잔류 염소량을 구하였다. 이렇게 하여도 잔류 염소량을 추정할 수 있는 이유는 무엇인지 생각해 보라.
- 실험에서 반응물 DPD는 과량으로 넣어 주었다. 그 이유는 무엇인가?

실험 13

알코올의 정량 분석

1 실험의 목표

에탄올 수용액에서 에탄올의 농도를 알아내는 과정에서 분광법의 원리와 정량 분석을 이해한다.

2 이해해야 할 개념

정성 분석, 정량 분석, 흡수 분광법, Beer-Lambert 법칙, 검정선 법

3 실험을 이해하기 위한 기본 이론

(1) 정성 분석, 정량 분석, 흡수 분광법, 검정선 법

'실험 12. 수돗물의 잔류 염소량 정량 분석' 참조

(2) 알코올의 정량 분석

알코올(alcohol)은 하이드록시기(−OH)를 작용기(functional group)로 가지고 있는 유기 화합물이다. 알코올은 크로뮴산(CrO_3, 주홍색)과 반응하면 산화되는데 1차 알코올은 산화되어 카복실산(carboxylic acid)이 되고 2차 알코올은 산화되어 케톤(ketone)이 된다. 이때 CrO_3는 아래의 산화−환원 알짜 반응식(식 13−2)에 따라 크로뮴(III)(Cr^{3+}, 청록색)으로 환원된다.

$$\underset{\text{1차 알코올}}{3R\text{-}CH_2\text{-}OH} + 4CrO_3 + 12H^+ \longrightarrow \underset{\text{카복실산}}{3R\text{-}\overset{\overset{\displaystyle O}{\|}}{C}\text{-}OH} + 4Cr^{3+} + 9H_2O \qquad \text{(식 13−1)}$$

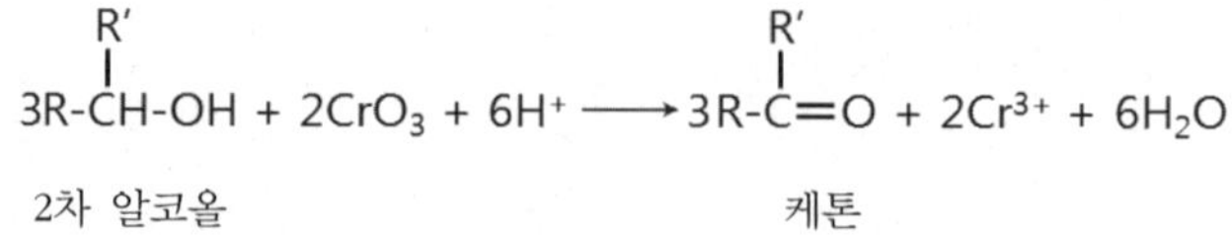

(식 13–2)

알코올, 카복실산, 케톤 등은 무색이기 때문에 위 반응이 진행되면서 CrO_3의 주홍색은 옅어지고 Cr^{3+}의 청록색이 나타난다. 반응물인 CrO_3를 과량으로 넣어 주면 생성된 Cr^{3+}의 양은 처음에 존재하였던 알코올의 양에 비례하기 때문에 Cr^{3+}의 흡광도를 측정하고 검정선 법을 이용하여 알코올을 정량할 수 있다. 아래의 그림 13–1은 수용액에서 측정한 CrO_3와 Cr^{3+}의 흡수 스펙트럼이다.

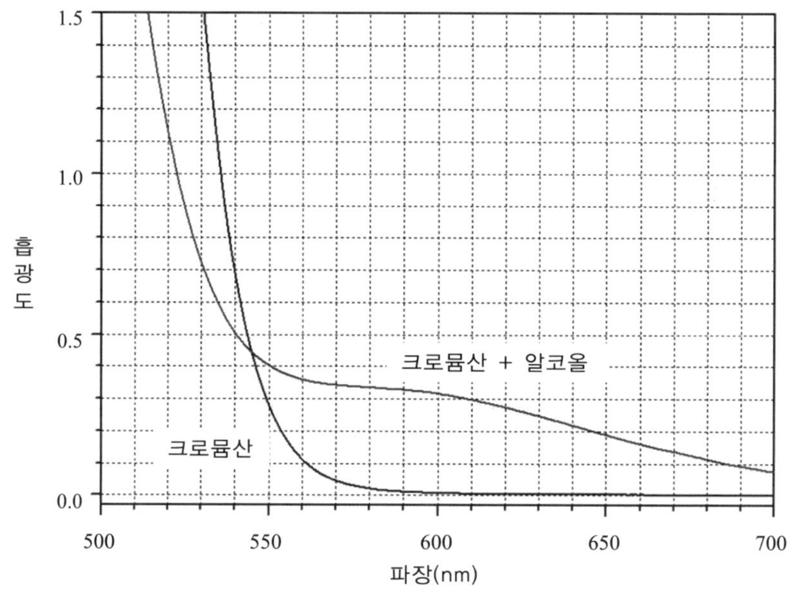

그림 13–1 크로뮴산(CrO_3)과 Cr^{3+}(크로뮴산+알코올)의 흡수 스펙트럼

흡수 분광법과 검정선 법을 이용하려면 대상 화합물의 흡광도를 정확히 측정해야 한다. 이를 위해서는 그 화합물만이 흡수하는 빛의 파장을 선택하여 흡광도를 측정해야 한다. 예를 들어 그림 13–1에서 보듯이 파장 570 nm 이하의 영역에 있는 빛은 CrO_3와 Cr^{3+}가 동시에 흡수한다. 따라서 570 nm 이하의 파장을 선택하여 흡광도를 측정하면, CrO_3와 Cr^{3+} 각각의 흡광도가 더해져서 관측되어 원하는 Cr^{3+}의 흡광도를 알 수 없다. 이번 실험에서는 Cr^{3+}만이 흡수하는 600 nm의 빛에 대한 흡광도를 측정하고 알코올을 정량하고자 한다.

4 실험 기구 및 시약

기구	시약
흡수 분광기	에탄올
20 mL 눈금 실린더	1.0 M 크로뮴산(CrO_3) 수용액
1 mL 마이크로 피펫	와인
5 mL 피펫	소주

5 실험 방법

(1) 실험 준비. 흡수 분광기

① 이 책의 앞 부분에 있는 '화학 실험실에서의 기본 3. 기구 및 기기 사용법'에 있는 흡수 분광기 사용법을 읽고 이해한다.

② 흡수 분광기를 켜서 분광기가 충분히 예열(warm-up)되도록 한다.

(2) 실험 A. 알코올 표준 용액의 검정선 만들기

① 20 mL 눈금 실린더 9개를 준비하고, 순서에 따라 1, 2,⋯, 9를 눈금 실린더에 표시한다.

② 1, 2,⋯, 6로 표시된 눈금 실린더에 순서대로 0, 0.2, 0.6, 1.0, 1.4, 1.8% 에탄올 표준 용액을 마이크로 피펫으로 1.0 mL씩 넣는다.

③ 위의 각 실린더에 1.0 M 크로뮴산(CrO_3) 수용액 5.0 mL 씩 넣고 잘 흔든 후 15분 동안 놓아 둔다.

④ 위의 각 실린더에 증류수를 넣어 전체 용액의 부피가 20 mL가 되도록 한다.

⑤ 0% 알코올 표준 용액을 넣은 1번 실린더의 용액을 4 mL 취해 큐벳(큐벳이 없으면 시험관을 사용해도 된다.)에 담고, 큐벳을 흡수 분광기의 시료 자리(sample holder)에 넣은 후 흡수 분광기의 파장을 600 nm로 맞춘다. 이 용액을 기준 용액으로 하여 흡수 분광기의 영점 조정을 한다. 영점 조정이 끝나면 큐벳을 꺼내고 잘 보관한다.

⑥ 0.2% 알코올 표준 용액을 넣은 2번 실린더의 용액을 4 mL 취해 큐벳에 넣는다. 흡수 분광기를 사용하여 파장 600 nm에서 이 용액의 흡광도를 측정한다.

⑦ 3, 4, 5, 6번 실린더 용액의 흡광도를 측정하기 위해 ⑤와 ⑥의 과정을 반복한다.

⑧ 알코올 표준 용액에 대한 농도 대 흡광도의 점 그래프를 그린다.

⑨ 최소제곱법('화학 실험실에서의 기본 6. 최소제곱법' 참조)을 이용하여, 실험에서 얻은 여섯 개의 농도 대 흡광도 점을 가장 잘 표현할 수 있는 직선의 식을 구하고 그래프에 그린다.

(3) 실험 B. 백포도주와 소주의 분석

① 실험 A의 실린더 아홉 개 중 남은 세 개의 실린더 7, 8, 9에 각각 미지의 알코올 용액, 10배 희석된 백포도주, 20배 희석된 소주 1.0 mL씩 넣는다.

② 위의 각 실린더에 1.0 M 크로뮴산(CrO_3) 수용액 5.0 mL 씩 넣고 잘 흔든 후 15분 동안 놓아 둔다.

③ 위의 각 실린더에 증류수를 넣어 전체 용액의 부피가 20 mL가 되도록 한다.

④ 실험 A의 ⑤와 같이 분광기를 영점 조정한 후, 실린더 7, 8, 9번 용액의 흡광도를 600 nm에서 측정한다.

⑤ 측정한 흡광도와 실험 A에서 구한 검정선을 이용하여 미지의 알코올 용액, 희석된 백포도주와 소주의 알코올 농도를 구한다.

실험 주의 사항

① 크로뮴산(CrO_3)은 부식성이 강하므로 피부나 옷에 묻지 않도록 주의한다. 실험 중에는 보안경을 착용해야 한다.

② 크로뮴산 용액이 피부나 옷에 튀었을 때는 과량의 물로 즉시 씻어낸다.

③ 큐벳에 얼룩이나 지문이 남지 않도록 주의한다.

결과보고서

실험 13

알코올의 정량 분석

학 과	학 번	조	이 름	실 험 일	확 인
				년 월 일	

실험 온도 ________°C

실험 A 알코올 표준 용액의 검정선 만들기

알코올 표준 용액의 농도(%)	0	0.2	0.6	1.0	1.4	1.8
흡광도(600 nm)	0					

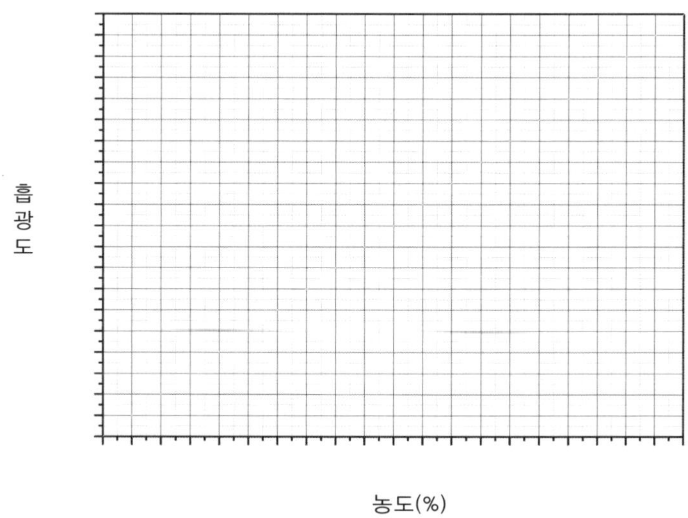

최소제곱법으로 구한 검정 직선의 식: 흡광도 = (/%) × 농도 + (   )

실험 B 백포도주와 소주의 분석

시료	흡광도	알코올 농도(%)
미지 알코올		
백포도주(10배 희석)		
소주(20배 희석)		

고찰할 내용

- CrO_3와 Cr^{3+}에서 Cr의 산화수 비교, 에탄올과 아세트산에서 탄소(C)의 산화수 비교를 통해 크로뮴산(CrO_3)은 환원되었고 에탄올은 산화되었음을 이해하여라.
- 실험에서 백포도주의 알코올 농도를 구하였다. 같은 방법을 사용하여 적포도주의 알코올 농도를 알 수 있는지 생각해 보라.
- 분광기를 사용할 때 증류수(0% 알코올 표준 용액)를 사용하여 투과도를 100%(또는 흡광도를 0)로 영점 조정하는 이유는 무엇인가?

실험 14

비타민 C의 정량 분석

1 실험의 목표

산화-환원 반응을 이용하여 용액에서 비타민 C의 농도를 분석한다.

2 이해해야 할 개념

산화-환원 반응, 비타민 C, 아이오딘 적정법, 종말점

3 실험을 이해하기 위한 기본 이론

(1) 비타민 C

비타민(vitamin)은 인체의 건강을 유지하기 위하여 필수적인 유기 화합물이다. 비타민에는 13가지가 있으며, 그 종류에 따라 호르몬 같은 작용(비타민 D), 세포의 성장 조절(비타민 A), 항산화 작용(비타민 C, E), 대사과정의 촉매 역할(비타민 B) 등 인체에서 다양한 작용을 한다. 비타민은 인체에서 충분한 양이 만들어지지 않기 때문에 건강한 생활을 위해서 우리는 음식으로부터 비타민을 섭취해야 한다.

실험에서 분석하고자 하는 비타민 C(vitamin C)는 아스코브산(ascorbic acid)이라고도 불리는데, 그림 14-1에서와 같이 산소(O) 원자를 많이 가지고 있어 물에 잘 녹는다. 따라서 비타민 C는 수용성 비타민 중의 하나이다. 흔히 알고 있는 비타민 C의 작용은 항산화 작용인데 이는 비타민 C가 가지고 있는 환원력에 기인한다. 생명 현상의 과정에서 발생하는 활성산소종(reactive oxygen species, ROS)은 산화력을 가지고 있어서 세포 내의 단백질이나 DNA 등 생물 분자를 산화시켜

세포에 손상을 입힌다. 이와 같이 활성산소종에 의해 세포가 손상되는 일련의 과정을 산화 스트레스라고 하는데, 산화 스트레스는 노화나 질병의 중요한 원인 중의 하나로 알려져 있다. 비타민 C는 활성산소종을 환원시켜 산화력을 줄이기 때문에 산화 스트레스를 줄이는 항산화 작용을 한다.

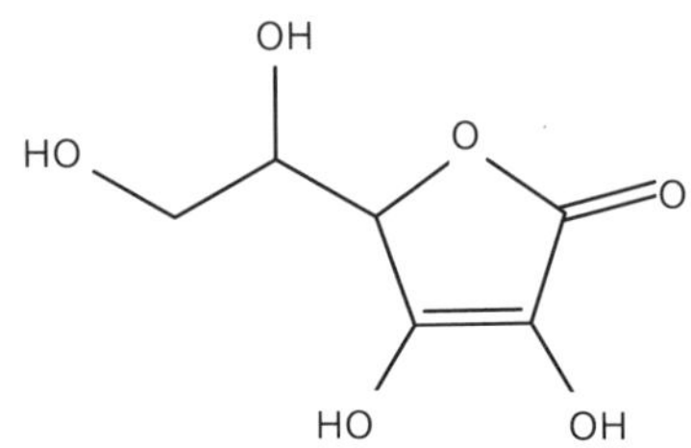

그림 14-1 비타민 C의 구조

(2) 아이오딘 적정법을 이용한 비타민 C 용액의 농도 분석

산화–환원 반응(oxidation-reduction reaction)에 대한 기본적인 내용은 '실험 6. 산화–환원 적정'을 참조하기 바란다. 산화–환원 반응을 이용한 적정법에는 실험 6에서 보았던 과망가니즈산 적정법 등 여러 가지 방법이 있다. 이번 실험에서는 **아이오딘 적정법**(iodometric titration)을 이용하여 비타민 C 용액의 농도를 결정하려고 한다. 아이오딘 적정법에서는 I_3^-가 녹말과 결합하면 짙은 파란색을 띠는 성질을 이용한다.

비타민 C가 수용액에서 I_3^-와 반응하면 식 14–1과 같이 비타민 C는 산화되어 디하이드로아스코브산(dehydroascorbic acid)이 되고 I_3^-는 환원되어 I^-가 된다. 따라서 비타민 C 용액에 지시약으로 녹말을 넣고 I_3^- 용액으로 적정하면, 넣어 준 I_3^-의 양이 처음에 있었던 비타민 C의 양과 같아질 때(종말점 혹은 당량점)까지 I_3^-는 비타민 C와 반응하여 계속해서 I^-로 바뀐다. I_3^-의 양이 종말점을 넘어가는 순간, 용액에는 I_3^-를 환원시킬 비타민 C가 더 이상 남아 있지 않기 때문에 I_3^-는 더 이상 반응하지 않고 남아 있게 된다. 이때 남은 I_3^-는 지시약으로 넣어 준 녹말과 결합하게 되어 용액의 색이 파란색으로 바뀐다. 따라서 용액의 색이 파란색으로 바뀌는 순간을 종말점으로 삼을 수 있다.

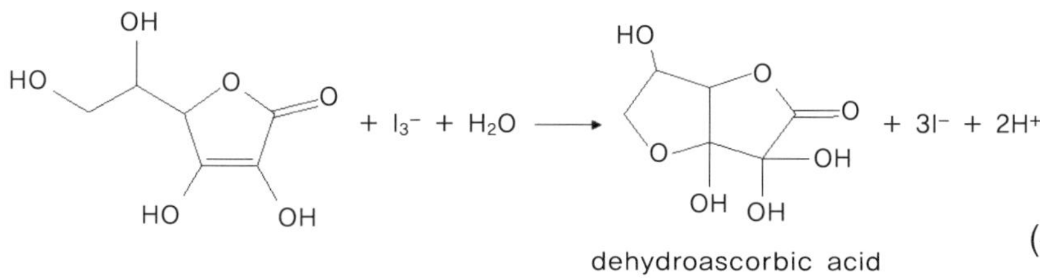

(식 14-1)

위에서 살펴본 바와 같이 아이오딘 적정법에서는 I_3^-가 I^-로 환원되는 반응을 이용한다. 따라서 아이오딘 적정법은 I_3^-를 환원시킬 수 있는 능력을 가지고 있는 물질의 분석에 쓰일 수 있다. 즉, 비타민 C처럼 I_3^-보다 환원 전위가 낮은 물질의 분석에 사용될 수 있다.

아이오딘 적정법에 사용되는 I_3^-는 KIO_3와 KI를 반응시켜 얻을 수 있는데(식 14-2) 알짜 이온 반응식은 식 14-3과 같다. I_3^-는 공기 중의 산소에 의해서 산화되는 경향이 있기 때문에 실험 전에 바로 준비하여 사용하는 것이 좋다. 녹말 지시약은 물에 잘 녹는 아밀로스(amylose)를 사용하는데 녹말 지시약도 실험 전에 바로 준비하여 사용하는 것이 좋다. 이는 녹말이 빛과 반응하여 다른 형태로 바뀌기 때문이다.

$$KIO_3(aq) + 8KI(aq) + 6H^+(aq) \longrightarrow 3I_3^-(aq) + 3H_2O(l) + 9K^+(aq) \quad \text{(식 14-2)}$$

$$IO_3^-(aq) + 8I^-(aq) + 6H^+(aq) \longrightarrow 3I_3^-(aq) + 3H_2O(l) \quad \text{(식 14-3)}$$

(3) 아이오딘 용액의 표준화와 비타민 C의 정량

이번 실험에서 사용하는 아이오딘 용액에서 I_3^-는 산소에 의해서 산화되는 성질이 있기 때문에 실험 직전에 아이오딘 용액을 준비하지 않았으면 정확한 I_3^-의 농도를 알 수 없다. 따라서 비타민 C를 정량하기 전에 먼저 아이오딘 용액에서 I_3^-의 농도를 알아야 한다. 이를 표준화라고 한다. 표준화를 하기 위해서 **그림 14-2**와 같은 적정 장치를 준비한 후, 농도를 알고 있는 비타민 C 용액을 준비된 아이오딘 표준 용액(적갈색)으로 적정한다. 비타민 C 용액에 아이오딘 용액을 첨가하면 비타민 C 용액에 부분적으로 파란색이 보이다가 사라진다. 용액의 파란색이 사라지지 않는 순간이 **종말점**(end point)이다.

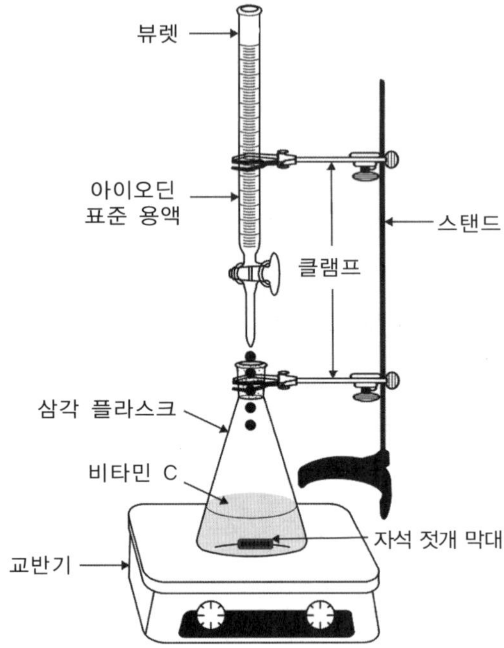

그림 14–2 아이오딘 적정법에 사용되는 적정 장치

식 14–1에서와 같이 비타민 C와 I_3^-는 1:1로 반응하기 때문에 종말점까지 넣어준 I_3^-의 몰수는 처음에 존재한 비타민 C의 몰수와 같고(식 14–4), 용액에서 용질의 몰수는 농도(M)와 부피(V)의 곱으로부터 구할 수 있으므로 식 14–5의 관계가 성립한다.

$$n_{I_3^-} = \mathrm{n}_{\text{비타민 C}} \qquad \text{(식 14–4)}$$

$$M_{I_3^-}\mathrm{V}_{I_3^-} = \mathrm{M}_{\text{비타민 C}}\mathrm{V}_{\text{비타민 C}} \qquad \text{(식 14–5)}$$

아이오딘 용액의 표준화 후, 표준화된 아이오딘 용액으로 미지의 비타민 C 용액을 적정하고 식 14–5의 관계를 이용하면 비타민 C 용액의 농도를 결정할 수 있다.

4 실험 기구 및 시약

기구	시약
25 mL 피펫	2.50 mM 비타민 C(아스코브산) 수용액
10 mL 피펫	녹말 지시약
1 mL 마이크로 피펫	아이오딘 표준 용액(KIO_3 + KI)
100 mL 삼각 플라스크	500 mg 비타민 C 알약
50 mL 뷰렛	시판 중인 비타민 C 음료(두 종류)
100 mL 비커	0.50 M 황산(H_2SO_4) 수용액
100 mL 부피 플라스크	
교반기	
막자와 막자 사발	
화학 저울	
피펫 채우개	
가열교반기	
자석 젓개 막대	
스탠드	
클램프	

5 실험 방법

(1) 실험 A. 아이오딘 용액의 표준화

① 그림 14-2와 같이 적정 장치를 준비한다.

② 2.50 mM 비타민 표준 용액 25.0 mL를 100 mL 삼각 플라스크에 담는다.

③ 녹말 지시약 약 1 mL를 비타민 표준 용액이 담긴 삼각 플라스크에 더한다.

④ 조교가 준비한 아이오딘 표준 용액(적갈색)을 50 mL에 뷰렛에 40 mL 정도 넣는다.

⑤ 아이오딘 표준 용액을 비타민 표준 용액에 조금씩 넣으면서 색의 변화를 관찰한다.

⑥ 혼합 용액의 색이 파란색으로 바뀌면 적정을 멈춘다.

⑦ 가한 아이오딘 표준 용액의 부피를 기록한다.

⑧ 위의 과정을 한 번 더 반복한다.

⑨ 아이오딘 표준 용액의 농도를 계산한다.

(2) 실험 B. 비타민 C 알약의 정량 분석

① 500 mg 비타민 C 알약을 막자와 막자 사발을 이용하여 잘게 간다.

② 비타민 C 가루 0.100 g 정도를 저울로 재어 100 mL 비커에 넣고, 0.50 M 황산(H_2SO_4) 용액 10.0 mL로 녹인다.(비타민 C 가루의 질량을 기록)

③ 녹인 비타민 C 용액을 100 mL 부피 플라스크에 옮기고, 증류수로 부피 플라스크를 눈금까지 채운다.

④ 부피 플라스크의 용액 5.0 mL를 취해 100 mL 삼각 플라스크에 옮기고 증류수 20 mL를 넣는다.

⑤ 녹말 지시약 약 1 mL를 삼각 플라스크에 더한다.

⑥ 실험 A와 같은 방법으로 삼각 플라스크에 있는 비타민 C 용액을 아이오딘 표준 용액으로 2회 적정한다.

⑦ 비타민 C 용액의 농도와 500 mg 비타민 C 알약에 들어 있는 비타민 C의 양을 계산한다.

(3) 실험 C. 비타민 C 음료의 농도 분석

① 시판 중인 (가)회사 비타민 C 음료 1.0 mL를 취하여 100 mL 삼각 플라스크에 넣는다.

② 녹말 지시약 약 1 mL를 삼각 플라스크에 더한다.

③ 실험 A와 같은 방법으로 비타민 C 음료를 아이오딘 표준 용액으로 2회 적정한다.

④ 비타민 C 음료의 농도와 한 병에 든 비타민 C의 양을 계산한다.

⑤ 시판 중인 (나)회사 비타민 C 음료에 대하여 위의 과정을 반복한다.

실험 주의 사항

① 아이오딘 표준 용액은 독성이 있으므로 고무 장갑을 끼고 조심해서 다룬다.

② 아이오딘 표준 용액이 피부나 옷에 튀었을 때는 과량의 물로 즉시 씻어 낸다.

결과보고서

실험 14

비타민 C의 정량 분석

학 과	학 번	조	이 름	실 험 일	확 인
				년 월 일	

실험 A 아이오딘 용액의 표준화

비타민 C 표준 용액의 농도 2.50×10^{-3} mol/L

비타민 C 표준 용액의 부피 25.0 mL

비타민 C의 몰수 ________ mol

	1회	2회	평균
처음 뷰렛 눈금(mL)			
종말점에서의 뷰렛 눈금(mL)			
종말점까지 넣어 준 아이오딘 표준 용액의 부피(mL)			

아이오딘 표준 용액(I_3^-, triiodide)의 농도 ________ mol/L

실험 B 비타민 C 알약의 정량 분석

비타민 C 가루의 질량 ________ g

아이오딘 표준 용액의 농도 ________ mol/L

	1회	2회	평균
처음 뷰렛 눈금(mL)			
종말점에서의 뷰렛 눈금(mL)			
종말점까지 넣어 준 아이오딘 표준 용액의 부피(mL)			

I_3^-(triiodide)의 몰수 ________ mol

비타민 C($C_6H_8O_6$)의 몰질량 176.12 g/mol

삼각 플라스크에 있는 비타민 C의 질량 ________ g

부피 플라스크에 있는 비타민 C의 질량 ______________ g

500 mg 비타민 C 알약에서 비타민 C의 함량 ______________ g

실험 C 비타민 C 음료의 농도 분석

(가) 회사 음료 이름 ______________

(나) 회사 음료 이름 ______________

음료의 부피 1.0 mL

아이오딘 표준 용액의 농도 ______________ mol/L

	(가)회사 음료			(나)회사 음료		
	1회	2회	평균	1회	2회	평균
처음 뷰렛 눈금(mL)						
종말점에서의 뷰렛 눈금(mL)						
종말점까지 넣어 준 아이오딘 표준 용액의 부피(mL)						
I_3^-(triiodide)의 몰수			mol			mol
비타민 C 음료의 농도			mol/L			mol/L
한 병의 비타민 C 함량(실험)			g			g
한 병의 비타민 C 함량(라벨)			g			g

고찰할 내용

- I_3^-와 녹말이 결합하면 짙은 파란색이 된다. I_3^-와 녹말이 결합하면 어떤 형태의 물질이 형성되는지 조사해 보라.
- 책에 따라서는 식 14–3이 다음의 식 14–6과 같이 표현되어 있는 것도 있다. 두 식은 구별없이 사용된다. 그 이유를 조사해 보라.

$$IO_3^-(aq) + 5I^-(aq) + 6H^+(aq) \longrightarrow 3I_2(aq) + 3H_2O(l) \qquad \text{(식 14–6)}$$

- 식 14–1의 좌변에서 산화제와 환원제는 각각 어느 것인가?
- 식 14–3도 산화–환원 반응식이다. 좌변에서 산화제와 환원제는 각각 어느 것인가?
- 비타민 C는 산(acid)의 일종이기 때문에 먹으면 신맛이 난다. 산–염기 적정으로 비타민 C를 적정할 수 있겠는가?

실험 15 천연 염색

1 실험의 목표

식물에서 얻은 염료를 이용하여 염색을 하고 염료의 화학적 특징을 알아본다.

2 이해해야 할 개념

색의 인식, 염료, 염색, 추출, 매염, 발색단

3 실험을 이해하기 위한 기본 이론

(1) 색

자연은 아름답고 다양한 색으로 자신을 표현한다. 식물과 동물은 자신만의 독특한 색을 가지고 있으며, 암석은 그 종류에 따라 서로 다른 색으로 구별되기도 한다. 이들이 색을 가지고 있는 것은 색을 보여 주는 물질을 가지고 있기 때문인데, 예를 들어 마디풀과에 속한 한해살이 풀인 쪽은 indigo라고 하는 분자를 가지고 있어서 짙은 남색(쪽빛)을 띠고, anthraquinone을 가지고 있는 곤충이나 식물은 빨간색을 보여 준다(그림 15-1). 산화 알루미늄(Al_2O_3)으로 이루어진 루비의 빨간색은 불순물로 들어 있는 크로뮴(III) 이온 때문이다.

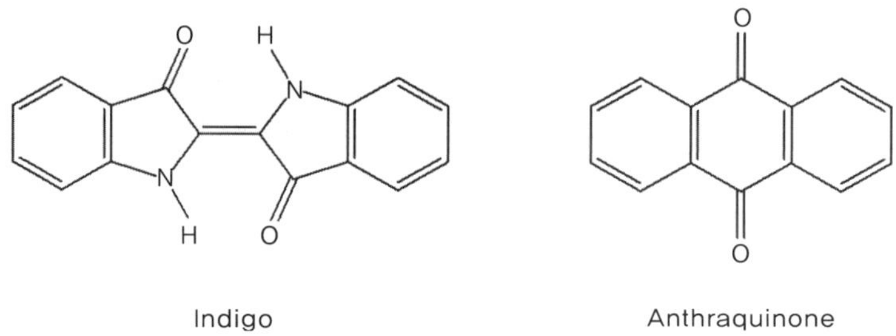

그림 15-1 Indigo와 Anthraquinone의 구조

색을 띠는 물질은 파장이 400 ~ 700 nm 영역에 있는 가시광선을 흡수한다. **표 15-1**은 물질이 흡수하는 빛의 파장에 따른 빛의 색과 물질의 색을 정리한 것이다. Indigo는 파장 605 nm 부근의 빛을 흡수하는데 물질 표면에서 반사된 나머지 가시광선을 우리 눈은 종합적으로 남색으로 인식한다. 이와 같이 흡수하는 빛의 색과 우리가 느끼는 색은 서로 보색 관계에 있다.

표 15-1 물질이 흡수하는 빛의 파장, 빛의 색, 물질의 색

흡수 파장(nm)	빛의 색	물질의 색
400~435	보라색	황록색
435~480	파란색	노란색
480~490	녹청색	주황색
490~500	청록색	빨간색
500~560	녹색	자주색
560~580	황록색	보라색
580~595	노란색	파란색
595~605	주황색	녹청색
605~700	빨간색	청록색

(2) 천연 염료

한 세기 전까지만 하더라도 옷, 도기, 건축물 등에 아름다움을 더하기 위해서 우리는 자연에 있는 색을 이용해야만 하였다. 물질에 색을 입히는 과정을 **염색**(dyeing)이라고 하는데 자연에 있는 색을 이용한 염색 기술은 과학적인 이론보다는 경험에 의존하여 발전해 왔고 기본적으로 예술의 영역에 속하였다. 염색에 사용하는 **염료**(dye)로는 indigo나 anthraquinone처럼 동식물로부터 추출한 유기

염료와 흙이나 암석으로부터 얻은 무기 염료 등을 사용하였다. 위에서 보았던 indigo는 역사적으로 매우 오래된 유기 염료 중의 하나이고, 스테인드 글라스(stained glass)의 아름다운 색은 광석을 처리하여 얻은 금속 산화물 등의 무기 염료를 사용하여 얻었다.

이번 실험에서는 식물에서 얻은 유기 염료를 이용하여 천연 염색을 하고자 한다. 유기 천연 염료는 화학 구조적으로 분류하였을 때 카르테노이드(cartenoid) 류, 플라보노이드(flavonoid) 류, 안트라센(anthracene) 류 등 많은 종류가 알려져 있다. 유기 천연 염료는 몇 가지 구조적인 공통점을 가지고 있는데 먼저 적어도 하나의 발색단(chromophore)–색을 가지고 있는 부분–을 가지고 있다. Indigo에서는 분자의 가운데에 있는 C=C 이중 결합 부분이 발색단이다. 이 부분이 605 nm의 빛을 흡수하기 때문에 indigo는 남색을 띤다.(엄밀하게 이야기 하면 C=C 이중 결합의 기여도가 큰 분자 오비탈이 605 nm의 빛을 흡수한다.) 또한 콘쥬게이트 시스템(conjugate system)을 가지고 있어 여러 개의 공명 구조가 가능하기 때문에 분자가 안정된다. 그리고 발색단은 콘쥬게이트 시스템의 일부분이 되어야 한다. **그림 15–2**는 indigo의 공명 구조를 보여 주고 있다. 그림에서 보듯이 indigo의 발색단은 콘쥬게이트 시스템의 일부분이다. **그림 15–3**은 당근에서 추출할 수 있는 carotene, 차, 브로콜리, 양파 등에 있는 kaempferol, 호두에서 발견되는 juglone 등 몇 가지 천연 염료의 구조로 위의 특징을 모두 가지고 있다.

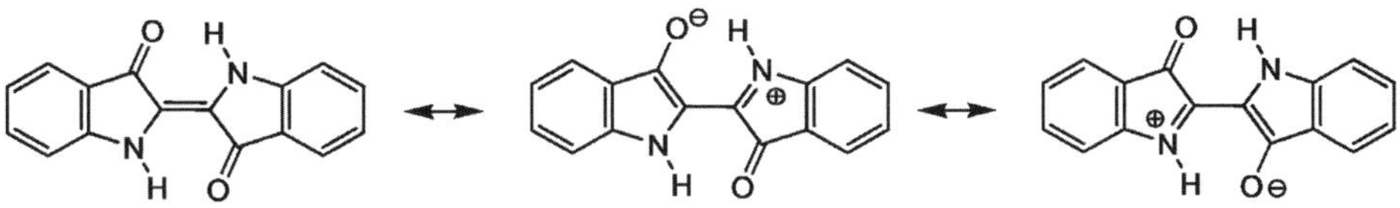

그림 15–2 Indigo의 공명 구조

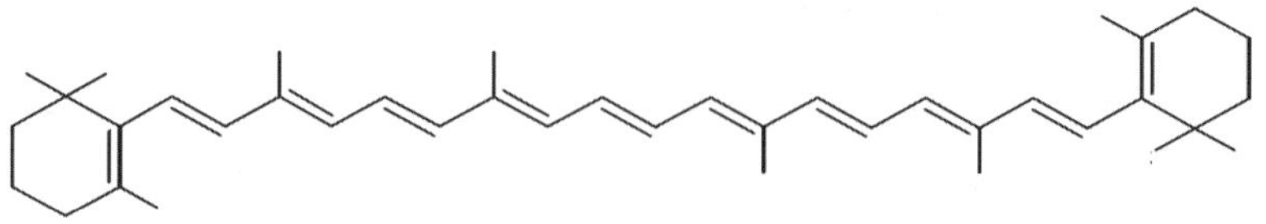

Carotene

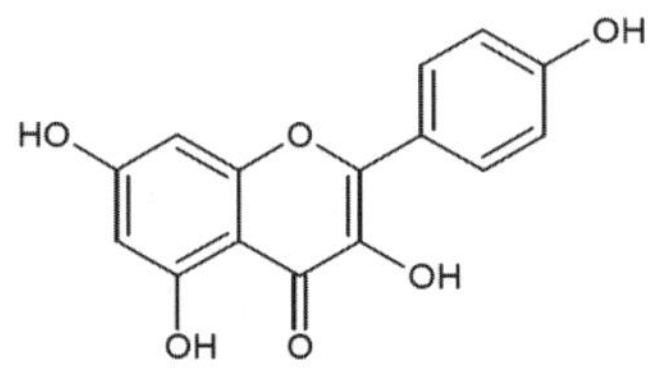

Kaempferol

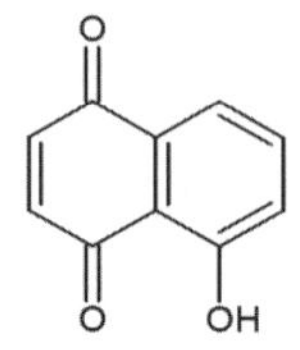

Juglone

그림 15-3 몇 가지 천연 염료의 분자 구조

(3) 천연 염색

천연 염색은 일반적으로 **추출**(extraction), **매염**(mordanting), **염색**의 세 단계를 거친다. 추출은 식물로부터 염료를 얻는 과정으로 대부분의 경우 잘게 부순 식물을 뜨거운 물이나 유기 용매에 담가 놓으면 유기물이 용매에 녹는 현상을 이용한다. 매염은 염색을 한 섬유의 색을 지속시키기 위한 과정이다. 천연 염료는 섬유와 잘 결합하지 않기 때문에 염색 후 색이 쉽게 사라지거나 빛에 의해 변색되는 경향이 있다. 따라서 염색 전에 섬유를 금속염 등의 **매염제**(mordant)를 녹인 물에 담아 놓으면 금속 이온이 섬유와 결합하게 된다. 이 후 매염된 섬유에 염색을 하면 염료는 금속 이온과 강하게 결합하여 색이 좀 더 밝고 오래 유지된다.

4 실험 기구 및 시약

기구	시약
100 mL 비커	면섬유
가열교반기	종이 타월
채	$Al_2(SO_4)_3 \cdot 18H_2O$
핀셋	$FeCl_2 \cdot 3H_2O$
약숟가락	0.25 M $NaHCO_3$ 수용액
	CH_3COOH
	홍차
	치자

5 실험 방법

(1) 실험 A. 매염하기

① 100 mL 비커 두 개에 각각 50 mL의 물을 채운다.

② 물이 담긴 비커 중 하나에는 $Al_2(SO_4)_3 \cdot 18H_2O$ 1.5 g을 넣고 다른 하나에는 $FeCl_2 \cdot 3H_2O$ 1.5 g을 넣은 후 두 비커가 구별되도록 표시한다.

③ 용액을 저어주면서 5분 동안 가열한다.

④ 각각의 비커에 면섬유를 두 개씩 넣고 2분 동안 더 가열한 후 보관한다.

(2) 실험 B. 염료 추출하기

① 100 mL 비커 두 개에 각각 50 mL의 물을 채운 후 가열한다.

② 하나의 비커에는 홍차를 넣고 다른 비커에는 치자를 넣은 후 5분 동안 가열한다.

③ 용액에 색이 우러나오면 채를 이용하여 건더기를 건져낸 후 용액을 보관한다.

(3) 실험 C. 매염하지 않은 섬유의 염색

① 면섬유 두 개를 흐르는 물에 적신다.

② 염료 추출액이 담긴 실험 B의 두 비커에 각각 물에 젖은 면섬유 하나씩을 넣고 3분 동안 가열한다.

③ 핀셋으로 면섬유를 건져내어 흐르는 물에 씻은 후 종이 타월 위에 놓고 표시한다.

(4) 실험 D. 매염한 섬유의 염색

① 100 mL 비커 두 개를 준비한다.

② 하나의 비커에 실험 B의 홍차 염료 추출액의 반을 넣어 홍차 염료 추출액을 둘로 나눈다.

③ 다른 하나의 비커에는 실험 B의 치자 염료 추출액의 반을 넣어 치자 염료 추출액을 둘로 나눈다.

④ 실험 A에서 알루미늄염($Al_2(SO_4)_3 \cdot 18H_2O$)으로 매염한 면섬유를 핀셋으로 집어내어 하나는 홍차 염료 추출액이 담긴 비커에 넣고 다른 하나는 치자 염료 추출액이 담긴 비커에 넣는다. 각 비커를 3분 동안 가열한 후 섬유를 핀셋으로 꺼내어 흐르는 물에 씻은 후 종이타월 위에 놓고 표시한다.

⑤ 실험 A에서 철 염($FeCl_2 \cdot 3H_2O$)으로 매염한 면섬유를 핀셋으로 집어내어 나머지 비커에 하나씩 넣는다. 각 비커를 3분 동안 가열한 후 섬유를 핀셋으로 꺼내어 흐르는 물에 씻은 후 종이타월 위에 놓고 표시한다.

(5) 실험 E. 산, 염기에 의한 탈색과 변색 조사

① 염색된 면섬유 6개의 색을 확인하고 기록한다.

② 각각의 면섬유 한쪽 모서리에 아세트산(CH_3COOH)을 한두 방울씩 떨어뜨린다.

③ 반대쪽 모서리에 0.25 M $NaHCO_3$ 용액을 한두 방울씩 떨어뜨린다.

④ 각 면섬유를 흐르는 물에 씻고, 물기를 없앤 후 색의 변화를 관찰한다.

실험 주의 사항

① 뜨거운 물에 주의하여 실험한다. 비커를 만질 때는 방열 장갑을 사용하고 섬유를 집을 때는 핀셋을 사용한다.

② 실험실의 공기를 자주 환기한다.

③ 면섬유를 매염하거나 염색할 때는 항상 섬유 전체가 물에 잠기도록 한다.

결과보고서

실험 15

천연 염색

학 과	학 번	조	이 름	실 험 일	확 인
				년 월 일	

1. 실험에서 염색한 6개 면섬유의 색을 아래 표에 기록하고, 산과 염기에 의해 일어난 변화를 기록하여라.

천연 염료		섬유		
		무매염	알루미늄 매염	철 매염
홍차	면섬유의 색			
	산 처리			
	염기 처리			
치자	면섬유의 색			
	산 처리			
	염기 처리			

2. 염색한 면섬유를 아래에 붙여라.

천연 염료	무매염	알루미늄 매염	철 매염
홍차			
치자			

고찰할 내용

- 책의 내용에서는 엄밀하게 구별하지 않았지만 물질에 색을 입히는 데 사용하는 재료로는 염료(dye)와 안료(pigment)가 있다. 두 가지의 차이점을 조사해 보라.
- 그림 15-3에 있는 carotene의 가능한 공명 구조를 그려 보라.
- 손톱에 봉숭아물을 들일 때 백반을 사용하면 색이 더 잘 들고 오래 간다. 그 이유를 생각해 보라.

실험 16

화학 반응 속도

1 실험의 목표

과산화 수소가 물과 산소로 분해되는 반응의 속도 상수와 반응 차수를 결정하고 화학 반응의 속도에 영향을 주는 인자를 알아본다.

2 이해해야 할 개념

화학 반응 속도, 전이 상태, 활성화 에너지, 반응 메커니즘, 반응 속도식, 반응 차수, 속도 상수, 초기 반응 속도법

3 실험을 이해하기 위한 기본 이론

(1) 화학 반응의 열역학적 해석과 속도론적 해석

수소(H_2)와 산소(O_2)는 반응하여 물(H_2O)을 만들어 낸다. 25°C인 용기에 1기압의 수소 기체와 1기압의 산소 기체가 섞여 있을 때, 1몰의 물이 만들어지는 반응의 반응 엔탈피는 −286 kJ/mol로서 이 반응은 큰 빌열 반응이다(식 16–1). 따라서 수소가 산소와 반응하면 큰 열이 발생한다. 그러나 위의 용기에서 물이 생성되는 것을 관찰할 수 없다.

$$H_2(g) + \frac{1}{2}O_2(g) \longrightarrow H_2O(g) \qquad \Delta H^\circ_{\text{반응}} = -286 \text{ kJ/mol} \qquad \text{(식 16–1)}$$

열역학(thermodynamics)에서 화학 반응의 방향을 결정하는 함수를 **자유 에너지**(free energy)라고 하는데, 자유 에너지(G)는 다음과 같이 엔탈피(H)와 엔트로피(S), 온도(T, 켈빈 온도)로 정의된다.

$$G = H - TS \qquad \text{(식 16–2)}$$

따라서 일정한 온도, 일정한 압력에서 진행되는 반응 과정에서 자유 에너지의 변화량(ΔG)은 식 16–3과 같다. 화학 반응은 자유 에너지의 변화량이 음수인 방향으로 자발적으로 일어난다.

$$\Delta G = \Delta H - T\Delta S \qquad \text{(식 16–3)}$$

25°C인 용기에 1기압의 수소 기체와 1기압의 산소 기체를 섞어 놓았을 때, 위 식 16–1의 반응에 대한 자유 에너지의 변화량은 −237 kJ/mol의 큰 음수이기 때문에 위 반응은 정방향으로 진행하려는 경향이 크다. 그럼에도 불구하고 물이 생성되는 것을 관찰할 수 없는 이유는 반응 속도가 느리기 때문이다. 자유 에너지는 단지 반응이 어느 쪽으로 진행되는가와 반응이 평형에 도달하였을 때 얼마만큼의 생성물이 만들어지고 얼마만큼의 반응물이 남아 있게 되는가에 대한 정보를 준다. 위 조건에서도 궁극적으로 물은 만들어진다. 그러나 그 시간은 거의 영구적이다.

위의 예와 같이 열역학적으로 생성물이 만들어질 수 있는 경우라도 반응이 충분히 빠르게 진행되지 않으면 반응의 진행을 관찰할 수 없고 실질적으로 응용하기도 어렵다. 따라서 반응 속도를 이해하는 것이 중요하다.

화학 반응은 분자들이 서로 충돌해야 일어난다. 따라서 반응물의 농도가 높을수록 단위 시간 당 충돌 횟수가 늘어나 반응이 빠르게 일어난다. 또한 **그림 16–1**에서 보듯이 화학 반응은 **전이 상태**(transition state)를 거쳐 진행되기 때문에 반응물은 **활성화 에너지**(activation energy, E_a)를 극복할 수 있을 만큼 충분한 에너지를 가져야 하는데, 이는 충돌하는 분자의 운동 에너지로부터 온다. 따라서 온도가 높을수록 분자들의 평균 운동 에너지가 커서 화학 반응이 빠르다.

25°C에서 수소 기체와 산소 기체를 섞어 놓아도 물이 만들어지는 것을 거의 관찰할 수 없다. 이는 25°C에서는 활성화 에너지 이상의 운동 에너지를 갖는 수소와 산소 분자가 극히 드물기 때문이다. 이때 혼합 기체에 성냥불을 대면 부분적으로 온도가 올라가 반응이 일어나고 그때 발생한 열에 의해 주변의 수소와 산소가 연쇄적으로 반응하여 거의 폭발의 수준으로 급격히 반응한다.

촉매는 **반응 메커니즘**(mechanism)에 영향을 주어 좀 더 낮은 에너지 상태의 전이 상태를 거쳐 반응이 진행되게 한다. 즉, 활성화 에너지를 낮춘다. 따라서

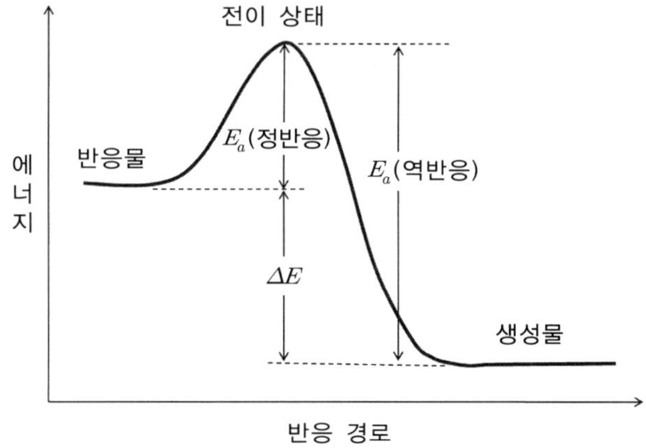

그림 16–1 반응 경로와 에너지. 화학 반응은 전이 상태를 거쳐 진행된다.

촉매를 사용할 경우에 반응 속도가 빨라진다. 이와 같이 반응 속도는 농도, 온도, 반응 메커니즘, 촉매 등에 의해서 영향을 받는다.

(2) 반응 속도

반응 속도(reaction rate)는 단위 시간당 반응물 또는 생성물의 농도 변화이다. 예를 들어, 이산화 질소(NO_2)가 일산화 질소(NO)와 산소로 분해되는 반응(식 16–4)에서

$$2NO_2(g) \longrightarrow 2NO(g) + O_2(g) \qquad \text{(식 16–4)}$$

반응 속도는 식 16–5와 같이 쓸 수 있다. 이때 반응 속도는 항상 양의 값으로 나타내기 때문에 단위 시간당 반응물의 농도 변화량을 나타낸 항 앞에 음의 부호를 넣어 주어야 한다.

$$\text{반응 속도} = -\frac{\Delta[NO_2]}{\Delta t} = \frac{\Delta[NO]}{\Delta t} = 2\frac{\Delta[O_2]}{\Delta t} \qquad \text{(식 16–5)}$$

화학 반응은 분자들이 서로 충돌해야 일어나기 때문에 반응 속도는 반응물의 농도에 의존한다. 반응 속도를 반응물 농도의 함수로 표현한 것을 **반응 속도식**(rate expression) 또는 속도 법칙(rate law)이라고 한다.

$$반응\ 속도 = -\frac{\Delta[NO_2]}{\Delta t} = k[NO_2]^n \quad \text{(식 16-6)}$$

위 반응 속도식(식 16-6)에서 k를 **속도 상수**(rate constant), n을 **반응 차수**(reaction order)라고 한다. 속도 상수는 반응 온도와 그 반응의 활성화 에너지에 의해서 결정되는 상수이다. 반응 차수는 반응 메커니즘에 의해 결정되는 것으로서 화학 반응식의 화학량론적 반응 계수와는 상관이 없이 실험에 의해서만 결정된다.

그림 16-2는 0.010 M $NO_2(g)$가 들어 있는 용기에서 NO_2 분해 반응이 일어났을 때, $NO_2(g)$와 생성물인 $NO(g)$ 그리고 $O_2(g)$의 농도가 시간에 따라 어떻게 변하는가를 나타낸 것이다. 반응 속도는 식 16-5와 식 16-6에 정의되어 있듯이 농도 변화 곡선의 기울기로부터 얻을 수 있다. 반응 시간이 흐를수록 반응 속도는 줄어들게 되는데 반응이 평형에 도달하면 농도 변화 곡선의 기울기가 0, 즉 반응 속도가 0이 된다.

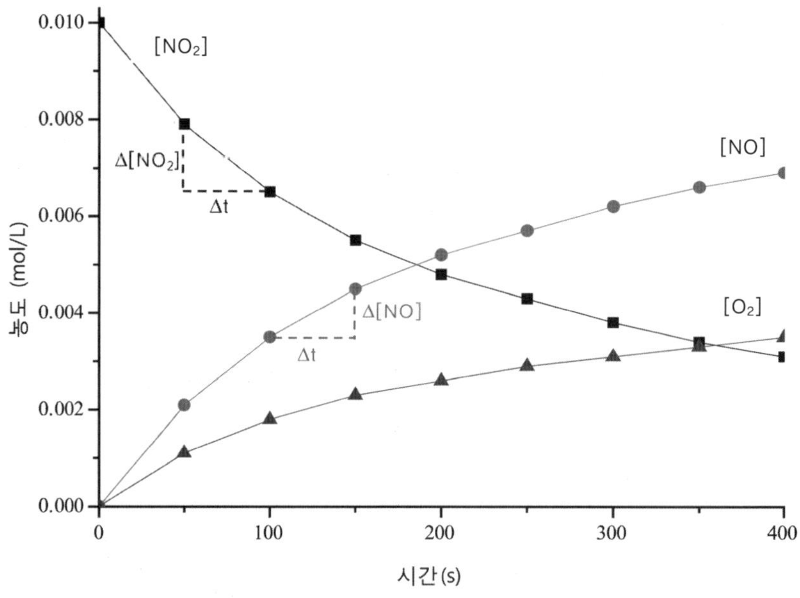

그림 16-2 NO_2 분해 반응에서 반응물과 생성물의 농도 변화

(3) 과산화 수소의 분해 반응

표백제나 공업적 용도로 많이 쓰이는 과산화 수소는 물과 산소로 분해되는 성질을 가지고 있다.

$$H_2O_2(aq) \longrightarrow H_2O(l) + \frac{1}{2}O_2(g) \qquad \text{(식 16-7)}$$

이번 실험에서는 위 분해 반응의 반응 차수를 결정하여 반응 속도식을 구하고자 한다. 그러나 H_2O_2 분해 반응은 상온에서 매우 느리게 진행되므로 반응 속도를 직접적으로 구하는 것은 어렵다. 따라서 촉매로 KI를 사용하여 분해 반응이 빠르게 일어나게 하고, 반응에서 발생한 산소(O_2) 기체의 부피를 시간에 따라 측정함으로써 반응 속도식을 구하고자 한다. 반응은 처음에 H_2O_2와 KI(실제로는 I^-)가 반응하여 시작된다. 이번 실험에서는 다음 반응 속도식(식 16-8)에서 $[H_2O_2]$와 [KI]에 대한 반응 차수 m과 n을 구하고자 한다.

$$\text{반응 속도} = -\frac{\Delta[H_2O_2]}{\Delta t} = 2\frac{\Delta[O_2]}{\Delta t} = k[H_2O_2]^m[KI]^n \qquad \text{(식 16-8)}$$

실험적으로 반응 차수를 구하는 방법을 **초기 반응 속도법**(method of initial rate)이라고 한다. 초기 반응 속도법에서는 반응물의 농도가 많이 변하기 전인 반응 초기에 반응 속도를 구하고 이로부터 반응 차수를 결정한다. 식 16-8과 같이 두 종류의 화합물이 반응할 경우에는 다음과 같이 가장 적게는 세 번의 실험을 통해 반응 차수를 구할 수 있다.

실험	6% H_2O_2(mL)	0.15M KI(mL)	증류수(mL)	반응 속도
1	5	10	15	v_1
2	10	10	10	v_2
3	5	20	5	v_3

각 실험에서 반응 속도식은 다음과 같이 표현될 수 있다.

$$v_1 = k[5]^m[10]^n \qquad \text{(식 16-9)}$$

$$v_2 = k[10]^m[10]^n \qquad \text{(식 16-10)}$$

$$v_3 = k[5]^m[20]^n \qquad \text{(식 16-11)}$$

따라서 $\log(v_2/v_1) = m\ \log 2$, $\log(v_3/v_1) = n\ \log 2$의 관계로부터 반응 차수를 구할 수 있다. 반응 차수는 반응 메커니즘이 단순한 경우에는 정수로 표현될 수 있지만 복잡한 경우에는 그렇지 않을 수도 있다. 그리고 반응 속도식을 알면 반응 속도와 반응물의 농도로부터 속도 상수도 계산할 수 있다.

4 실험 기구 및 시약

기구	시약
스탠드	6% H_2O_2
클램프	0.15 M KI 수용액
교반기	증류수
자석 젓개 막대	
2구 둥근 바닥 플라스크	
ㄱ자 형 유리관	
10 mL 주사기	
고무관	
고무마개	
10 mL 눈금 피펫	
초시계	

5 실험 방법

① 그림 16-3과 같이 스탠드, 교반기, 2구 둥근 바닥 플라스크, 자석 젓개 막대, 주사기, 클램프, ㄱ자 형 유리관, 고무관을 이용하여 실험 장치를 준비한다.

② 반응 용기에 0.15 M KI 10.0 mL와 증류수 15.0 mL를 넣고 흔들어 혼합물의 온도가 물통에 담긴 물의 온도와 같게 한다. 6.0% H_2O_2 용액 5.0 mL를 넣고 마개를 막은 다음 교반기를 사용하여 잘 섞는다.

③ 산소 기체가 2.0 mL 발생하였을 때부터 시간을 측정한다. 이후 산소 부피가 2.0 mL씩 늘어날 때마다 그 때까지의 경과 시간을 초시계를 이용하여 측정한다. 산소의 부피가 10.0 mL가 될 때까지 시간을 측정한다.

④ 반응 용기를 증류수로 깨끗이 씻은 다음 0.15 M KI 10.0 mL, 증류수 10.0 mL, 6.0% H_2O_2 용액 10.0 mL를 사용하여 ②와 같이 반응 용액을 준비한다. ③과 같은 방법으로 산소 발생 시간을 측정한다.

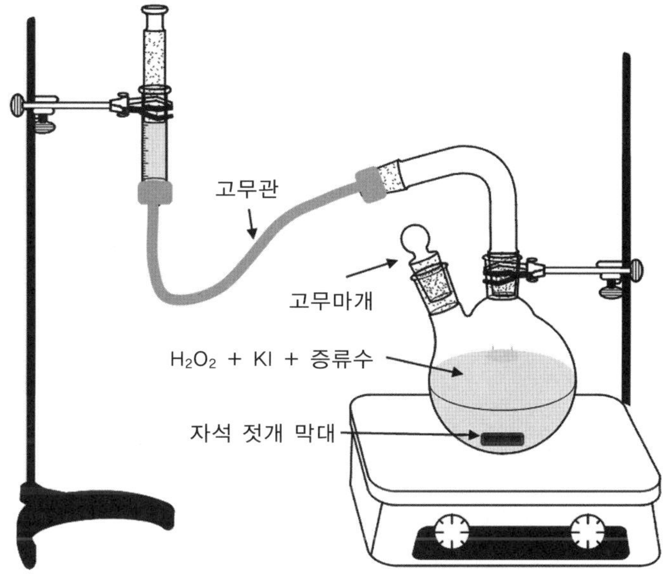

그림 16–3 H_2O_2 분해 반응에서 산소 부피 측정 장치

⑤ 다시 반응 용기를 증류수로 깨끗이 씻은 다음 0.15 M KI 20.0 mL, 증류수 5.0 mL, 6.0% H_2O_2 용액 5.0 mL를 사용하여 ②와 같이 반응 용액을 준비한다. ③과 같은 방법으로 산소 발생 시간을 측정한다.

실험 주의 사항

① H_2O_2의 분해 반응은 발열 반응이므로 진한 H_2O_2 용액은 사용하지 않는다.
② 반응 초기에는 발생하는 산소 기체의 양이 적어 주사기를 잘 밀지 못하므로 필기도구를 이용하여 주사기를 약간 쳐준다. 반응 전에 피스톤의 끝에 약간 틈을 주는 것도 좋다.
③ 기체가 발생하기 시작하면 기체의 부피가 급격히 증가하여 고무마개가 부풀어 오를 수 있다. 이때는 손으로 약간 눌러준다.
④ 산소 기체가 발생하여 주사기의 눈금이 10 mL가 넘게 되면 주사기의 피스톤이 날아갈 수 있으므로 시간 측정이 끝나면 둥근 바닥 플라스크를 막았던 고무마개를 열어 둔다.

결과보고서

실험 16

화학 반응 속도

학과	학번	조	이름	실험일	확인
				년 월 일	

실험 온도 ______°C

1. 산소 발생에 걸린 시간(초) (그래프 포함)

산소의 부피(mL)	실험 1	실험 2	실험 3
	KI 10.0 mL	KI 10.0 mL	KI 20.0 mL
	6.0% H_2O_2 5.0 mL	6.0% H_2O_2 10.0 mL	6.0% H_2O_2 5.0 mL
	증류수 15.0 mL	증류수 10.0 mL	증류수 5.0 mL
2.0	0	0	0
4.0			
6.0			
8.0			
10.0			

2. 반응 속도

산소 부피의 변화 구간(mL)	반응 속도					
	실험 1		실험 2		실험 3	
	mL/s 단위	M/s 단위*[2]	mL/s 단위	M/s 단위	mL/s 단위	M/s 단위
2~4*[1]						
4~6						
6~8						
8~10						

*[1]초기 반응 속도법 적용 구간, *[2]이상 기체 상태 방정식을 이용하여 산소의 몰수를 구하고 H_2O_2의 농도 변화량을 유도(압력=1 atm)

3. 초기 반응 속도법을 이용하여 구한 반응 차수와 반응 속도식

m(H_2O_2에 대한 반응 차수) ____________________

n(KI에 대한 반응 차수) ____________________

반응 속도식(속도 상수=k) 반응 속도 = ____________________

4. 초기 반응 속도법을 이용한 속도 상수 계산(단위 포함)

실험 1 ____________________

실험 2 ____________________

실험 3 ____________________

평균 속도 상수 ____________________

H_2O_2 분해 반응에서 시간에 따른 산소 기체의 발생량

고찰할 내용

- H_2O_2의 분해 반응에서 KI를 넣어 주면 반응이 빨리 일어난다. KI가 어떻게 촉매 작용을 하는지 그 화학 반응 메커니즘을 조사해 보라. 그리고 H_2O_2의 분해 반응에 사용되는 촉매로는 어떤 화합물이 사용되는지 조사해 보라.
- H_2O_2의 분해 반응은 비교적 큰 발열 반응이다. 그럼에도 불구하고 상온에서는 반응이 매우 더디게 일어난다. 그 이유를 생각해 보라.
- 반응 용액의 전체 부피를 같게 하면 반응 차수를 구하는 데 있어서 반응물의 부피를 반응물의 농도 대신 사용할 수 있다. 그 이유는 무엇인가?
- 1차, 2차, 3차 반응에서 반응 속도 상수의 단위는 각각 어떻게 되는가?
- 주사기의 피스톤이 무거운 물질로 만들어졌다고 가정하자. 이때 주사기를 수직으로 세워서 위의 실험을 한 경우와 수평으로 놓고 실험을 한 경우에 있어서 다음 각각의 값들은 이론적으로 어떻게 될지 예측해 보라.(피스톤과 주사기 벽 사이의 마찰력은 무시한다.)

값	비교 (수직 > 수평, 수직 < 수평, 수직=수평 중 선택)
주사기 눈금이 2 mL에서 4 mL까지 변할 때 걸린 시간	
반응 차수	
반응 속도 상수	

실험 17

시계 반응

1 실험의 목표

시계 반응을 이용하여 반응 속도식과 반응의 활성화 에너지를 구한다.

2 이해해야 할 개념

화학 반응 속도, 반응 속도식, 반응 차수, 속도 상수, 초기 반응 속도법, 시계 반응, 활성화 에너지

3 실험을 이해하기 위한 기본 이론

(1) 화학 반응 속도, 반응 속도식, 반응 차수, 속도 상수, 초기 반응 속도법

'실험 16. 화학 반응 속도' 참조

(2) 시계 반응

실험 16에서 우리는 과산화 수소(H_2O_2)의 분해 반응에서 생성되는 산소(O_2)의 부피 변화를 반응 시간에 따라 측정하고 **초기 반응 속도법**을 이용하여 **반응 속도식**을 구하였다. 실험 16의 방법이 가능한 이유는 생성물이 기체이므로 발생하는 기체를 따로 분리할 수 있기 때문이다. 그러나 반응물과 생성물이 모두 하나의 용액에 남아 있으면 위의 방법으로는 반응 속도를 구할 수 없다. 시계 반응은 이러한 경우에 반응 속도를 알 수 있게 하는 방법 중의 하나이다. 예를 들어 A와 B가

반응하여 C를 생성하는 반응은 느리게 일어나고(식 17–1) C와 D가 반응하여 E를 생성하는 반응은 매우 빠르게 일어난다고 하자(식 17–2).

$$A + B \longrightarrow C \text{ (느린 반응)} \qquad \text{(식 17–1)}$$

$$C + D \longrightarrow E \text{ (매우 빠른 반응)} \qquad \text{(식 17–2)}$$

반응 용기에 A, B를 넣고 반응시키면 **실험 16**에서 파악하였듯이 시간이 흐름에 따라 A와 B의 농도는 감소하고 C의 농도는 증가하여 반응물과 생성물의 농도 변화는 **그림 17–1**과 같이 될 것이다. 만일 반응 용기에 A, B, D를 함께 넣고 반응시키면 A + B → C의 반응에 의해 생성된 C는 D와 빠르게 반응하여 즉시 E로 바뀌게 되고 따라서 반응 초기에는 용기에 C가 없게 된다. 이런 상황은 처음에 넣었던 D가 모두 소진될 때까지 지속되고 D가 모두 반응하여 없어진 이후에 C의 농도가 증가하기 시작한다. **그림 17–2**는 이와 같은 경우에 반응물과 생성물의 농도 변화를 보여 주고 있다. 이런 반응에서 C의 농도가 0보다 커지는 순간까지 A + B → C 반응에 의해 실제 생성되었던 C의 양은 D의 초기량과 같다. 따라서 반응 용기에 C와 반응하는 지시약을 조금 넣고 반응을 시키면 C가 용기에 아주 조금 축적되었을 때 지시약의 색 변화로 A + B → C 반응에 의해 C가 일정량(= D의 초기량) 만큼 생성되었을 때까지 걸린 시간을 알 수 있다. 이로부터 A + B → C 반응의 반응 속도를 구할 수 있다. 이와 같이 C + D → E 반응은 A

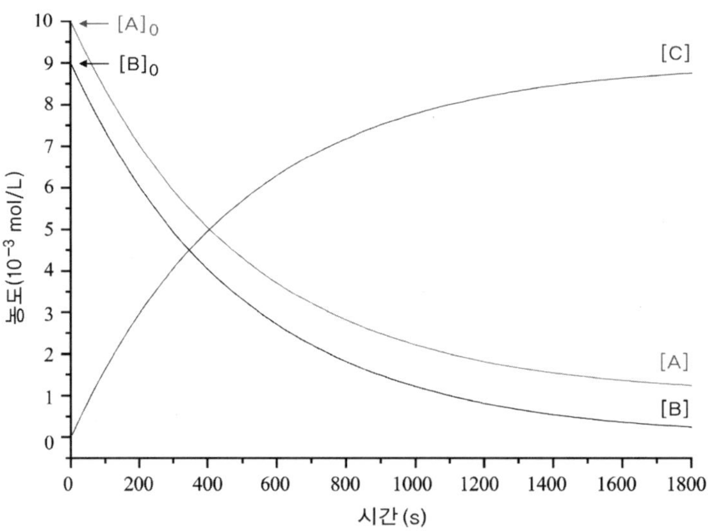

그림 17–1 A + B → C 반응에서 반응물과 생성물 농도 변화의 예($[C]_0$ = 0)

+ B → C 반응의 반응 시간을 알려 주는 역할을 하기 때문에 C + D → E 반응을 A + B → C 반응의 **시계 반응**(clock reaction)이라고 한다.

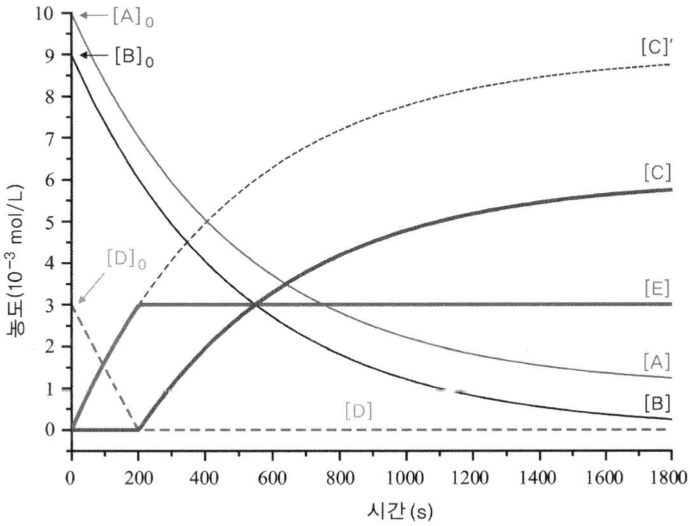

그림 17-2 A + B → C, C + D → E 반응이 동시에 일어날 때 반응물과 생성물 농도 변화의 예($[C]_0 = [E]_0 = 0$, [C]'은 A + B → C 반응만 있을 때 C의 농도)

(3) 아이오딘 시계 반응

이번 실험에서는 수용액에서 I^-가 $S_2O_8^{2-}$에 의해 산화되는 반응(식 17-3)의 반응 속도식을 구하고자 한다.

$$3I^-(aq) + S_2O_8^{2-}(aq) \longrightarrow I_3^-(aq) + 2SO_4^{2-}(aq) \qquad \text{(식 17-3)}$$

이 반응의 반응 속도식은 다음과 같이 주어진다.

$$\text{반응 속도} = \frac{\Delta[I_3^-]}{\Delta t} = k[I^-]^m[S_2O_8{}^{2-}]^n \qquad \text{(식 17-4)}$$

반응 속도를 구하기 위해서는 I_3^-의 생성량(용액의 부피는 알고 있으므로 생성량을 알면 농도를 알 수 있다.)과 반응 시간을 알아야 한다. I_3^-를 검출하는 쉬운 방법은 실험 14에서 보았듯이 녹말 지시약을 사용하는 것이다. I_3^-는 녹말과 결합하면 파란색을 띠므로 녹말 지시약을 넣어 둔 용액의 색이 파란색으로 바뀌는 것으로부터 I_3^-가 존재하는 것을 알 수 있다. 그러나 식 17-3의 반응이 시작된 직후

I_3^-가 생성되고 그 후 계속 용액 속에 I_3^-가 있으므로 용액은 계속 파란색을 띠게 되어 생성량과 반응 시간을 알 수 없다.

I_3^-의 생성량과 반응 시간을 알게 하는 시계 반응으로 I_3^-가 $S_2O_3^{2-}$에 의해 환원되는 반응을 이용한다.

$$I_3^-(aq) + 2S_2O_3^{2-}(aq) \longrightarrow 3I^-(aq) + S_4O_6^{2-}(aq) \qquad \text{(식 17–5)}$$

식 17–3의 반응은 느리게 일어나고 식 17–5의 반응은 매우 빠르게 일어나기 때문에 지시약으로 녹말 용액을 약간 넣어 주면, 앞 절에서 설명하였듯이, 생성물인 I_3^-가 식 17–5의 반응에 의해 $S_2O_3^{2-}$의 초기량만큼 만들어질 때까지는 I^-로 환원되어 용액에 남아 있지 않다가 $S_2O_3^{2-}$가 모두 소비된 직후에 용액에 존재하게 된다. 이때 I_3^-는 녹말과 결합하여 용액의 색이 파란색으로 바뀐다. 따라서 반응 시작 후 용액의 색이 파란색으로 바뀔 때까지의 시간을 측정하면 반응 시간(Δt)을 알 수 있다. I_3^-의 생성량은 $S_2O_3^{2-}$의 초기량과 같으므로 I_3^-의 농도 변화량은 $S_2O_3^{2-}$의 초기 농도와 같다($\Delta[I_3^-]=[S_2O_3^{2-}]_0$). 이로부터 반응 속도($\frac{\Delta[I_3^-]}{\Delta t}$)를 구할 수 있다. 그리고 식 17–4의 반응 속도식에서 속도 상수 k, 반응 차수 m과 n을 구하기 위해 실험 16에서와 같이 초기 반응 속도법을 이용할 것이다.

(4) 활성화 에너지와 온도가 속도 상수에 미치는 영향

실험 16에서 설명하였듯이 반응 속도는 농도, 온도, 반응 메커니즘, 촉매 등에 의해 영향을 받는다. 식 17–4의 반응 속도식은 농도, 온도, 반응 메커니즘, 촉매가 반응 속도에 끼치는 영향을 수학적으로 표현한 것이다. 먼저 농도가 높을수록 반응 속도가 빨라지는 것은 쉽게 파악할 수 있다. 반응 차수는 반응 메커니즘과 직접적인 관련이 있다. 속도 상수에는 온도와 촉매의 영향이 포함되어 있다. 좀 더 구체적으로, 반응 속도는 온도와 활성화 에너지의 함수이다. 이를 **아레니우스 식**(Arrhenius equation)이라고 한다(식 17–6).

$$\ln k = -\frac{E_a}{R}\left(\frac{1}{T}\right) + \ln A \qquad \text{(식 17–6)}$$

여기서 k, E_a, R, T, A는 각각 속도 상수, 활성화 에너지, 기체 상수, 반응 온도, 잦음률(frequency factor)이다. 따라서 온도가 높을수록, 활성화 에너지가 작을수록 속도 상수는 커져서 반응 속도가 빨라진다. 촉매는 활성화 에너지를 낮추어서 반응 속도를 빠르게 한다.

아레니우스 식을 이용하면 반응의 활성화 에너지를 구할 수 있다. 즉, 여러 온도에서의 실험으로부터 각기 속도 상수를 찾고, $\ln k$를 y값으로, $\frac{1}{T}$을 x값으로 하는 여러 점을 얻은 후, 최소제곱법으로 구한 일차식의 기울기로부터 활성화 에너지를 계산할 수 있다. 가장 적게는 아래의 식 17-7을 이용하여 두 온도에서의 속도 상수로부터 활성화 에너지를 계산할 수 있다.

$$\ln\frac{k_1}{k_2} = -\frac{E_a}{R}\left(\frac{1}{T_1} - \frac{1}{T_2}\right) \qquad \text{(식 17-7)}$$

여기서 k_1, k_2는 각각 반응 온도 T_1, T_2에서의 속도 상수이다.

4 실험 기구 및 시약

기구	시약
50 mL 삼각 플라스크	0.20 M KI 수용액
100 mL 삼각 플라스크	0.20 M KCl 수용액
5 mL 피펫	0.005 M $Na_2S_2O_3$ 수용액
10 mL 피펫	0.10 M $(NH_4)_2S_2O_8$ 수용액
온도계	0.10 M $(NH_4)_2SO_4$ 수용액
초시계	녹말 지시약 / 얼음

5 실험 방법

(1) 실험 A. 반응 속도식 구하기

① 100 mL 플라스크와 50 mL 플라스크에 아래 표의 반응 1에 있는 양의 용액을 피펫으로 옮긴다.

반응	100 mL 플라스크				50 mL 플라스크	
	녹말 지시약	0.005 M $Na_2S_2O_3$	0.20 M KI	0.20 M KCl	0.10 M $(NH_4)_2S_2O_8$	0.10 M $(NH_4)_2SO_4$
1	두 방울	5.0 mL	10.0 mL		10.0 mL	
2	두 방울	5.0 mL	5.0 mL	5.0 mL	10.0 mL	
3	두 방울	5.0 mL	10.0 mL		5.0 mL	5.0 mL

② 100 mL 플라스크에 온도계를 넣고, 초시계를 준비한다.

③ 50 mL 플라스크의 용액을 빠르게 100 mL 플라스크에 붓고 흔든 후 초시계를 작동시킨다.

④ 용액이 청색으로 바뀔 때까지의 시간을 측정한다. 온도와 시간을 기록한다.

⑤ 플라스크를 깨끗이 씻고 물기를 없앤 후, 위 표의 반응 2 용액과 반응 3 용액에 대하여 위의 실험을 반복한다.

⑥ 실험 자료를 근거로 반응 차수, 속도 상수를 구하고 반응 속도식을 완성한다.

(2) 실험 B. 활성화 에너지 구하기

① 100 mL 플라스크와 50 mL 플라스크가 충분히 들어갈 수 있는 그릇에 물과 얼음을 넣어 얼음물을 만든다.

② 실험 A의 반응 1 용액을 준비하고, 두 플라스크를 얼음물에 담근 후 5분 정도 기다린다.(이때 플라스크가 넘어지지 않도록 주의한다.)

③ 100 mL 플라스크에 온도계를 넣고, 초시계를 준비한다.

④ 50 mL 플라스크의 용액을 빠르게 100 mL 플라스크에 붓고 흔든 후 초시계를 작동시킨다.(반응 동안 100 mL 플라스크를 계속 얼음물에 담가 둔다.)

⑤ 용액이 청색으로 바뀔 때까지의 시간을 측정한다. 온도와 시간을 기록한다.

⑥ 실험 A에서 구한 반응 차수를 이용하여 속도 상수를 구한다.

⑦ 실험 A, B에서 구한 속도 상수로부터 반응의 활성화 에너지를 구한다.

실험 주의 사항

- $(NH_4)_2S_2O_8$와 KI는 피부를 손상시킬 수 있으므로 주의해서 다룬다. 피부에 닿았을 경우에는 즉시 충분한 물로 씻어 낸다.

결과보고서

실험 17

시계 반응

학 과	학 번	조	이 름	실 험 일	확 인
				년 월 일	

실험 A 반응 속도식 구하기

반응	반응물의 부피(mL)					반응 시간(sec)	온도(°C)
	0.005 M $Na_2S_2O_3$	0.20 M KI	0.20 M KCl	0.10 M $(NH_4)_2S_2O_8$	0.10 M $(NH_4)_2SO_4$		
1	5.0	10.0	0	10.0	0		
2	5.0	5.0	5.0	10.0	0		
3	5.0	10.0	0	5.0	5.0		

반응	초기 농도(M)			반응 속도(M/s)
	$[I^-]$	$[S_2O_8^{2-}]$	$[S_2O_3^{2-}]$	
1				
2				
3				

초기 반응 속도법을 이용하여 구한 반응 차수와 반응 속도식

m(I^-에 대한 반응 차수) ________________

n($S_2O_8^{2-}$에 대한 반응 차수) ________________

반응 속도식(속도 상수=k) 반응 속도 = ________________

반응	반응 속도(M/s)	속도 상수	평균 속도 상수	평균 실험 온도(°C)
1				
2				
3				

실험 B 활성화 에너지 구하기

반응	반응 시간(s)	온도(°C)	반응 속도	속도 상수
1				

활성화 에너지 ______________________kJ/mol

고찰할 내용

- 식 17-1과 식 17-2의 반응이 있다고 하자. 반응 용기에 A, B, D를 넣고 반응시켰을 때 D의 초기 농도($[D]_0$)가 A 또는 B의 초기 농도보다 크다면 A + B → C의 반응 속도를 구할 수 있겠는가?
- 실험에서 반응 2와 3의 경우, 반응과 직접적인 관련이 없는 KCl 또는 $(NH_4)_2SO_4$를 넣어 주었다. 그 이유는 무엇인가?

실험 18

평형 상수의 결정

1 실험의 목표

$FeSCN^{2+}$의 착이온 평형에서 반응의 평형 상수를 구하고 화학 평형을 이해한다.

2 이해해야 할 개념

화학 평형, 반응 속도와 평형 사이의 관계, 평형 상수식, 평형 상수, 착이온 평형, 비색법

3 실험을 이해하기 위한 기본 이론

(1) 화학 평형

이산화 질소(NO_2)와 사산화 이질소(N_2O_4) 사이의 가역 반응(식 18–1)을 생각해 보자. 처음에 NO_2만 있다고 하면, NO_2는 반응하여 N_2O_4를 만들기 때문에 시간이 흐름에 따라 NO_2의 농도는 감소할 것이고 N_2O_4의 농도는 증가할 것이다. **그림** 18–1(A)는 이 반응에서 NO_2와 N_2O_4의 반응 시간에 따른 농도 변화를 나타낸 것으로, NO_2, N_2O_4의 농도는 각각 감소, 증가하다가 어느 시점부터는 일정하게 유지된다. 이와 같이 반응물과 생성물의 농도가 변하지 않고 일정하게 유지되는 상태를 **평형 상태**(equilibrium state)라고 한다.

$$2NO_2(g) \rightleftharpoons N_2O_4(g) \qquad \text{(식 18–1)}$$

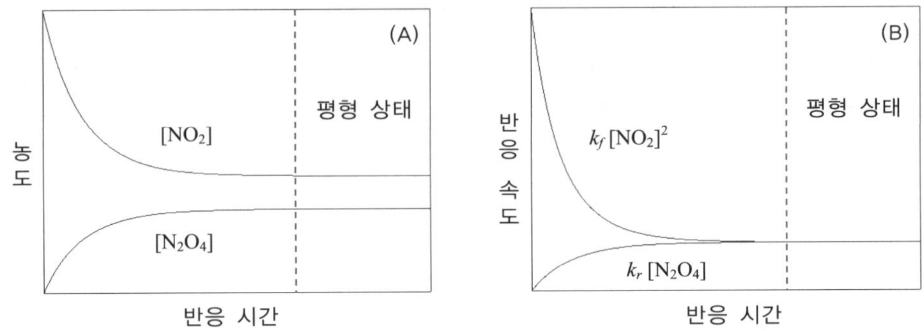

그림 18–1 NO_2와 N_2O_4 사이의 가역 반응에서 (A) 농도 변화와 (B) 반응 속도 변화

가역 반응인 어떤 화학 반응이 일정한 온도에서 일어나면 궁극적으로 그 반응계는 평형 상태에 도달하게 된다. 이는 반응 속도의 관점에서 이해할 수 있다. 위 반응에서 정반응은 NO_2에 대하여 2차 반응, 역반응은 N_2O_4에 대하여 1차 반응임이 알려져 있다. 따라서 정반응의 반응 속도 상수를 k_f, 역반응의 속도 상수를 k_r이라고 하면 정반응과 역반응의 반응 속도는 각각 아래와 같이 표현된다.

$$\text{반응 속도}_{\text{정반응}} = -\frac{\Delta[NO_2]}{\Delta t} = 2\frac{\Delta[N_2O_4]}{\Delta t} = k_f[NO_2]^2 \qquad \text{(식 18–2)}$$

$$\text{반응 속도}_{\text{역반응}} = \frac{\Delta[NO_2]}{\Delta t} = -2\frac{\Delta[N_2O_4]}{\Delta t} = k_r[N_2O_4] \qquad \text{(식 18–3)}$$

위 반응이 시작된 후 NO_2, N_2O_4의 농도는 각각 감소, 증가하기 때문에 식 18–2와 식 18–3에 따라 정반응의 반응 속도는 감소하고 역반응의 반응 속도는 증가한다. 어느 순간 정반응과 역반응의 반응 속도가 같아지면(식 18–4) 정반응에 의해 NO_2가 감소하는 속도와 역반응에 의해 증가하는 속도가 같게 되어 결국 NO_2의 농도가 변하지 않게 된다. 또한 N_2O_4가 정반응에 의해 증가하는 속도와 역반응에 의해 감소하는 속도도 같아지므로 N_2O_4의 농도도 변하지 않게 된다.(그림 18–1(B))

$$k_f[NO_2]^2 = k_r[N_2O_4] \qquad \text{(식 18–4)}$$

이와 같이 평형 상태는 반응이 일어나지 않는 정적인(static) 상태가 아니라, 정반응과 역반응이 끊임없이 일어나는 동적인(dynamic) 상태로서, 단지 정반응과 역반응의 반응 속도가 같아 반응물과 생성물의 농도가 변하지 않기 때문에 마치 반응이 정지되어 있는 것처럼 관찰된다.

평형 상태에서 반응물과 생성물의 농도 관계를 나타내는 식을 **평형 상수식**(equilibrium constant expression)이라고 하는데, NO_2와 N_2O_4 사이의 반응에 대한 평형 상수식은 식 18-5와 같이 표현된다. 이때 그 값(K)인 **평형 상수**(equilibrium constant)는 식 18-4로부터 정반응과 역반응의 속도 상수 비(식 18-6)가 됨을 알 수 있다.

$$K = \frac{[N_2O_4]}{[NO_2]^2} \qquad (식\ 18\text{-}5)$$

$$\frac{[N_2O_4]}{[NO_2]^2} = \frac{k_f}{k_r} \qquad (식\ 18\text{-}6)$$

이상의 평형 관계는 일반적인 화학 반응(식 18-7)에도 적용되어 이 반응의 평형 상수는 식 18-8과 같이 표현된다. 화학 반응의 속도 상수는 '실험 17. 시계 반응'에서 보았듯이 온도의 함수이다. 따라서 평형 상수도 온도의 함수가 되므로 특정 온도에서 어떤 반응에 대한 평형 상수는 일정하며 온도에 따라 바뀌게 된다.

$$\mathrm{aA + bB \rightleftharpoons cC + dD} \qquad (식\ 18\text{-}7)$$

$$K = \frac{[\mathrm{C}]^{\mathrm{c}}[\mathrm{D}]^{\mathrm{d}}}{[\mathrm{A}]^{\mathrm{a}}[\mathrm{B}]^{\mathrm{b}}} = \frac{\text{정반응의 속도 상수}}{\text{역반응의 속도 상수}} \qquad (식\ 18\text{-}8)$$

위에서 반응 속도의 개념을 이용하여 평형을 이해하였다. 그러나 반응 메커니즘이 반응 속도에는 영향을 주지만 평형 상수와는 관계가 없다는 것에 유의해야 한다.

(2) 착이온 평형

전이 금속 이온과 리간드가 배위 결합하여 형성하는 화합물을 착화합물 또는 착물(complex)이라고 한다. 착물이 전하를 띠고 있으면 착이온(complex ion)이라고 하는데, 이번 실험에서는 Fe^{3+}(철(III) 이온)과 SCN^-(싸이오사이안산 이온)이 만나 $FeSCN^{2+}$(싸이오사이안산 철(III))을 만드는 반응의 평형 상수를 구하고자 한다. 여기에서 Fe^{3+}은 전이 금속 이온이고 SCN^-는 리간드이며 $FeSCN^{2+}$는 착이온이기 때문에 이들 사이의 평형을 **착이온 평형**이라고 한다.

$$Fe^{3+}(aq) + SCN^-(aq) \rightleftharpoons FeSCN^{2+}(aq) \qquad (식\ 18\text{-}9)$$

식 18–9 반응의 평형 상수는 다음과 같다.

$$K = \frac{[FeSCN^{2+}]}{[Fe^{3+}][SCN^-]} \qquad (식\ 18\text{–}10)$$

여기서 각 화합물의 농도는 평형에서의 농도이다. 이번 실험에서는 $Fe(NO_3)_3$ 수용액과 KSCN 수용액을 섞어 반응을 시킬 것이다. 수용액에서 화합물은 이온으로 해리되어 Fe^{3+}, NO_3^-, K^+, SCN^-를 내어 놓게 되고, 이 중 Fe^{3+}와 SCN^- 사이에 반응이 일어난다. Fe^{3+}와 SCN^-의 초기 농도를 각각 a, b라고 하고 평형에서 $FeSCN^{2+}$의 농도를 x라고 하면, 평형 상수는 식 18–11과 같이 주어진다. 따라서 a, b를 알고 있을 때, 실험에서 x를 구하면 평형 상수를 구할 수 있다.

$$K = \frac{x}{(a-x)(b-x)} \qquad (식\ 18\text{–}11)$$

(3) 비색법

위 반응(식 18–9)의 평형 상태에서 수용액에는 Fe^{3+}, NO_3^-, K^+, SCN^-, $FeSCN^{2+}$이 남아 있게 된다. 이때 수용액에서 Fe^{3+}, NO_3^-, K^+, SCN^-는 색이 없거나 매우 옅은 색을 띠지만 $FeSCN^{2+}$는 짙은 적갈색을 띤다. 따라서 농도를 알고 있는 $FeSCN^{2+}$ 용액과 농도를 모르는 $FeSCN^{2+}$ 용액에서 적갈색의 진하기를 비교하여 농도를 추정할 수 있다. 이와 같이 색의 진하기를 비교하여 농도를 결정하는 방법을 **비색법**이라고 한다.

'실험 12. 수돗물의 잔류 염소량 정량 분석'에서 흡광도에 대하여 알아보았다. 흡광도는 용액에서 색의 진하기와 관련된 것으로서, 같은 색의 서로 다른 두 용액이 같은 진하기로 보이면 두 용액의 흡광도가 같고 진한 용액일수록 흡광도가 크다. 이번 실험에서는 농도를 알고 있는 용액(표준 용액)이 담긴 시험관과 농도를 모르는 용액이 담긴 시험관을 나란히 세우고, 두 시험관을 내려 보면서 두 용액의 진하기가 같을 때까지 진한 용액을 조금씩 덜어낼 것이다. 이때 흡광도는 용액의 농도와 용액에서 빛이 통과한 거리에 비례(식 12–3)하므로, 식 18–12를 이용하여 미지 용액의 농도를 추정할 수 있다. 여기서 C_0, L_0, C_1, L_1는 각각 표준 용액의 농도와 높이, 미지 시료의 농도와 높이이다.

$$C_1 = C_0 \frac{L_0}{L_1} \qquad (식\ 18\text{–}12)$$

4 실험 기구 및 시약

기구	시약
시험관(100 x 20 mm)	0.002 M KSCN 수용액
25 mL 눈금 실린더	0.20 M $Fe(NO_3)_3$ 수용액
5 mL 피펫	
10 mL 피펫	
비커	
스포이드	
모눈종이, A4 용지	
테이프	
초시계	
시험관대	

5 실험 방법

① 5개의 시험관에 1에서 5까지 번호를 붙이고, 0.002 M KSCN 용액을 각 시험관에 5.0 mL씩 옮긴다.

② 1번 시험관에 0.20 M $Fe(NO_3)_3$ 용액 5.0 mL를 넣고 흔들어 잘 섞이도록 한다. (이때 SCN^- 이온은 전부 반응하여 $FeSCN^{2+}$를 만들었다고 가정한다.)

③ 0.20 M $Fe(NO_3)_3$ 용액 10.0 mL를 취하여 눈금 실린더에 넣은 후, 증류수 15.0 mL를 더하여 25.0 mL 용액으로 묽힌다. 묽힌 용액 5.0 mL를 2번 시험관에 넣고 흔들어 잘 섞는다.

④ ③에서 묽힌 $Fe(NO_3)_3$ 용액 10.0 mL를 취하여 깨끗한 눈금 실린더에 넣은 후, 증류수 15.0 mL를 더하여 25.0 mL 용액으로 묽힌다. 묽힌 용액 5.0 mL를 3번 시험관에 넣고 흔들어 잘 섞는다.

⑤ ④에서 묽힌 $Fe(NO_3)_3$ 용액 10.0 mL를 취하여 깨끗한 눈금 실린더에 넣은 후, 증류수 15.0 mL를 더하여 25.0 mL 용액으로 묽힌다. 묽힌 용액 5.0 mL를 4번 시험관에 넣고 흔들어 잘 섞는다.

⑥ ⑤에서 묽힌 $Fe(NO_3)_3$ 용액 10.0 mL를 취하여 깨끗한 눈금 실린더에 넣은 후, 증류수 15.0 mL를 더하여 25.0 mL 용액으로 묽힌다. 묽힌 용액 5.0 mL를 5번 시험관에 넣고 흔들어 잘 섞는다.

⑦ 1번과 2번 시험관 둘레에 각각 종이를 감고 느슨하게 테이프를 붙여 원통 모양으로 만든다.

⑧ 흰 종이 위에 1번과 2번 시험관을 나란히 세운다. 1번과 2번 시험관을 위에서 내려 보면서 두 용액의 진하기가 같아질 때까지 스포이드로 1번 시험관에 든 용액을 빈 비커에 덜어낸다. 두 시험관에 들어 있는 용액의 높이를 측정한다.

⑨ ⑧에서 사용한 종이 원통에서 2번 시험관을 뺀 후, 3번 시험관을 넣는다. 흰 종이 위에 1번과 3번 시험관을 나란히 세우고, 위에서 내려 보면서 두 용액의 진하기가 같아질 때까지 스포이드로 1번 시험관에 든 용액을 비커에 덜어낸다. 두 시험관에 들어 있는 용액의 높이를 측정한다.

⑩ ⑨에서 사용한 종이 원통에서 3번 시험관을 뺀 후, 4번 시험관을 넣는다. 흰 종이 위에 1번과 4번 시험관을 나란히 세우고, 위에서 내려 보면서 두 용액의 진하기가 같아질 때까지 스포이드로 1번 시험관에 든 용액을 비커에 덜어낸다. 두 시험관에 들어 있는 용액의 높이를 측정한다.

⑪ ⑩에서 사용한 종이 원통에서 4번 시험관을 뺀 후, 5번 시험관을 넣는다. 흰 종이 위에 1번과 5번 시험관을 나란히 세우고, 위에서 내려 보면서 두 용액의 진하기가 같아질 때까지 스포이드로 1번 시험관에 든 용액을 비커에 덜어낸다. 두 시험관에 들어 있는 용액의 높이를 측정한다.

결과보고서

실험 18

평형 상수의 결정

학 과	학 번	조	이 름	실 험 일	확 인
				년 월 일	

실험 온도 ______ ℃

1. 실험 결과

시험관	초기 농도(M)		색의 진하기가 같을 때 용액의 높이(cm)		$FeSCN^{2+}$의 농도(M)	
	$[Fe^{3+}]$	$[SCN^{-}]$	1번 시험관	시험관	1번 시험관	시험관
1						
2						
3						
4						
5						

2. 평형 농도 및 평형 상수

시험관	평형 농도(M)			평형 상수
	$[FeSCN^{2+}]$	$[Fe^{3+}]$	$[SCN^{-}]$	
1				
2				
3				
4				
5				
평 균				

고찰할 내용

- 1번 시험관에서 Fe^{3+}와 SCN^-의 초기 농도 그리고 실험에서 구한 평형 상수를 이용하여 1번 시험관에 있는 Fe^{3+}, SCN^-, $FeSCN^{2+}$의 평형 농도를 구하여라. 이로부터 처음에 넣었던 SCN^- 이온은 전부 $FeSCN^{2+}$로 변했다고 가정한 것은 타당한지 생각해 보라.
- 위의 검증 결과를 Le Châtelier 원리와 연관지어 설명하여라.
- 만일 실험의 반응이 $Fe^{3+}(aq) + 2SCN^-(aq) \rightleftharpoons Fe(SCN)_2^+(aq)$이라면 평형 상수는 어떻게 바뀌겠는지 구하여라.

실험 Ⅱ

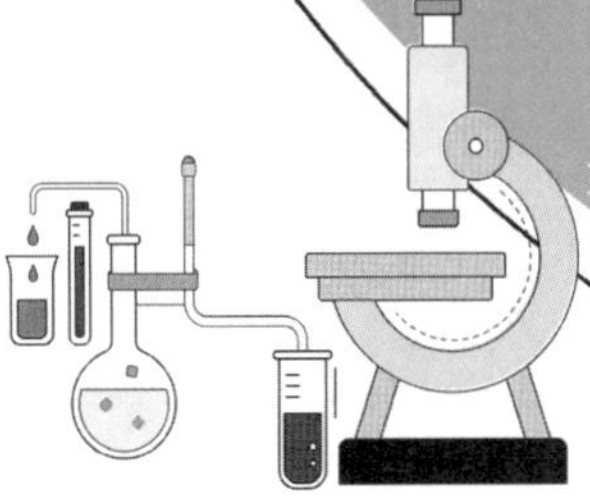

실험 19 완충 용액

1 실험의 목표

CO_3^{2-} 수용액을 HCl로 적정하면서 적정 곡선을 얻고, 이를 통해 완충 효과가 잘 일어나는 조건과 당량점 근처에서의 pH 변화를 파악하여 완충 용액에 대해 이해한다.

2 이해해야 할 개념

완충 용액, 완충 작용, Brønsted-Lowry의 산-염기, 짝산, 짝염기, 산 해리 상수, Henderson-Haselbalch 식, 완충 용량

3 실험을 이해하기 위한 기본 이론

(1) 완충 용액

아세트산(CH_3COOH)과 아세트산 소듐(CH_3COONa)이 녹아 있는 수용액을 생각해 보자. 각각의 농도가 0.30 M이라고 하면, 혼합 용액의 pH는 4.74가 된다. 이 용액 1.0 L에 4.0 M의 수산화 소듐(NaOH) 용액 5.0 mL를 넣으면 pH가 4.80으로 변한다. 반면에 pH가 7인 순수한 물 1.0 L에 4.0 M의 NaOH 용액 5.0 mL를 넣으면 pH가 12.30으로 변한다. 같은 부피의 두 용액에 같은 양의 NaOH를 넣었음에도 불구하고 순수한 물에서는 pH가 5.30이 변하였으나, CH_3COOH과 CH_3COONa의 혼합 용액에서는 단지 0.06만이 변하였다. CH_3COOH과 CH_3COONa의 혼합 용액과 같이 OH^-(또는 H^+)를 넣었을 때 pH의 변화가 적게 일어나게 하는

용액을 **완충 용액**(buffer solution)이라고 하고, 이러한 작용(pH 변화에 저항하는 작용)을 **완충 작용**이라고 한다. 우리 몸에서 수소 이온 농도는 pH = 7.3~7.5에서 거의 일정하게 유지되고 있는데 이는 몸에서 완충 작용이 일어나기 때문이다.

(2) Brønsted-Lowry의 산-염기

완충 작용을 이해하기 위해서는 '실험 5. 산-염기 적정'에서 언급됐던 **Brønsted-Lowry의 산-염기**를 알 필요가 있다. Brønsted와 Lowry는 산과 염기를 각각 양성자(H^+) 주개와 양성자 받개로 정의하였다. 따라서 산(HA)이 H^+를 내어놓아 생성된 화학종(A^-)은 H^+를 받을 수 있기 때문에 염기로 정의될 수 있다. 이와 같이 HA가 H^+를 내어놓아 생성된 A^-를 HA의 **짝염기**(conjugate base)라고 한다(식 19-1). 마찬가지로 염기(B)가 H^+를 받아 생긴 화학종(BH^+)은 H^+를 내어놓을 수 있기 때문에 산으로 정의될 수 있고, 이때 BH^+를 B의 **짝산**(conjugate acid)이라고 한다(식 19-2). 따라서 CH_3COOH가 H^+를 내어놓을 때 만들어지는 CH_3COO^-는 CH_3COOH의 짝염기이고, CH_3COO^-가 H^+를 받아 생성된 CH_3COOH는 CH_3COO^-의 짝산이다. 즉 서로 산과 짝염기, 짝산과 염기 관계이다.

$$\underset{\text{산}}{HA} \rightleftharpoons \underset{\text{짝염기}}{A^-} + H^+ \qquad \text{(식 19-1)}$$

$$\underset{\text{염기}}{B} + H^+ \rightleftharpoons \underset{\text{짝산}}{BH^+} \qquad \text{(식 19-2)}$$

완충 작용을 이해하기 위해서는 또한 강산, 강염기, 약산, 약염기의 작용을 알아야 한다. 강산은 가지고 있는 H^+를 거의 100% 내어놓는 능력을 가지고 있고, 강염기는 거의 100% H^+를 받을 수 있다. 즉 위의 식 19-1과 식 19-2에서 정반응만 일어난다. 반면에 약산과 약염기는 각각 10% 미만으로 H^+를 내놓거나 받는다. 수용액에서 약산의 짝염기는 약염기이고 약염기의 짝산도 약산이다. 강염기가 약산을 만나면 식 19-3과 같이 약산의 짝염기와 물이 생성되고, 강산이 약염기를 만나면 식 19-4와 같이 약염기의 짝산이 생성된다. 두 반응에서 역반응은 거의 일어나지 않는다.

$$NaOH(aq) + HA(\text{또는 } BH^+)(aq) \longrightarrow A^-(\text{또는 } B)(aq) + H_2O(l) + Na^+(aq) \qquad \text{(식 19-3)}$$

$$HCl(aq) + A^-(\text{또는 } B)(aq) \longrightarrow HA(\text{또는 } BH^+)(aq) + Cl^-(aq) \qquad \text{(식 19-4)}$$

(3) 완충 용액의 pH

완충 용액은 약산과 그 짝염기, 또는 약염기와 그 짝산을 혼합하여 만든다. 예를 들어 CH_3COOH와 CH_3COONa를 물에 녹이면 CH_3COONa는 이온화되어 CH_3COO^-와 Na^+로 해리되므로, 용액은 CH_3COOH와 그 짝염기인 CH_3COO^-가 같이 들어 있는 완충 용액이 된다. CH_3COOH는 약산이므로 둘 사이에는 다음의 평형이 존재하게 된다.

$$CH_3COOH(aq) \rightleftharpoons CH_3COO^-(aq) + H^+(aq) \qquad \text{(식 19–5)}$$

이때의 평형 상수를 CH_3COOH의 **산 해리 상수**(acid dissociation constant)라고 하고 K_a로 표시한다. **부록 4**는 여러 산에 대하여 산 해리 상수를 정리한 것이다.

$$K_a = \frac{[CH_3COO^-][H^+]}{[CH_3COOH]} \qquad \text{(식 19–6)}$$

따라서 용액의 pH는

$$pH = -\log[H^+] = -\log\frac{K_a[CH_3COOH]}{[CH_3COO^-]} = pK_a + \log\frac{[CH_3COO^-]}{[CH_3COOH]}$$

(식 19–7)

가 되어, 완충 용액의 pH는 산의 pK_a 값과 평형에서 산과 염기의 농도비에 의존하게 된다. CH_3COOH와 CH_3COO^-의 초기 농도를 각각 $[CH_3COOH]_0$와 $[CH_3COO^-]_0$라고 하고 CH_3COOH가 x M만큼 해리되었다고 하면 평형에서의 농도는 각각 $[CH_3COOH] = [CH_3COOH]_0 - x$와 $[CH_3COO^-] = [CH_3COO^-]_0 + x$이다. 그런데 CH_3COOH는 약산이므로 조금만 해리된다. 즉 K_a 값과 x 값이 작다. 따라서 완충 용액의 pH는 식 19–8과 같이 어림할 수 있다.

$$pH = pK_a + \log\frac{[CH_3COO^-]}{[CH_3COOH]} \approx pK_a + \log\frac{[CH_3COO^-]_0}{[CH_3COOH]_0} \qquad \text{(식 19–8)}$$

위에서 CH_3COOH와 CH_3COO^-가 혼합되어 있는 용액을 예로 들어 완충 용액의 pH를 구하였다. 이는 일반인 완충 용액에도 적용되어, 약산과 짝염기 또는 약염기와 짝산이 녹아있는 완충 용액의 pH는 식 19–9와 같이 쓸 수 있다. 이를

Henderson-Haselbalch 식이라고 한다. 이때 산과 염기의 농도는 평형에서의 농도임에 주의해야 한다.

$$pH = pK_a + \log\frac{[\text{염기}]}{[\text{산}]} \quad (\text{식 19–9})$$

(4) 완충 작용

CH_3COOH와 CH_3COO^-가 들어 있는 완충 용액에 강염기 NaOH를 넣은 경우를 생각해 보자. NaOH가 내놓은 OH^-는 CH_3COOH와 반응하여 짝염기인 CH_3COO^-와 H_2O를 생성한다.

$$CH_3COOH + OH^- \longrightarrow CH_3COO^- + H_2O \quad (\text{식 19–10})$$

또한 강산 HCl을 넣은 경우에는 HCl이 내놓은 H^+가 CH_3COO^-와 반응하여 짝산인 CH_3COOH를 만든다.

$$CH_3COO^- + H^+ \longrightarrow CH_3COOH \quad (\text{식 19–11})$$

따라서 용액의 pH에 직접적인 영향을 주는 H^+ 또는 OH^-를 넣어도 완충 용액에서는 식 19–10과 식 19–11에서와 같이 H^+ 또는 OH^-가 사라지기 때문에, H^+ 또는 OH^-의 영향이 줄어들어 완충 용액의 pH는 크게 변하지 않는다. 이와 같은 작용을 **완충 작용**이라고 한다.

위의 완충 용액에서 CH_3COOH와 CH_3COO^-의 초기 농도가 각각 $[CH_3COOH]_0$와 $[CH_3COO^-]_0$이고 넣어 준 NaOH의 농도를 y M이라고 하고, y가 $[CH_3COOH]_0$와 $[CH_3COO^-]_0$ 값에 비해 상대적으로 매우 작은 값이라고 하면, 이때의 pH는 식 19–9와 식 19–10으로부터 다음과 같이 나타낼 수 있다.

$$pH \approx pK_a + \log\frac{[CH_3COO^-]_0 + y}{[CH_3COOH]_0 - y} \approx pK_a + \log\frac{[CH_3COO^-]_0}{[CH_3COOH]_0} \quad (\text{식 19–12})$$

위 식으로부터 완충 작용이 효과적으로 일어나기 위해서는 넣어 준 OH^-의 양이 CH_3COOH와 CH_3COO^-의 양보다 상대적으로 적어야 한다는 것을 유추할 수 있다. 완충 용액에 H^+ 또는 OH^-를 넣었을 때, pH에 큰 변화가 없이 완충 용액이 흡수할 수 있는 H^+ 또는 OH^-의 양을 **완충 용량**(buffer capacity)이라고 한다. 완충 용액의 완충 용량이 크기 위해서는 완충 용액을 만들 때 넣어 준 약산(또는 약염기)과 짝염기(또는 짝산)의 농도가 커야 한다. 또한 산과 염기의 농도비가 1에 가까울수록 완충 용량이 커진다. 따라서 완충 용량이 큰 완충 용액을 만들기 위해서는, 먼저 원하는 pH에 가까운 pK_a 값을 갖는 약산(또는 $pK_a = p(\frac{K_w}{K_b})$값을 원하는 pH에 가깝게 하는 pK_b 값을 갖는 약염기)을 고르고 Henderson-Haselbalch 식을 이용하여 구한 산과 염기의 농도비에 따라 산과 염기를 혼합하면 된다. 이때 산과 염기의 농도는 충분히 커야 한다.

(5) CO_3^{2-} 용액의 산-염기 적정

이번 실험에서는 Na_2CO_3를 물에 녹이고 이 용액을 HCl로 적정을 한 후 이로부터 적정 곡선을 얻고 완충 작용에 대하여 이해하고자 한다. 산-염기 적정과 적정 곡선에 대하여서는 '실험 5. 산-염기 적정'을 참고하기 바란다. Na_2CO_3를 물에 녹이면 Na^+ 이온과 CO_3^{2-} 이온으로 해리된다. 이때 탄산 이온(CO_3^{2-})은 약산인 HCO_3^-의 짝염기이므로 용액은 염기성을 띤다. 이 용액을 강산인 HCl로 적정하면 강산과 약염기의 반응이므로 다음의 반응이 일어난다.

$$CO_3^{2-} + H^+ \longrightarrow HCO_3^- \qquad \text{(식 19-13)}$$

따라서 용액에는 약염기인 CO_3^{2-}과 그 짝산인 HCO_3^-가 같이 있게 되므로 다음의 화학 평형이 존재하게 되어 용액은 완충 용액으로 작동하게 된다.

$$HCO_3^-(aq) \rightleftharpoons CO_3^{2-}(aq) + H^+(aq) \qquad \text{(식 19-14)}$$

$$K_{a2} = \frac{[CO_3^{2-}][H^+]}{[HCO_3^-]} = 5.6 \times 10^{-11} \qquad \text{(식 19-15)}$$

계속하여 HCl을 첨가하여 넣어 준 H^+의 양이 처음에 있었던 CO_3^{2-}의 양과 같아지면(제1당량점) CO_3^{2-}은 모두 HCO_3^-로 바뀌게 된다. 그 후 HCl을 더 넣어 주면 H^+는 HCO_3^-보다 훨씬 더 강산이어서 다음의 반응이 일어나게 된다.

$$HCO_3^- + H^+ \longrightarrow H_2CO_3 \qquad \text{(식 19-16)}$$

이때 용액에는 약산인 H_2CO_3와 그 짝염기인 HCO_3^-가 같이 있게 되므로 다음의 화학 평형이 존재하게 되고 용액은 다시 완충 용액으로 작동하게 된다.

$$H_2CO_3(aq) \rightleftharpoons HCO_3^-(aq) + H^+(aq) \qquad \text{(식 19–17)}$$

$$K_{a1} = \frac{[HCO_3^-][H^+]}{[H_2CO_3]} = 4.3 \times 10^{-7} \qquad \text{(식 19–18)}$$

계속하여 HCl을 첨가하여 처음부터 그때까지 넣어 준 H^+의 양이 처음에 있었던 CO_3^{2-} 양의 두 배가 되면(제2당량점) HCO_3^-은 모두 $H_2CO_3(aq)$로 바뀐다. 이후에 용액의 pH는 초과로 넣어 준 HCl의 양에 의해 결정된다.

위에서 HCO_3^-는 CO_3^{2-}의 짝산으로 작용하기도 하고 H_2CO_3의 짝염기로 작용하기도 하는 것에 유의해야 한다. 이번 실험에서는 CO_3^{2-} 용액을 HCl로 적정하면서 pH 미터로 pH 변화를 관찰할 것이다. 이를 통해 완충 작용이 잘 일어나는 조건과 그때의 pH 그리고 당량점 근처에서의 pH 변화를 파악하고 완충 용액에 대하여 이해하고자 한다.

4 실험 기구 및 시약

기구	시약
100 mL 비커	0.10 M Na_2CO_3 수용액
뷰렛	0.10 M HCl 수용액
10 mL 피펫	pH 표준 용액
스탠드, 클램프	
pH 미터	
자석 젓개 막대	
가열교반기	

5 실험 방법

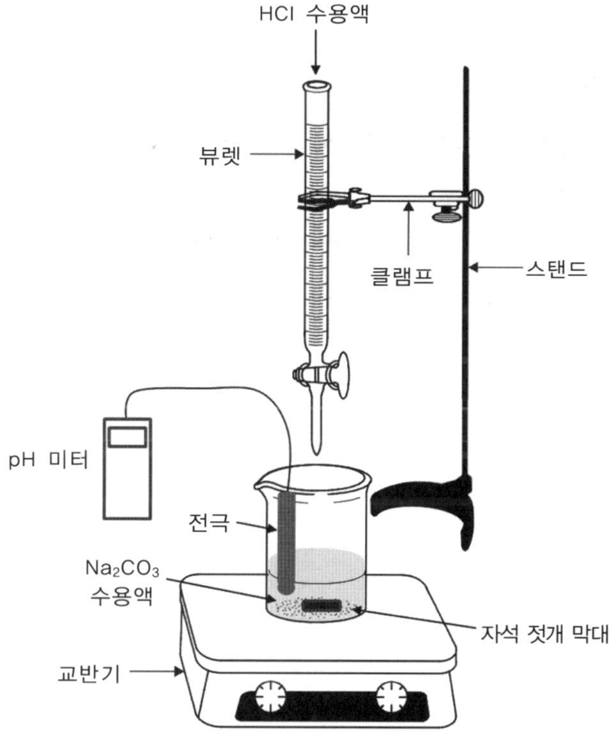

그림 19–1 적정 장치

① '화학 실험실에서의 기본 3. 기구 및 기기 사용법'에 있는 pH 미터 사용법을 읽고 숙지한다.

② 그림 19–1과 같이 적정 장치를 준비한다.

③ 100 mL 비커를 이용하여 뷰렛을 0.10 M HCl 수용액으로 채운다.

④ 다른 100 mL 비커에 피펫으로 0.10 M Na_2CO_3 수용액 20.0 mL를 넣은 후 자석 젓개 막대를 천천히 돌려 섞는다.

⑤ pH 미터를 표준 용액으로 보정하고 전극을 Na_2CO_3 수용액이 담긴 비커에 설치한다. 전극은 깨지기 쉬우므로 다룰 때 주의하고, 특히 자석 젓개 막대를 돌릴 때 서로 닿지 않도록 한다.

⑥ 0.10 M HCl 수용액을 결과 보고서에 지시된 부피만큼 첨가하면서 pH를 측정하여 기록한다.

⑦ 적정 곡선을 그린다.

실험 주의 사항

① HCl를 다룰 때 피부에 닿지 않도록 주의한다. 닿았을 경우에는 물로 씻어낸다.

② pH 미터의 전극은 깨지기 쉬우므로 자석 젓개 막대를 돌릴 때 서로 닿지 않도록 주의한다.

결과보고서

실험 19

완충 용액

학 과	학 번	조	이 름	실 험 일	확 인
				년 월 일	

넣어 준 HCl 부피에 따른 pH 측정 결과 실험 온도 ______ ℃

첨가한 HCl 부피(mL)	HCl 총 부피 (mL)	pH	첨가한 HCl 부피(mL)	HCl 총 부피 (mL)	pH
0	0		2.0	27.0	
5.0	5.0		3.0	30.0	
5.0	10.0		3.0	33.0	
3.0	13.0		2.0	35.0	
2.0	15.0		2.0	37.0	
2.0	17.0		1.0	38.0	
1.0	18.0		0.5	38.5	
0.5	18.5		0.5	39.0	
0.5	19.0		0.3	39.3	
0.3	19.3		0.3	39.6	
0.3	19.6		0.2	39.8	
0.2	19.8		0.2	40.0	
0.2	20.0		0.2	40.2	
0.2	20.2		0.2	40.4	
0.2	20.4		0.3	40.7	
0.3	20.7		0.3	41.0	
0.3	21.0		0.5	41.5	
0.5	21.5		0.5	42.0	
0.5	22.0		1.0	43.0	
1.0	23.0		2.0	45.0	
2.0	25.0				

적정 곡선

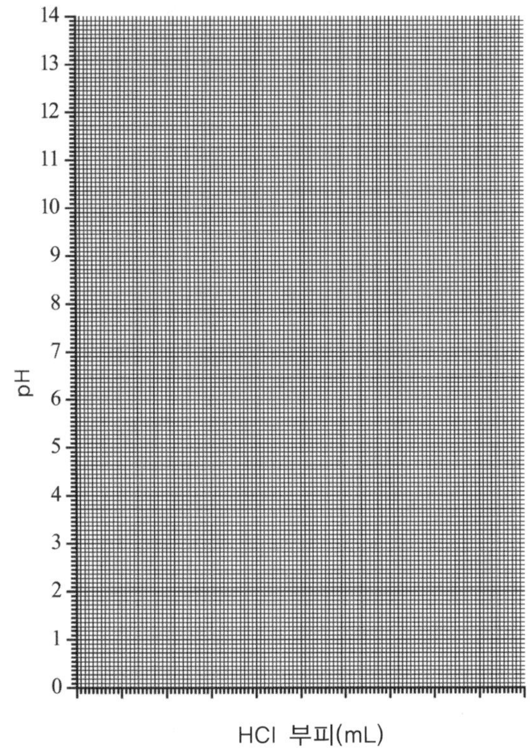

고찰할 내용

- 실험에서 HCl을 첨가하면서 pH의 변화를 관찰하였다. 완충 작용이 잘 일어나는 영역에서는 pH의 변화가 작다. 즉, 적정 곡선의 기울기가 0에 가까운 pH 영역에서 완충 효과가 크다. pH가 얼마일 때 완충 효과가 큰가? 이때 구한 pH 값과 H_2CO_3의 pK_{a1}과 pK_{a2} 값을 비교하여라.
- 실험으로부터 완충 효과가 큰 영역이 두 군데 있음을 확인하였다. 첫 번째 영역에서 CO_3^{2-}와 HCO_3^-의 농도는 각각 얼마인가? 또한 두 번째 영역에서 HCO_3^-와 H_2CO_3의 농도는 각각 얼마인가?
- 당량점 근처에서 pH는 급격히 변한다. 실험에서 제1당량점까지 넣어 준 HCl 용액의 부피와 제2당량점까지 들어간 HCl 용액 부피를 비교하고 그 결과를 설명하여라.

- 아세트산(CH_3COOH)과 아세트산 소듐(CH_3COONa)이 녹아 있는 수용액을 생각해 보자. 각각의 농도가 0.30 M이라고 하면, 혼합 용액의 pH는 4.74가 된다. CH_3COOH의 산 해리 상수(K_a)를 구하여라.
- 25°C, 대기압에서 물에는 1.2×10^{-5} M의 이산화 탄소(CO_2)가 녹아 있다. 다음의 평형과 평형 상수 그리고 H_2CO_3의 산 해리 상수를 이용하여 이 물의 pH를 결정하여라.

$$CO_2(aq) + H_2O(l) \rightleftharpoons H_2CO_3(aq) \qquad K = 1.6 \times 10^{-3}$$

실험 20

용해도곱 상수의 결정

1 실험의 목표

$Ca(OH)_2$ 수용액을 관찰하여 포화 용액, 불균일 평형의 의미를 이해한다. 산–염기 적정으로 용액의 OH^- 농도를 구하고, 이로부터 $Ca(OH)_2$의 용해도와 용해도곱 상수를 구하고 공통 이온 효과를 이해한다.

2 이해해야 할 개념

침전 반응, 알짜 이온 반응식, 용해도, 몰용해도, 불포화 용액, 포화 용액, 과포화 용액, 불균일 평형, 용해도곱 상수, Le Châtelier 원리, 공통 이온 효과

3 실험을 이해하기 위한 기본 이론

(1) 화학 반응의 종류

무수히 많은 화학 반응을 이해하기 위해서는 이를 반응의 특성에 따라 분류할 필요가 있다. 화학 반응을 분류하는 방법에는 여러 가지가 있는데, 그 중 용액에서 일어나는 화학 반응을 크게 산–염기 반응, 산화–환원 반응, 침전 반응의 세 가지로 분류하기도 한다. 실제로 거의 대부분의 화학 반응은 이 세 가지 중 하나에 속한다고 할 수 있다. **산–염기 반응**은 산과 염기 사이의 반응으로서 '실험 5. 산–염기 적정', '실험 19. 완충 용액' 등에서 다루었다. **산화–환원 반응**은 전자를 주고받는 반응으로서 '실험 6. 산화–환원 적정', '실험 14. 비타민 C의 정량 분석' 등에서 다루었다.

침전 반응(precipitation reaction)은 용액에서 어떤 반응이 일어날 때 용액에 녹지 않는 고체 생성물을 만들어 내는 반응이다. 이 고체 생성물을 침전(precipitate)이라고 한다. 예를 들어 크로뮴산 포타슘(K_2CrO_4) 수용액과 질산 바륨($Ba(NO_3)_2$) 수용액을 섞으면 용액에서 노란색 침전이 용기 바닥으로 떨어지는 것을 볼 수 있다(식 20–1).

$$K_2CrO_4(aq) + Ba(NO_3)_2(aq) \longrightarrow 2KNO_3(aq) + BaCrO_4(s) \quad \text{(식 20–1)}$$

위 반응식은 다음의 자세한 반응 과정을 압축적으로 표시한 것이라고 할 수 있다. 즉, K_2CrO_4과 $Ba(NO_3)_2$는 물에 녹아 각각 양이온과 음이온으로 해리되어 수용액에는 K^+, CrO_4^{2-}, Ba^{2+}, NO_3^-이 있게 된다. 양이온끼리 혹은 음이온끼리는 반응이 일어나지 않으므로 가능한 생성물은 K_2CrO_4, $Ba(NO_3)_2$, KNO_3, $BaCrO_4$의 네 가지이고, 이 중 K_2CrO_4와 $Ba(NO_3)_2$는 반응물이고 새로 생성되는 것은 KNO_3와 $BaCrO_4$이다. KNO_3는 물에 녹아 양이온과 음이온으로 해리되어 존재하고, $BaCrO_4$는 녹지 않고 침전으로 가라앉는다. 따라서 좀 더 자세한 화학 반응의 과정은 다음과 같다.

$$\begin{aligned} K_2CrO_4(aq) + Ba(NO_3)_2(aq) &\longrightarrow 2K^+(aq) + CrO_4^{2-}(aq) + Ba^{2+}(aq) + 2NO_3^-(aq) \\ &\longrightarrow 2K^+(aq) + 2NO_3^-(aq) + BaCrO_4(s) \quad \text{(식 20–2)} \end{aligned}$$

결국 실제 일어난 반응은 크로뮴산 이온(CrO_4^{2-})과 바륨 이온(Ba^{2+})이 만나 물에 녹지 않는 크로뮴산 바륨($BaCrO_4$)을 생성하는 것으로서 다음 반응식으로 쓸 수 있다. 이를 **알짜 이온 반응식**(net ion reaction)이라고 한다.

$$CrO_4^{2-}(aq) + Ba^{2+}(aq) \longrightarrow BaCrO_4(s) \quad \text{(식 20–3)}$$

(2) 용해도

용해도(solubility)는 어떤 물질이 용매에 녹아 용액을 만들 때, 최대한 녹을 수 있는 양을 나타내는 척도로서, 특정 온도에서 용액 1 L에 녹을 수 있는 용질의 최대량(단위 g/L)으로 정의된다. 특히 용액 1 L에 녹을 수 있는 용질의 최대 mol 수(단위 mol/L)를 **몰용해도**(molar solubility)라고 한다.

어떤 고체 용질을 용매에 녹일 때, 용액에서 용질의 양(또는 농도)이 용해도(또는 몰용해도)보다 적을 때 넣어 준 용질은 모두 녹게 된다. 이러한 용액을 **불포화**

용액(unsaturated solution)이라고 한다. 또한 용액에서 용질의 양이 용해도와 같을 경우에도 용질은 모두 녹는다. 이러한 용액을 **포화 용액**(saturated solution)이라고 한다. 반면에 용해도보다 더 많은 양의 용질을 녹이려고 할 때, 용질은 용해도만큼만 녹으며 남는 초과량은 녹지 않고 그대로 고체로 남아 있게 된다. 이때 용액과 고체는 분리가 가능한 서로 다른 상(phase)이 되어 결국 용액 자체는 포화 용액이 된다. 경우에 따라서는 용해도보다 더 많은 양의 용질이 녹을 수도 있는데 이러한 용액을 **과포화 용액**(supersaturated solution)이라고 한다. 과포화 용액은 안정되지 않은 상태이기 때문에 과포화 용액 상태가 유지되는 상황이 깨어지면 바로 포화 용액이 되고 초과의 용질은 고체로 떨어진다.

침전 반응은 양이온과 음이온이 반응하여 고체의 이온 결합 화합물을 생성할 때 두 이온 사이의 결합력이 커서 고체 화합물의 용해도가 낮은 경우에 일어난다. 일반적으로 이온 결합 화합물의 몰용해도가 0.01 mol/L 이하이면 이 화합물을 **불용성**(insoluble) 화합물이라고 한다. 반대로 잘 녹는 화합물, 즉 용해도가 큰 화합물을 **가용성**(soluble) 화합물이라고 한다. 결국 침전 반응은 양이온과 음이온이 만나 이온 결합 화합물을 생성할 때, 이 화합물의 용해도가 작아 용액이 쉽게 포화 용액이 되고 초과로 만들어진 생성물이 고체의 침전물로 떨어지는 반응이라고 할 수 있다.

식 20-1은 수용액에서 일어난 반응인데, 식에 있는 이온 결합 화합물, K_2CrO_4, $Ba(NO_3)_2$, KNO_3, $BaCrO_4$ 네 가지 중 어떤 것이 물에 잘 녹고 어떤 것이 잘 녹지

표 20-1 물에서 이온 결합 화합물의 용해도 규칙

이온 결합 화합물에 포함되어 있는 이온	용해도	예외
알칼리 금속 이온 (Li^+, Na^+, K^+, Cs^+, Rb^+)	잘 녹음	
NH_4^+	잘 녹음	
NO_3^-	잘 녹음	
Cl^-, Br^-, I^-	잘 녹음	Ag^+, Hg_2^{2+}, Pb^{2+}와의 화합물
SO_4^{2-}	잘 녹음	Ca^{2+}, Sr^{2+}, Ba^{2+}, Hg_2^{2+}, Pb^{2+}와의 화합물
S^{2-}, OH^-	잘 녹지 않음	NH_4^+, 알칼리 금속 이온과의 화합물 Ca^{2+}, Sr^{2+}, Ba^{2+}와의 화합물은 약간 녹는다.
CO_3^{2-}, PO_4^{3-}, CrO_4^{2-}	잘 녹지 않음	NH_4^+, 알칼리 금속 이온과의 화합물

않는지를 화학식을 보고 바로 알기는 어렵다. 여러 실험을 통해 경험적으로 **표 20-1**의 일반적인 규칙이 있음을 알게 되었다. 표로부터 **식 20-1**에 있는 네 가지 이온성 화합물 중 $BaCrO_4$만이 불용성 화합물임을 짐작할 수 있다.

(3) 용해도곱 상수

용해도보다 더 많은 양의 고체 용질을 용매에 녹이면 위에서 언급하였듯이 용액은 포화 용액이 되고 녹지 않은 용질은 고체로 남아 있게 된다. 이 상태는 정적인(static) 상태가 아니라 동적인(dynamic) 상태로서, 고체 표면에서 고체를 구성하는 분자 또는 이온이 녹아 용액 속으로 들어가고, 동시에 용액에 녹아 있던 분자 또는 이온이 고체 표면에서 고체로 된다. 단지 단위 시간당 고체에서 용액으로 가는 양과 용액에서 고체로 가는 양이 같아, 전체적으로 고체의 양과 용액의 농도가 변하지 않는다. 이는 '**실험 18. 평형 상수의 결정**'에서 보았던 화학 평형 상태와 같다. 예를 들어 이번 실험에서 사용할 수산화 칼슘($Ca(OH)_2$)의 경우, 포화 용액에서의 화학 평형은 다음과 같이 나타낼 수 있다.

$$Ca(OH)_2(s) \rightleftharpoons Ca^{2+}(aq) + 2OH^-(aq) \quad \text{(식 20-4)}$$

위의 평형은 고체와 수용액 사이의 평형으로서 서로 다른 상 사이의 평형이다. 이와 같은 평형을 **불균일 평형**(heterogeneous equilibrium)이라고 한다. 불균일 평형의 평형 상수식에서 순수한 고체나 액체는 그 농도가 포함되지 않으므로 식 20-4의 반응에 대한 평형 상수식은 다음과 같다.

$$K_{sp} = [Ca^{2+}][OH^-]^2 \quad \text{(식 20-5)}$$

식 20-4의 평형은 고체가 용매에 녹는 과정(용해)을 나타낸 것이기 때문에 그 평형 상수식인 **식 20-5**를 **용해도곱**(solubility product)이라고 하고, 그 값인 K_{sp} 값을 **용해도곱 상수**(solubility-product constant)라고 한다. **부록 6**은 수용액에서 여러 가지 이온 결합 화합물의 용해도곱 상수를 정리한 것이다. 이온성 고체와 포화 용액 사이의 평형식인 식 20-4로부터 순수한 물에 $Ca(OH)_2$를 녹일 때 $Ca(OH)_2$의 몰용해도는 포화 용액에서 Ca^{2+} 이온의 농도($[Ca^{2+}]$)와 같다는 것을 알 수 있다.

(4) 공통 이온 효과

평형 상태에 있는 어떤 계(system)에 평형을 깨는 변화가 일어나면 이 계는 다시 새로운 평형 상태로 가려고 한다. 이는 화학 반응에서도 관찰되는데 예를 들어 어떤 반응이 평형 상태에 있을 때 온도, 압력, 농도 등을 변화시키면 화학 반응의 평형은 그 변화를 감소시키는 방향으로 이동한다. 이를 Le Châtelier 원리라고 한다.

식 20-4의 반응에서 용액이 평형 상태(포화 용액 상태)에 있을 때 OH^- 이온을 첨가하면 OH^-의 농도가 높아지므로, Le Châtelier 원리에 따라 OH^- 농도를 감소시키는 방향, 즉 왼쪽으로 평형이 이동하게 되어 용액에서 고체 $Ca(OH)_2$의 양이 늘어나게 된다. 이와 같이 평형 상태에 있는 용액에 이미 존재하고 있는 이온을 첨가했을 때 나타나는 평형의 이동을 **공통 이온 효과**(common ion effect)라고 한다. 이로부터 염기성 용액보다 순수한 물에서 $Ca(OH)_2$의 용해도가 더 크다는 것을 알 수 있다.

이번 실험에서는 OH^- 이온의 농도가 서로 다른 용액에 각각 고체 $Ca(OH)_2$을 녹여 포화 용액을 만든 후, 산-염기 적정으로부터 용액에서의 OH^- 이온 농도($[OH^-]$)를 결정할 것이다. 이를 바탕으로 $[Ca^{2+}]$를 알아내어 식 20-4 반응의 용해도곱 상수를 계산하고자 한다. 예를 들어 처음 용액에서 $[OH^-]$를 x M이라고 하고, 이 용액에서 $Ca(OH)_2$의 몰용해도를 y M이라고 하면, 아래에서 보는 바와 같이 포화 용액에서 $[OH^-]$는 $x + 2y$ M이 된다.

반응	$Ca(OH)_2(s) \rightleftharpoons Ca^{2+}(aq) + 2OH^-(aq)$		
화학종	$Ca(OH)_2(s)$	$[Ca^{2+}]$	$[OH^-]$
처음 용액의 농도	–	0	x M
$Ca(OH)_2$ 포화 용액의 농도	–	y M	$x + 2y$ M

실험에서 x는 이미 알고 있는 것을 사용하므로 산-염기 적정에서 $x + 2y$를 결정하면, 포화 용액에서의 $[Ca^{2+}]$(= y M)도 알게 되어 용해도곱 상수 $K_{sp} = [Ca^{2+}][OH^-]^2 = y(x+2y)^2$를 계산할 수 있다. 산-염기 적정에 대하여는 '실험 5. 산-염기 적정'을 참고하기 바란다.

4 실험 기구 및 시약

기구	시약
25 mL 눈금 실린더	증류수
100 mL 비커	0.10 M NaOH 수용액
뷰흐너 깔때기	0.050 M NaOH 수용액
거름종이	0.025 M NaOH 수용액
100 mL 삼각 플라스크	0.10 M HCl 수용액
뷰렛	페놀프탈레인
스탠드, 클램프	
자석 젓개 막대	
교반기, 온도계	

5 실험 방법

① 증류수, 0.10 M, 0.050 M, 0.025 M NaOH 용액을 준비한다.

② 25 mL 눈금 실린더를 이용하여 ①의 각 용액 50 mL를 4개의 100 mL 비커에 각각 넣는다.

③ 각 비커에 약숟가락으로 반 정도의 고체 $Ca(OH)_2$를 넣고 10분 동안 잘 저어 평형에 도달하게 한다.(포화 용액을 만든다.)

④ 뷰흐너 깔때기에 거름종이를 올려놓고 ③의 용액을 감압하여 거른다.

⑤ 거른 용액 네 종류를 각각 25.0 mL씩 100 mL 삼각 플라스크에 담고, 각 용액의 온도를 기록한다.

⑥ 뷰렛에 0.10 M HCl 표준 용액을 채운다.

⑦ ⑤의 각 용액에 페놀프탈레인 지시약 두세 방울을 넣고, 0.10 M HCl 표준 용액으로 적정하여, 각 용액의 $[OH^-]$를 구한다.

⑧ $Ca(OH)_2$의 용해도곱 상수(K_{sp})를 구한다.

실험 주의 사항

- HCl과 NaOH를 다룰 때 피부에 닿지 않도록 주의한다. 닿았을 경우에는 물로 씻어낸다.

결과보고서

실험 20

용해도곱 상수의 결정

학 과	학 번	조	이 름	실 험 일	확 인
				년 월 일	

$Ca(OH)_2$의 용해도곱 상수

용액	증류수	NaOH 수용액		
		0.10 M	0.050 M	0.025 M
온도(°C)				
용액의 부피(mL)	25.0	25.0	25.0	25.0
초기 $[OH^-]$(M)	10^{-7}	0.10	0.050	0.025
HCl의 농도(M)	0.10	0.10	0.10	0.10
HCl의 적정 부피(mL)				
최종 $[OH^-]$(M)				
$Ca(OH)_2$의 몰용해도(=$[Ca^{2+}]$)(M)				
$Ca(OH)_2$의 몰질량(g/mol)	74.09	74.09	74.09	74.09
$Ca(OH)_2$의 용해도(g/L)				
$K_{sp} = [Ca^{2+}][OH^-]^2$				

고찰할 내용

- 각 용액에서 구한 $Ca(OH)_2$의 용해도(또는 몰용해도) 경향으로부터 용해도(또는 몰용해도)가 다른 이유를 설명하여라.
- 각 용액에서 구한 $Ca(OH)_2$의 용해도곱은 실험 오차 이상의 차이가 있는가 없는가? 그 이유를 설명하여라.

실험 21 용해도곱 상수와 용해열, 용해 엔트로피

1 실험의 목표

온도에 따른 질산 포타슘의 용해도곱 상수 변화로부터 질산 포타슘이 물에 녹을 때 용해열과 용해 엔트로피를 구하고, 자발적 과정의 열역학적 의미를 이해한다.

2 이해해야 할 개념

자발적 과정, 열역학 제2법칙, 자유 에너지, 평형 상수와 자유 에너지 관계, 용해열, 용해 엔트로피, 용해도, 용해도곱 상수

3 실험을 이해하기 위한 기본 이론

(1) 자발적 과정과 자유 에너지

기울어진 언덕 위에 공을 놓으면 아래로 굴러가 언덕의 가장 낮은 곳에서 멈춘다. 소금을 물에 넣으면 소금이 녹는다. 쇠못을 공기 중에 오래 두면 못이 녹슨다. 이 세 가지 변화의 과정은 모두 외부의 도움이 없이 일어난다. 이와 같은 과정을 **자발적 과정**(spontaneous process)이라고 한다. '실험 8. 반응 엔탈피와 헤스 법칙'에서 알아보았듯이 **열역학 제1법칙**에는 "우주의 에너지는 일정하다."라고 기술되어 있다. 즉, 위의 세 과정에서도 변화의 최종 상태와 최초 상태 사이에서 다음의 식 21-1은 지켜진다.

$$\Delta E_{우주} = \Delta E_{계} + \Delta E_{주위} = 0 \qquad \text{(식 21-1)}$$

$$(\Delta E = E_{최종} - E_{최초})$$

위의 예에 있는 공의 경우, 처음 언덕 위에 있을 때의 위치 에너지는 높고 최종적으로 언덕 아래에 멈추었을 때의 위치 에너지는 낮다. 즉 내부 에너지가 감소하였다($\Delta E_{계} < 0$). 이와 같이 우리는 흔히 계는 에너지 상태가 높은 곳에서 낮은 곳으로 자발적으로 변화하려고 한다고 생각하기 쉽지만, 열역학 제1법칙은 내부 에너지의 감소가 자발적 과정의 동기가 될 수 없음을 이야기하고 있다. 이는 다음과 같이 설명할 수 있다. 열역학 제1법칙에 따라 공을 제외한 주위의 에너지는 증가($\Delta E_{주위} > 0$)하였을 것이다. 주위를 하나의 계라고 하면 공은 주위가 되므로, 이때 계의 에너지는 증가한 것이 된다. 따라서 자발적 과정에서 계의 내부 에너지가 감소한다고 할 수 없다. 즉 열역학 제1법칙은 단지 변화의 과정에서 에너지가 서로 변환될 수 있다는 것을 기술하는 것일 뿐 어떤 과정이 자발적인가는 이야기하고 있지 않다.

어떤 변화의 과정이 자발적인가는 **열역학 제2법칙**인 "비가역적 과정에서 우주의 엔트로피는 증가한다."와 관련되어 있다. 자발적 과정은 비가역적 과정이므로 자발적 과정에서 우주의 엔트로피는 증가한다. 따라서 위의 세 가지 자발적 과정에서 공통적으로 우주의 엔트로피는 증가한다. 열역학 제2법칙을 식으로 표현하면 식 21-2, 식 21-3과 같다.

$$\text{비가역적 과정: } \Delta S_{우주} = \Delta S_{계} + \Delta S_{주위} > 0 \qquad \text{(식 21-2)}$$

$$\text{가역적 과정: } \Delta S_{우주} = \Delta S_{계} + \Delta S_{주위} = 0 \qquad \text{(식 21-3)}$$

$\Delta S_{주위} = -\dfrac{\Delta H_{계}}{T}$이므로, 자발적 과정에서 $-T\Delta S_{우주} = \Delta H_{계} - T\Delta S_{계} < 0$이다. $\Delta H_{계} - T\Delta S$는 '실험 16. 화학 반응의 속도'에서 보았듯이 계의 자유 에너지 변화량, $\Delta G_{계}$이므로 자발적 과정에서 $\Delta G_{계} < 0$이다. 따라서 열역학 제2법칙으로부터 우리는 자발적 과정과 평형 상태(가역적 과정)에서 계의 자유 에너지의 변화량(=생성물의 자유 에너지 − 반응물의 자유 에너지)이 식 21-4, 식 21-5와 같다는 것을 알 수 있다.

$$\text{자발적 과정(비가역적 과정): } \Delta G = \Delta H - T\Delta S < 0 \qquad \text{(식 21-4)}$$

$$\text{평형 상태(가역적 과정): } \Delta G = \Delta H - T\Delta S = 0 \qquad \text{(식 21-5)}$$

(2) 자유 에너지와 평형 상수

다음 반응을 생각해 보자.

$$aA + bB \rightleftharpoons cC + dD \qquad \text{(식 21–6)}$$

반응의 어느 순간에 화학종 X의 농도를 $[X]_0$라고 하면, 식 21–6의 반응에서 자유 에너지의 변화량(ΔG)은 다음과 같이 주어진다.

$$\begin{aligned}\Delta G &= cG_C + dG_D - aG_A - bG_B \\ &= \Delta G^\circ + RT\ \ln\frac{[C]_0^c[D]_0^d}{[A]_0^a[B]_0^b}\end{aligned} \qquad \text{(식 21–7)}$$

여기서 ΔG°은 표준 상태[1]에서 위 반응의 자유 에너지 변화량이다. ΔG°은 각 화학종의 **표준 생성 자유 에너지**(standard free energy of formation, ΔG_f°)의 차로부터 구할 수 있다. 부록 3에는 몇 가지 화합물의 표준 생성 자유 에너지가 정리되어 있다.

$$\begin{aligned}\Delta G^\circ &= cG_C^\circ + dG_D^\circ - aG_A^\circ - bG_B^\circ \\ &= c\Delta G_{f,C}^\circ + d\Delta G_{f,D}^\circ - a\Delta G_{f,A}^\circ - b\Delta G_{f,B}^\circ\end{aligned} \qquad \text{(식 21–8)}$$

$\frac{[C]_0^c[D]_0^d}{[A]_0^a[B]_0^b}$를 반응 지수(reaction quotient)라고 하는데, 반응 지수를 Q라고 하면, 식 21–7은 다음과 같이 간략히 쓸 수 있다.

$$\Delta G = \Delta G^\circ + RT\ \ln\ Q \qquad \text{(식 21–9)}$$

표준 상태에서 각 화학종의 농도는 1 M이므로, 위 반응이 표준 상태에 있다면 $Q = 1$이므로 식 21–9에서 $\Delta G = \Delta G^\circ$이 된다.

화학 반응에서 반응의 어느 순간에 $\Delta G < 0$이면 반응이 정방향으로, $\Delta G > 0$ 이면 역방향으로 진행하며, $\Delta G = 0$이면 평형 상태에 있는 것이다. 따라서 평형 상태에서 화학종 X의 농도를 [X], 평형 상수를 K라고 하면, 식 21–7과 식 21–9로부터 평형 상태에서의 자유 에너지 변화량과 평형 상수와의 관계를 얻을 수 있다.

---

1) 액체와 고체의 표준 상태는 1기압, 25°C에 있는 순수한 물질, 기체의 표준 상태는 1 bar(≈1기압), 25°C에 있는 순수한 기체를 의미하고, 용질의 표준 상태는 1기압, 25°C에서 1 M의 농도를 의미한다.

$$\Delta G = \Delta G^{\circ} + RT \ln \frac{[\mathrm{C}]^{c}[\mathrm{D}]^{d}}{[\mathrm{A}]^{a}[\mathrm{B}]^{b}}$$

$$= \Delta G^{\circ} + RT \ln K = 0 \quad \text{(식 21–10)}$$

$$K = e^{-\frac{\Delta G^{\circ}}{RT}} \quad \text{(식 21–11)}$$

식21–11의 유용한 점은 표준 상태에서 어떤 반응의 ΔG° 값을 알면 임의의 온도에서 그 반응에 대한 평형 상수를 구할 수 있다는 것이다. 식21–11에서 기체 상수 R 값은 J/mol·K 단위일 때의 값인 8.314를 이용해야 한다.

(3) 평형 상수와 반응 엔탈피, 반응 엔트로피

$\Delta G^{\circ} = \Delta H^{\circ} - T\Delta S^{\circ}$이므로[2] 식 21–10으로부터

$$\ln K = -\frac{\Delta H^{\circ}}{RT} + \frac{\Delta S^{\circ}}{R} \quad \text{(식 21–12)}$$

의 관계를 얻을 수 있다. 따라서 여러 온도에서 반응의 평형 상수를 얻고, $x-y$ 그래프에 좌표 값 ($\frac{1}{T}$, ln K)을 표시하여, 좌표 값들을 가장 잘 대표할 수 있는 직선을 얻으면, 직선의 기울기는 $-\frac{\Delta H^{\circ}}{R}$이 되고 $y-$절편은 $\frac{\Delta S^{\circ}}{R}$이 된다. 이로부터 반응의 ΔH°와 ΔS°를 구할 수 있다.

예를 들어 실험으로부터 여러 온도에서 표 21–1과 같은 평형 상수 값을 얻었다고 하자. 그림 21–1의 ($\frac{1}{T}$, ln K)에 대한 $x-y$ 그래프에서 얻은 직선의 기울기 = −4050 K, $y-$절편 = 16.1로부터, ΔH° = 33.7 kJ/mol과 ΔS° = 134 J/mol·K을 구할 수 있다.

표 21–1 여러 온도에서 구한 평형 상수 값

실험	온도(T)[a]	평형 상수(K)	1/T	ln K
1	295	11	0.00339	2.40
2	315	28	0.00318	3.33
3	335	62	0.00299	4.13
4	355	110	0.00282	4.70

[a]온도의 단위는 절대 온도인 K이다.

2) 정확하게는 $\Delta G^{\circ} = \Delta H^{\circ} - (298.15\ \mathrm{K})\Delta S^{\circ}$이다. ΔG, ΔH, ΔS는 모두 온도에 따라 그 값이 변한다. 그러나 ΔH, ΔS가 각각 ΔH°, ΔS°와 비슷하다고 하면, 임의의 온도에서 ΔG 값을 $\Delta G = \Delta H - T\Delta S = \Delta H^{\circ} - T\Delta S^{\circ}$를 이용하여 구할 수 있다.

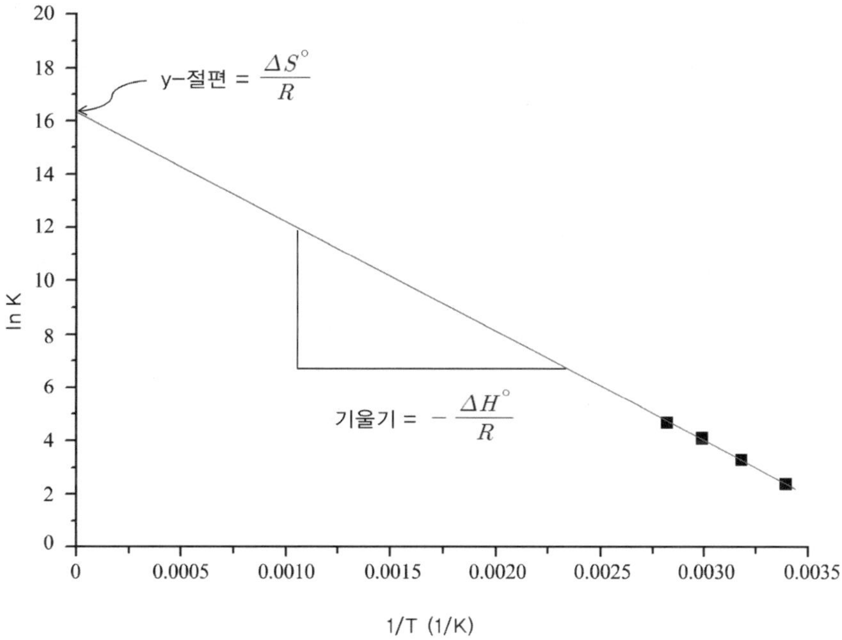

그림 21-1 표 21-1의 실험으로부터 구한 직선

(4) 질산 포타슘의 용해도곱 상수와 용해열, 용해 엔트로피

'실험 7. 용해열'에서는 염화 칼슘과 염화 암모늄이 물에 용해되는 과정에서 수반되는 열의 출입량, 즉 **용해열**(용해 엔탈피)을 열량계를 이용하여 얻었다. 이번 실험에서는 질산 포타슘(KNO_3)의 용해도곱 상수(K_{sp})를 구하고 이로부터 질산 포타슘의 용해열과 용해 엔트로피를 구하고자 한다.

$$KNO_3(s) \rightleftharpoons K^+(aq) + NO_3^-(aq) \qquad \text{(식 21-13)}$$

$$K_{sp} = [K^+][NO_3^-] \qquad \text{(식 21-14)}$$

'실험 20. 용해도곱 상수의 결정'에서는 수산화 칼슘($Ca(OH)_2$)의 용해도곱 상수를 구하기 위해, 과량의 수산화 칼슘을 물에 녹이고 포화 용액에서 수산화 이온(OH^-)의 농도를 산−염기 적정을 통해 결정하고, 이로부터 수산화 칼슘의 용해도와 용해도곱 상수를 얻었다. 질산 포타슘의 경우, K^+나 NO_3^-의 농도를 이와 같은 방법으로는 알 수 없다. 이번 실험에서는 **그림 21-2**와 같이 질산 포타슘의 용해도는 온도가 올라가면 증가하는 성질을 이용한다. 먼저 질산 포타슘 과량을 물에 녹인 후 가열하여 용질이 모두 녹아 있는 상태의 불포화 용액을 만든다($T > T_s$,

넣어 준 질산 포타슘의 양 $<$ 용해도). 이 용액을 서서히 식히면 용액에 있는 질산 포타슘의 양은 일정하지만 용해도는 작아지므로, 어느 순간 포화 용액이 된다 ($T = T_s$, 넣어 준 질산 포타슘의 양 = 용해도). 온도가 더 내려가면 용해도만큼 질산 포타슘이 물에 녹아 있게 되고 남는 양은 고체 결정으로 석출된다($T < T_s$, 넣어 준 질산 포타슘의 양 $>$ 용해도). 따라서 용액에서 고체 결정이 관찰되는 순간에 질산 포타슘의 용해도는 넣어 준 양과 같으므로, 그 온도에서 질산 포타슘의 용해도를 알 수 있다. 이번 실험에서는 질산 포타슘의 양을 달리하여, 위와 같은 방법으로 용액을 가열하여 불포화 용액을 만든 후, 용액을 식히면서 고체 결정이 관찰되는 순간의 온도를 기록하여 온도에 따른 용해도를 구한다.

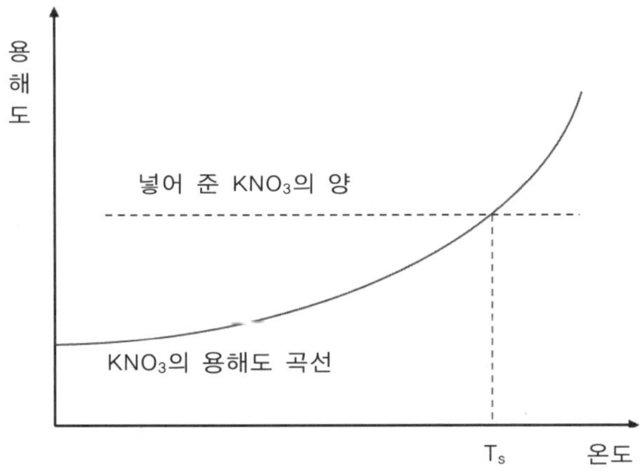

그림 21-2 질산 포타슘의 용해도 곡선

식 21-13에서 보듯이, 하나의 질산 포타슘은 용해되어 하나의 K^+와 하나의 NO_3^-를 내어 놓으므로 질산 포타슘의 K_{sp}는 몰용해도의 제곱이 된다.

$$K_{sp} = [\text{몰용해도}]^2 \qquad (\text{식 } 21\text{–}15)$$

또한 여러 온도에서 얻은 K_{sp}와 식 21-12의 관계로부터 질산 포타슘이 물에 녹을 때의 용해열과 엔트로피 변화량을 구할 수 있다.

$$\ln K_{sp} = -\frac{\Delta H^\circ_{\text{용해}}}{RT} + \frac{\Delta S^\circ_{\text{용해}}}{R} \qquad (\text{식 } 21\text{–}16)$$

4 실험 기구 및 시약

기구	시약
시험관	증류수
시험관대	질산 포타슘(KNO_3)
시험관 집게	
무게 접시	
물중탕 그릇	
가열교반기	
온도계	
유성 펜	
25 mL 눈금 실린더	

5 실험 방법

① 시험관에 증류수 10 mL를 넣는다.

② 질산 포타슘(KNO_3) 4 g 정도를 저울로 재서 질량을 기록하고, ①의 시험관에 넣어 흔든다.

③ 물중탕을 이용하여 모든 고체가 완전히 녹을 때까지 서서히 가열한다.

④ 온도계를 시험관에 넣고 조금씩 저어주면서 식힌다. 고체 결정이 보이는 순간의 온도를 기록한다.

⑤ 온도계를 빼고 시험관을 똑바로 세운 후, 유성 펜을 이용하여 시험관에 용액의 높이를 표시한다.

⑥ 용액을 버리고, 시험관에 표시한 높이만큼 증류수를 채운다. 증류수를 눈금 실린더로 옮겨 용액의 부피를 측정한다.

⑦ KNO_3 8 g, 12 g, 16 g으로 위 실험을 반복한다.

실험 주의 사항

① 가열할 때 물중탕을 이용하지 않고 직접 가열할 경우, 용액이 끓지 않도록 주의한다.

② 화상을 입지 않도록 주의한다.

결과보고서

실험 21 용해도곱 상수와 용해열, 용해 엔트로피

학과	학번	조	이름	실험일	확인
				년 월 일	

1. 온도에 따른 KNO_3의 용해도 　　　　KNO_3의 몰질량 ________ g/mol

실험	KNO_3의 양		고체 결정이 관찰된 온도(°C)	용액의 부피 (mL)	몰용해도 (mol/L)
	g	mol			
1					
2					
3					
4					

2. 온도에 따른 KNO_3의 용해도곱 상수

실험	온도(T)		몰용해도 (mol/L)	K_{sp}	ln K_{sp}	1/T (1/K)
	°C	K				
1						
2						
3						
4						

3. $1/T$ - $\ln K_{sp}$ 관계 그래프(실험값과 최소제곱법으로 구한 직선을 함께 나타낼 것)

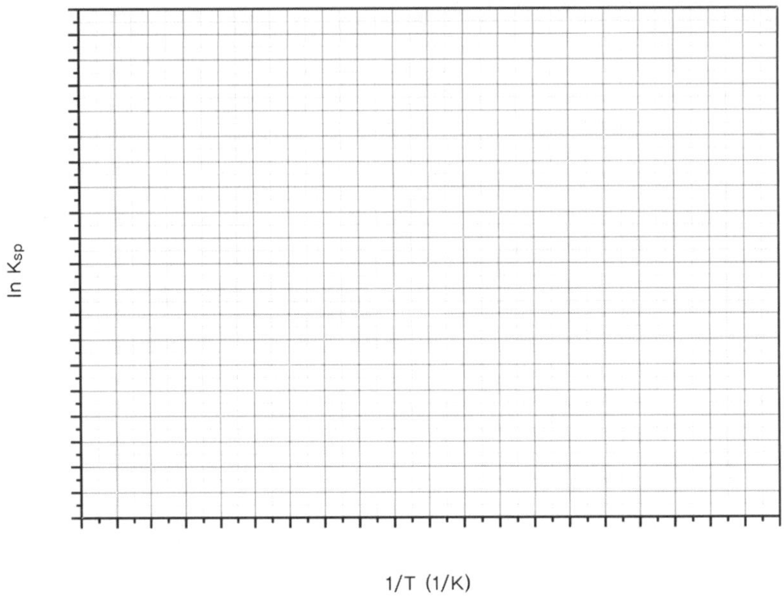

4. KNO_3의 용해열과 용해 엔트로피

직선의 기울기 $= -\dfrac{\Delta H^\circ_{용해}}{R} =$ __________ $\Delta H^\circ_{용해} =$ __________ kJ/mol

직선의 y–절편 $= \dfrac{\Delta S^\circ_{용해}}{R} =$ __________ $\Delta S^\circ_{용해} =$ __________ J/mol·K

고찰할 내용

- 질산 포타슘의 용해 과정은 발열 반응인가 흡열 반응인가? 그 결과와 Le Châtelier 원리를 이용하여 온도에 따른 K_{sp} 값의 변화를 설명하여라.
- 고체 이온 화합물이 물에 녹을 때 엔트로피 변화량(용해 엔트로피)은 양수인가 음수인가? 직관적으로 답하고 그 이유를 설명하여라.
- $NaCl(s)$의 용해열은 양수이다. 즉 소금은 물에 녹을 때 열을 흡수한다. 그럼에도 불구하고 소금이 물에 잘 녹는 이유를 설명하여라.
- 6 g의 질산 포타슘을 물에 녹이려고 한다. 수용액 부피가 10.0 mL라면 질산 포타슘을 완전히 녹이기 위해서는 용액의 온도가 몇 °C 이상이어야 하는지, 실험에서 구한 질산 포타슘의 $\Delta H_{용해}$ 와 $\Delta S_{용해}$ 값을 이용하여 계산하여라.

실험 22

화학 전지

1 실험의 목표

금속 양이온의 수용액에 다른 종류의 금속을 녹였을 때 일어나는 현상을 관찰하여 산화–환원 반응과 전기화학적 서열을 이해한다. 전기화학적 서열을 바탕으로 화학 전지를 만들어 보고 화학 에너지가 전기 에너지로 바뀌는 과정을 이해한다.

2 이해해야 할 개념

산화–환원 반응, 전기화학, 전기화학적 서열, 활동도 계열, 환원제, 산화제, 화학 전지, 갈바니 전지, 볼타 전지, 산화 전극, 환원 전극, 전지 전위, 기전력, 표준 전지 전위, 표준 수소 전극, 표준 환원 전위, Nernst 식, 자유 에너지와 전지 전위 관계

3 실험을 이해하기 위한 기본 이론

(1) 전기화학

그림 22–1과 같이 황산 구리($CuSO_4$)를 녹인 수용액에 아연(Zn) 금속판을 넣으면, Zn은 아연 이온(Zn^{2+})으로 되어 물에 녹고, 구리 이온(Cu^{2+})은 Zn 금속판에 구리(Cu) 금속으로 석출되어, 그 결과 Zn 금속판이 Cu로 도금된다. 이러한 현상은 Zn이 잃은 전자를 Cu^{2+}가 받아 일어난다(식 22–1). 이와 같이 전자를 주고받는 반응을 **산화–환원 반응**(oxidation-reduction reaction)이라고 하며, '실험 6. 산화–

환원 적정'에서는 산화–환원 반응의 기본 개념에 대하여 살펴보고 미지 시료의 농도를 결정하는 방법에 대해, '**실험 12.** 수돗물의 잔류 염소량 정량 분석'과 '**실험 13.** 알코올의 정량 분석'에서는 산화–환원 반응을 이용한 정량 분석에 대해 알아 보았다.

그림 22-1 황산 구리 수용액에 아연 금속을 넣었을 때의 변화

$$Zn(s) + Cu^{2+}(aq) \longrightarrow Zn^{2+}(aq) + Cu(s) \quad \text{(식 22-1)}$$

Cu^{2+}가 녹아 있는 수용액에 Zn 금속판을 넣으면 식 22-1의 반응이 일어나지만, 반대로 Zn^{2+}가 녹아 있는 수용액에 Cu 금속판을 넣으면 반응이 일어나지 않는다. 따라서 식 22-1의 정반응은 자발적 과정이지만 역반응은 비자발적 과정이다. 수력 발전소에서 물이 높은 곳에서 낮은 곳으로 떨어지는 자발적 과정을 이용하여 전기 에너지를 얻듯이, 자발적 산화–환원 반응을 이용하여, 우리는 전기 에너지를 얻을 수 있다. 반대로 전기 에너지를 이용하여 화학 반응을 일으킬 수도 있다. 이와 같이 화학 반응과 연관되어 있는 화학 에너지는 전기 에너지와 서로 변환될 수 있으며, 이를 다루는 연구 분야를 **전기화학**(electrochemistry)이라고 한다. 건전지는 화학 에너지를 전기 에너지로 바꾸어 주는 대표적인 예이다.

(2) 전기화학적 서열

위에서 Zn 금속을 Cu^{2+} 이온이 녹아 있는 수용액에 넣으면, Zn은 전자를 잃어 (산화되어) Zn^{2+}로 되고 Cu^{2+}는 전자를 얻어(환원되어) Cu로 되는 것을 보았다. 그러나 Zn 금속 대신에 은(Ag) 금속을 Cu^{2+} 이온이 녹아 있는 수용액에 넣으면 반응이 일어나지 않는다. 반대로 Cu 금속을 질산 은($AgNO_3$) 수용액에 넣으면, Cu는 전자를 잃고 Cu^{2+}로 되어 물에 녹고, 수용액에 녹아 있던 Ag^+는 전자를 얻어 Cu 금속 표면에 석출된다(식 22-2).

$$Cu(s) + 2Ag^+(aq) \longrightarrow Cu^{2+}(aq) + 2Ag(s) \qquad (식\ 22\text{-}2)$$

식 22-1과 식 22-2의 화학 반응식에서 정반응은 일어나지만 역반응은 일어나지 않는 이유는, 금속마다 전자를 잃고자(산화되고자) 하는 능력이 다르기 때문이다. Zn은 Cu보다 산화되려고 하는 능력이 더 크고 Cu는 Ag보다 더 커서, Zn은 Cu^{2+}와 반응하고 Cu는 Ag^+와 반응한다. 유추하여 Zn이 Ag보다 전자를 잃으려고 하는 능력이 더 크다. 따라서 세 금속에서 산화되려고 하는 능력의 순서는 Zn > Cu > Ag가 된다. 이와 같이 원소들을 산화되려고 하는 능력의 순서에 따라 정리한 것을 **전기화학적 서열**(electrochemical series) 또는 **활동도 계열**(activity series)이라고 한다.

그림 22-2는 금속의 전기화학적 서열로서 왼쪽으로 갈수록 금속이 산화되고자 하는 능력이 커진다. 즉 더 쉽게 산화된다. 이를 '금속의 활동도가 높다.' 또는 '금속의 반응성이 크다.'라고 표현하기도 하기도 한다. 산화되고자 하는 능력이 크다는 의미는, 잃은 전자를 다른 화학종에 전달하여 그 화학종을 환원시키고자 하는 능력이 커진다는 의미와 같다. 따라서 그림에서 왼쪽으로 갈수록 금속은 더 강한 **환원제**(reductant, reducing agent)가 된다. 여기에서는 금속의 전기화학적 서열을 언급하였지만, 더 확장되어 모든 원소들 사이에 전기화학적 서열이 있다.

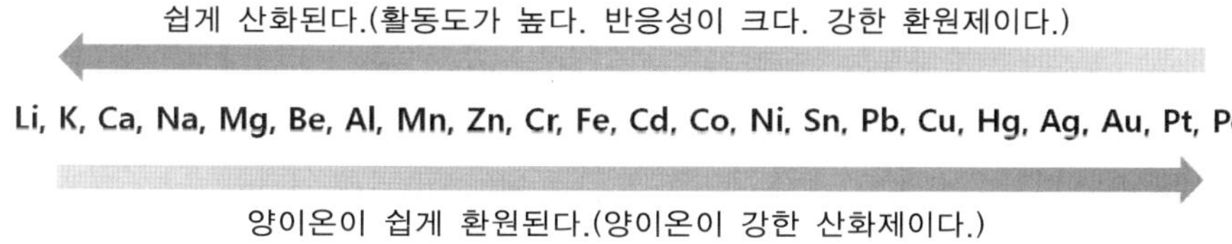

그림 22-2 금속의 전기화학적 서열

식 22-1과 식 22-2의 반응을 설명할 때 다음과 같이 할 수도 있다. Cu^{2+}는 Zn^{2+}보다 환원되려고 하는 능력이 더 크고 Ag^+는 Cu^{2+}보다 더 커서, Cu^{2+}는 Zn과 반응하고 Ag^+는 Cu와 반응한다. 유추하여 Ag^+는 Zn^{2+}보다 전자를 얻고자 하는 능력이 더 크다. 세 금속 양이온에서 환원되려고 하는 능력의 순서는 $Ag^{+} > Cu^{2+} > Zn^{2+}$가 되어, 금속의 전기화학적 서열의 역순이 된다. 따라서 그림 22-2에서 오른쪽으로 갈수록 금속의 양이온은 더 쉽게 환원되고자 한다. 즉 더 강한 **산화제**(oxidant, oxidizing agent)이다.

(3) 화학 전지

앞에서 자발적 산화-환원 반응을 이용하여 전기 에너지를 얻을 수 있다고 하였다. 이를 이해하기 위해 식 22-1의 반응을 산화 반응과 환원 반응으로 나누어 반응식으로 나타내면 식 22-3, 식 22-4가 된다. 이때 각각의 반응식을 반쪽 반응식이라고 한다.

$$\text{산화 반쪽 반응: } Zn(s) \longrightarrow Zn^{2+}(aq) + 2e^{-} \qquad \text{(식 22-3)}$$

$$\text{환원 반쪽 반응: } Cu^{2+}(aq) + 2e^{-} \longrightarrow Cu(s) \qquad \text{(식 22-4)}$$

$$\text{전체 반응: } Zn(s) + Cu^{2+}(aq) \longrightarrow Zn^{2+}(aq) + Cu(s) \qquad \text{(식 22-5)}$$

위의 반응에서 Zn는 두 개의 전자를 잃어 Zn^{2+}로 산화되고, Cu^{2+}는 Zn이 잃은 전자 두 개를 받아 Cu로 환원되었다. 그림 22-1의 반응에서는 물에 녹아 있던 Cu^{2+} 이온이 Zn 금속판에 충돌하면서 Zn 원자와 Cu^{2+} 사이에 전자를 주고받는 반응이 즉시 일어난다.

전기 에너지를 얻기 위해서는 Zn이 내어 놓은 전자를 Cu^{2+}가 받기 전에 도선을 통해 전자가 흐르게 할 필요가 있다. 이를 위한 장치를 **화학 전지**(electrochemical cell)라고 한다. **갈바니 전지**(galvanic cell) 또는 **볼타 전지**(voltaic cell)라고도 불리는 화학 전지는 산화가 일어나는 곳과 환원이 일어나는 곳을 분리하고 둘 사이를 도선으로 연결하여 놓은 장치이다. 그림 22-3은 $Zn-Cu^{2+}$ 화학 전지로서 왼쪽 비커에는 황산 아연($ZnSO_4$) 수용액에 Zn 전극을 담그고, 오른쪽 비커에는 황산 구리($CuSO_4$) 수용액에 Cu 전극을 담가 놓았다. 두 비커 사이는 다공성 막으로 연결하고(또는 서로 분리된 두 비커를 염다리로 연결해도 된다.) 두 금속 전극을 도선으로 연결하였다.

먼저 왼쪽 비커의 Zn 전극에서 용액에 잠겨있는 부분의 Zn 원자는 Zn^{2+}로 산화되어 용액 속으로 녹아 들어가고, 내어놓은 전자는 도선을 따라 흘러 오른쪽 비커의 Cu 전극에 도달한다. 용액에 있던 Cu^{2+}는 Cu 전극과 충돌할 때 Zn 전극으로부터 온 전자와 만나 Cu 원자로 환원되어 전극 표면에 석출된다. 만일 두 비커를 연결하는 다공성 막이 없다면 왼쪽 비커에는 생성된 Zn^{2+} 이온 때문에 양전하가 축적되고, 오른쪽 비커에서는 사라진 Cu^{2+} 이온 때문에 음전하가 축적되는 전하 분리 현상이 일어나, 전자가 더 이상 도선을 따라 흐를 수 없다. 이온이 통과할 수 있는 다공성 막(또는 염다리)은 이를 방지하기 위한 장치로서, 막을 통해 양이온은 오른쪽으로, 음이온은 왼쪽으로 이동하여, 양쪽 비커를 항상 전기적 중성 상태로 유지시켜 전자가 도선을 따라 계속 흐를 수 있게 한다.

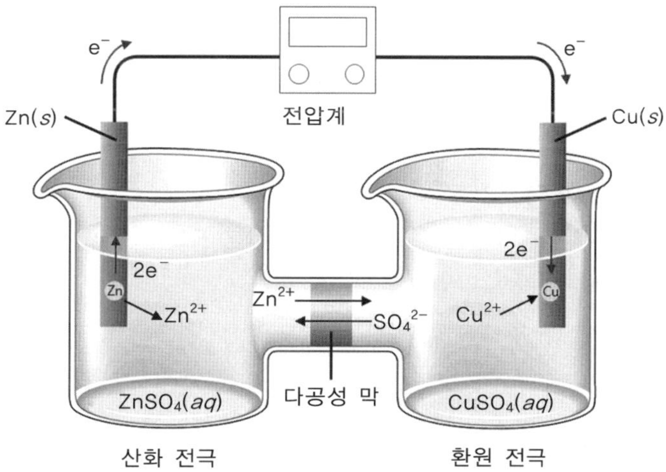

그림 22-3 Zn–Cu^{2+} 화학 전지

위의 전지에서 왼쪽 비커에서는 산화 반응이 일어났고, 오른쪽 비커에서는 환원 반응이 일어났다. 산화 반응이 일어난 부분을 **산화 전극**(anode), 환원 반응이 일어난 부분을 **환원 전극**(cathode)이라고 한다.

산화 전극에서 일어난 반응: $Zn(s) \longrightarrow Zn^{2+}(aq) + 2e^-$ (식 22-6)

환원 전극에서 일어난 반응: $Cu^{2+}(aq) + 2e^- \longrightarrow Cu(s)$ (식 22-7)

전체 반응: $Zn(s) + Cu^{2+}(aq) \longrightarrow Zn^{2+}(aq) + Cu(s)$ (식 22-8)

그림 22-2의 전기화학적 서열에서 왼쪽에 있는 금속과 그 양이온을 산화 전극으로, 오른쪽에 있는 금속과 그 양이온을 환원 전극으로 사용하면 화학 전지를 만들 수 있다. 그러나 활동도가 높은 금속일수록 물과 빠르게 반응하므로 수용액을 사용할 수 없다. 이럴 경우 물을 사용하지 않는 장치를 설계해야 한다.

(4) 표준 환원 전위와 전지 전위

그림 22-3의 $Zn-Cu^{2+}$ 화학 전지에서 전자는 Zn 전극에서 Cu 전극으로 흐른다. 전자가 도선을 따라 움직일 수 있는 것은 두 전극 사이에 전위차가 있기 때문이다. 두 전극 사이의 전위차를 **전지 전위**(cell potential, $E_{전지}$)라고 한다. 전위차는 전자가 도선을 따라 이동하게 하는 원동력이어서 전지 전위를 **기전력**(electromotive force)이라고도 한다. 전자가 산화 전극에서 환원 전극으로 이동하는 것은 환원 전극의 전위가 더 높기 때문이다.[1)]

각 전극의 전위는 환원 반응에 대한 것으로 약속하기 때문에 전지 전위는 식 22-9와 같다. 따라서 그림 22-3의 $Zn-Cu^{2+}$ 전지에서 전지 전위는 식 22-10이 된다.

$$E_{전지} = E_{환원}(환원\ 전극) - E_{환원}(산화\ 전극) \qquad (식\ 22\text{-}9)$$

$$E_{Zn-Cu^{2+}} = E_{Cu^{2+}(aq)+2e^- \rightarrow Cu(s)} - E_{Zn^{2+}(aq)+2e^- \rightarrow Zn(s)} \qquad (식\ 22\text{-}10)$$

화학 전지에서 반응에 참여하는 모든 화학종이 표준 상태에 있을 때[2)] 측정되는 전지 전위를 **표준 전지 전위**(standard cell potential, $E°_{전지}$)라고 한다(식 22-11). 그림 22-4(A)의 $Zn-Cu^{2+}$ 전지에서 $ZnSO_4$와 $CuSO_4$의 농도를 각각 1 M로 하여 전지 전위를 측정하면 1.10 V가 된다. 따라서 $Zn-Cu^{2+}$ 전지의 표준 전지 전위는 1.10 V이다(식 22-12).

$$E^{\circ}_{전지} = E^{\circ}_{환원}(환원\ 전극) - E^{\circ}_{환원}(산화\ 전극) \qquad (식\ 22\text{-}11)$$

1) 전류의 이동 방향은 전자가 이동하는 방향의 반대 방향임을 기억하자. 따라서 전류는 전위가 높은 곳에서 낮은 곳으로 이동한다.

2) 액체와 고체의 표준 상태는 1기압, 25°C에 있는 순수한 물질, 기체의 표준 상태는 1 bar(≈1기압), 25°C에 있는 순수한 기체를 의미한다. 그리고 용질의 표준 상태는 1기압, 25°C에서 1 M의 농도를 의미한다.

$$E^{\circ}_{Zn-Cu^{2+}} = E^{\circ}_{Cu^{2+}(1M,\,aq)+2e^{-}\rightarrow Cu(s)} - E^{\circ}_{Zn^{2+}(1M,\,aq)+2e^{-}\rightarrow Zn(s)} = 1.10\,V$$

(식 22-12)

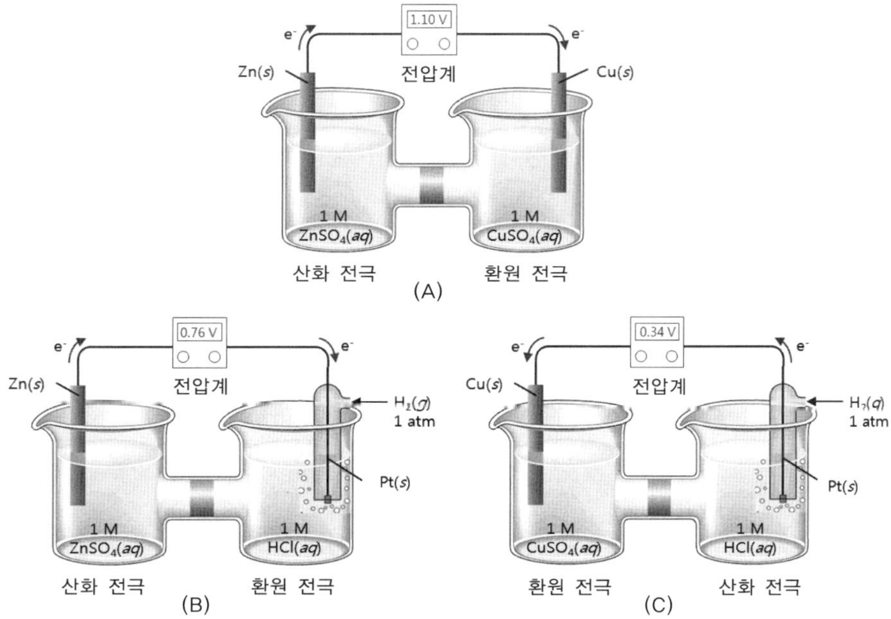

그림 22-4 (A) Zn-Cu^{2+} 화학 전지, (B) Zn-H^{+} 화학 전지, (C) H_2-Cu^{2+} 화학 전지에서의 표준 전지 전위(온도 25°C)

실험으로부터 우리는 단지 두 전극 사이의 환원 전위 차이(전지 전위)만을 알 수 있고, 각 전극의 절대적인 환원 전위는 정의할 수 없다. 그러나 어떤 특정의 환원 반응을 기준으로 상대적인 환원 전위를 정의할 수는 있다. 그 기준으로 H_2(1 atm, g)와 H^{+}(1M, aq)로 이루어진 **표준 수소 전극**(standard hydrogen electrode)에서 일어나는 환원 반응을 사용한다. **그림 22-4(B)**의 Zn$-H^{+}$ 전지는 산화 전극에 Zn(s)와 Zn^{2+}(1M, aq) 넣고, 환원 전극으로는 표준 수소 전극을 이용하여 만든 것으로, 이때 측정되는 전지 전위는 0.76 V이다(식 22-13). 또한 **그림 22-4(C)**와 같이 산화 전극으로는 표준 수소 전극을 사용하고, 환원 전극에는 Cu(s)와 Cu^{2+}(1M, aq)를 넣어 만든 H_2-Cu^{2+} 전지의 전지 전위는 0.34 V로 측정된다(식 22-14).

$$E^{\circ}_{Zn-H^+} = E^{\circ}_{2H^+(1M,\,aq)+2e^-\rightarrow H_2(1\,atm,\,g)} - E^{\circ}_{Zn^{2+}(1M,\,aq)+2e^-\rightarrow Zn(s)} = 0.76\,V$$

(식 22–13)

$$E^{\circ}_{H_2-Cu^{2+}} = E^{\circ}_{Cu^{2+}(1M,\,aq)+2e^-\rightarrow Cu(s)} - E^{\circ}_{2H^+(1M,\,aq)+2e^-\rightarrow H_2(1\,atm,\,g)} = 0.34\,V$$

(식 22–14)

위에서 표준 수소 전극에서 일어난 환원 반쪽 반응의 전위를 0 V라고 약속하면, 다른 환원 반쪽 반응의 전위를 구할 수 있다.

$$E^{\circ}_{2H^+(1M,\,aq)+2e^-\rightarrow H_2(1\,atm,\,g)} = 0\,V \quad \text{(식 22–15)}$$

$$E^{\circ}_{Zn^{2+}(1M,\,aq)+2e^-\rightarrow Zn(s)} = -0.76\,V \quad \text{(식 22–16)}$$

$$E^{\circ}_{Cu^{2+}(1M,\,aq)+2e^-\rightarrow Cu(s)} = 0.34\,V \quad \text{(식 22–17)}$$

식 22–16, 식 22–17과 같이 표준 상태에서 수소 이온(H^+)의 환원 반쪽 반응에 대한 어떤 환원 반쪽 반응의 환원 전위를 **표준 환원 전위**(standard reduction potential)라고 한다. **부록 7**은 여러 가지 환원 반쪽 반응의 표준 환원 전위이다. **부록 7**의 표준 환원 전위와 **그림 22–2**에 있는 금속의 전기화학적 서열을 비교하면 금속의 양이온의 표준 환원 전위가 낮을수록 해당 금속의 전기화학적 서열이 앞에 있음을 알 수 있다. 즉, 금속이 산화가 잘 될수록 해당 양이온은 환원되기가 어렵다.

표준 환원 전위로부터 어떤 산화–환원 반응이 일어날지, 그리고 표준 전지 전위는 얼마일지를 쉽게 알 수 있다. 예를 들어 Cu^{2+}와 Zn^{2+}의 표준 환원 전위는 각각 0.34 V와 −0.76 V로 Cu^{2+}의 표준 환원 전위가 Zn^{2+}보다 높다. 이것은 Cu^{2+}는 Zn^{2+}보다 환원되고자 하는 경향이 강하다는 것을 의미한다. 이때 Cu^{2+}는 Zn과 반응하여 Cu로 환원되고 Zn는 Zn^{2+}로 산화된다(식 22–18). 그리고 환원 전극에 Cu(s)와 Cu^{2+}(1M, aq), 산화 전극에 Zn(s)와 Zn^{2+}(1M, aq)를 넣어 만든 전지의 표준 전지 전위는 1.10 V가 된다(식 22–19). 전자는 항상 산화 전극에서 외부 도선을 따라 환원 전극으로 이동한다.

$$Zn(s) + Cu^{2+}(aq) \longrightarrow Zn^{2+}(aq) + Cu(s) \quad \text{(식 22–18)}$$

$$E^{\circ}_{Zn-Cu^{2+}} = E^{\circ}_{Cu^{2+}(1M,\, aq)+2e^- \to Cu(s)} - E^{\circ}_{Zn^{2+}(1M,\, aq)+2e^- \to Zn(s)}$$

$$= 0.34\,V - (-0.76V) = 1.10\,V$$

(식 22-19)

표준 상태에서의 전지 전위를 표준 전지 전위라고 한다. 표준 상태가 아닌 전지의 전지 전위는 식 22-20의 Nernst 식을 이용하여 구할 수 있다.

$$E_{전지} = E^{\circ}_{전지} - \frac{RT}{nF}\ln Q \qquad (식\ 22\text{-}20)$$

$$= E^{\circ}_{전지} - \frac{2.303RT}{nF}\log Q$$

여기서 $E^{\circ}_{전지}$는 표준 전지 전위, R은 기체 상수, T는 절대 온도, Q는 반응 지수, F는 Faraday 상수(= 9.6485×10^4 C/mol), n은 산화–환원 반응식에서 산화제와 환원제가 주고받은 전자의 개수이다. 전지의 온도가 25°C인 경우, R = 8.314 J/mol·K 이고 1 V = 1 J/C이므로 Nernst 식은 식 22-21과 같이 바꾸어 쓸 수 있다.

$$E_{전지} = E^{\circ}_{전지} - \frac{0.0592}{n}\log Q \qquad (식\ 22\text{-}21)$$

따라서 $Zn-Cu^{2+}$ 전지에서 산화제(Cu^{2+})와 환원제(Zn)가 주고 받은 전자는 두 개이므로 전지 전위는 식 22-22와 같이 표현된다. 여기서 $[Zn^{2+}]_0$와 $[Cu^{2+}]_0$는 용액에서 Zn^{2+}와 Cu^{2+}의 농도이다.

$$E_{Zn-Cu^{2+}} = E^{\circ}_{Zn-Cu^{2+}} - \frac{0.0592}{2}\log\frac{[Zn^{2+}]_0}{[Cu^{2+}]_0} \qquad (식\ 22\text{-}22)$$

(5) 표준 전지 전위, 평형 상수, 자유 에너지

그림 22-4(A)의 $Zn-Cu^{2+}$ 전지에서 화학종들은 표준 상태에 있으므로, $[Zn^{2+}]_0 = [Cu^{2+}]_0 = 1$ M이다. 따라서 $E_{Zn-Cu^{2+}} = E^{\circ}_{Zn-Cu^{2+}} = 1.10\,V$이다. 반응이 진행되면 Zn^{2+}의 양은 늘어나고 Cu^{2+}의 양은 줄어들어 농도의 변화가 일어난다. 어느 순간 전지에서 $[Zn^{2+}]_0$=1.9 M, $[Cu^{2+}]_0$=0.1 M이라면 전지 전위는 1.06 V로 감소한다. 계속하여 반응이 진행되면 Zn^{2+}의 농도는 증가하고 Cu^{2+}의 농도는 감소하여

전지 전위가 계속 감소하며, 반응은 궁극적으로 평형 상태(식 22-23)에 도달한다. 평형 상태에서는 반응물과 생성물의 양(농도)이 변하지 않으므로 주고받은 전자도 없는 상태가 된다. 따라서 이때의 전지 전위는 0 V가 된다. 평형 상수를 K라고 하면 식 22-24가 성립하여, 우리는 표준 전지 전위로부터 식 22-24처럼 산화–환원 반응의 평형 상수를 구할 수 있다.

$$\mathrm{Zn}(s) + \mathrm{Cu}^{2+}(aq) \rightleftharpoons \mathrm{Zn}^{2+}(aq) + \mathrm{Cu}(s) \qquad \text{(식 22–23)}$$

$$E_{\text{전지}} = E^{\circ}_{\text{전지}} - \frac{RT}{nF}\ln \mathrm{K} = 0 \qquad \text{(식 22–24)}$$

$$K = e^{\frac{nFE^{\circ}_{\text{전지}}}{RT}} \qquad \text{(식 22–25)}$$

'실험 21. 용해도곱 상수와 용해열, 용해 엔트로피'에서 표준 상태에서 반응의 자유 에너지 변화량과 평형 상수 사이에 다음의 관계가 있음을 알았다.

$$K = e^{-\frac{\Delta G^{\circ}}{RT}} \qquad \text{(식 22–26)}$$

따라서 표준 상태에서 반응의 자유 에너지 변화량과 전지 전위 사이에는 식 22-27이 성립한다. 또한 표준 상태가 아닐 때 반응의 자유 에너지 변화량과 전지 전위 사이에도 역시 같은 관계(식 22-28)가 성립한다.

$$\Delta G^{\circ} = -nFE^{\circ}_{\text{전지}} \qquad \text{(식 22–27)}$$

$$\Delta G = -nFE_{\text{전지}} \qquad \text{(식 22–28)}$$

4 실험 기구 및 시약

기구	시약
25 mL 비커	아연판, 구리판, 니켈판, 납판
100 mL 비커	1.0 M $Zn(NO_3)_2$ 수용액
10 mL 피펫	1.0 M $Cu(NO_3)_2$ 수용액
100 mL 눈금 실린더	1.0 M $Pb(NO_3)_2$ 수용액
전압계	1.0 M $Ni(NO_3)_2$ 수용액
사포	
구리선	
염다리	
스위치	
가위	

5 실험 방법

(1) 실험 A. 전기화학적 서열

① 얇은 구리(Cu), 아연(Zn), 납(Pb), 니켈(Ni) 금속판(각각 3개씩)의 양면을 고운 사포로 깨끗하게 닦는다.

② 25 mL 비커 세 개에 1.0 M $Cu(NO_3)_2$ 용액을 약 10 mL씩 피펫으로 옮긴 후, 각 비커에 Zn, Pb, Ni 판을 담가 놓는다.

③ 각 비커에서 일어나는 화학 반응을 관찰하여 기록한다.

④ 같은 방법으로 1.0 M $Zn(NO_3)_2$ 용액에 Cu, Pb, Ni 판을 담그고, 각 비커에서 일어나는 현상을 관찰하고 기록한다.

⑤ 같은 방법으로 1.0 M $Pb(NO_3)_2$ 용액에 Zn, Cu, Ni 판을 담그고, 각 비커에서 일어나는 현상을 관찰하고 기록한다.

⑥ 같은 방법으로 1.0 M $Ni(NO_3)_2$ 용액에 Zn, Cu, Pb 판을 담그고, 각 비커에서 일어나는 현상을 관찰하고 기록한다.

(2) 실험 B. 화학 전지

① 얇은 Cu, Zn 금속판을 각각 가로 1.0 cm, 세로 7.0 cm로 자르고, 양면을 사포로 깨끗이 닦는다.

② 100 mL 비커에 1.0 M $Zn(NO_3)_2$ 용액 80 mL를 넣은 후 Zn 금속판을 담가 놓는다. 이때 금속판의 윗부분 2 cm는 용액 위로 노출되도록 한다.

③ 다른 100 mL 비커에 1.0 M $Cu(NO_3)_2$ 용액 80 mL, Cu 금속판을 같은 방법으로 설치한다.

④ 또 다른 100 mL 비커에 1.0 M $Pb(NO_3)_2$ 용액 80 mL, Pb 금속판을 같은 방법으로 설치한다.

⑤ ②와 ③ 두 비커를 염다리로 연결한다.

⑥ 전압계의 두 단자를 각각 Cu 금속판과 Zn 금속판에 연결한다. 이때 전압계에 스위치 장치를 해서 회로의 연결과 끊음을 쉽게 한다.

⑦ 스위치를 연결하고 전지 전위를 측정한다.

⑧ ②와 ④ 두 비커를 염다리로 연결하고, Zn 전극과 Pb 전극을 전압계에 연결하여 전지 전위를 측정한다.

⑨ ③과 ④ 두 비커를 염다리로 연결하고, Cu 전극과 Pb 전극을 전압계에 연결하여 전지 전위를 측정한다.

실험 주의 사항

- 금속 전극의 표면에 이물질이 있으면 정확한 실험을 수행할 수 없으므로 금속 표면을 깨끗이 닦는다.

결과보고서

실험 22

화학 전지

학 과	학 번	조	이 름	실 험 일	확 인
				년 월 일	

실험 A 전기화학적 서열

아래의 각 금속을 각각의 용액에 넣었을 때, 용액에서 일어나는 변화와 금속에서 일어나는 변화를 관찰하여 기록하여라.

용액 / 금속	$Cu(NO_3)_2$	$Zn(NO_3)_2$	$Pb(NO_3)_2$	$Ni(NO_3)_2$
Cu		용액: 금속:	용액: 금속:	용액: 금속:
Zn	용액: 금속:		용액: 금속:	용액: 금속:
Pb	용액: 금속:	용액: 금속:		용액: 금속:
Ni	용액: 금속:	용액: 금속:	용액: 금속:	

금속의 전기화학적 서열: ________, ________, ________, ________

실험 B 화학 전지

위 실험에서 얻은 전기화학적 서열로부터 다음 각 전지의 산화 전극과 환원 전극을 판단하고, 측정된 전지 전위와 예상되는 각 반응식을 적어라.

온도: ________°C

	Zn−Cu 전지	Zn−Pb 전지	Pb−Cu 전지
전지 전위(V)			
산화 전극			
환원 전극			
산화 반쪽 반응			
환원 반쪽 반응			
전체 반응			

고찰할 내용

- Zn^{2+}, Cu^{2+}, Pb^{2+}의 표준 환원 전위를 조사하여 Zn−Cu 전지, Zn−Pb 전지, Pb−Cu 전지의 예상되는 표준 전지 전위를 구하여라.
- 실험에서 측정한 전지 전위와 조사 자료로부터 얻은 표준 전지 전위가 다른 이유를 설명하여라.
- 만일 Zn−Cu 전지, Zn−Pb 전지, Pb−Cu 전지를 각각 오랜 시간 동안 놓아두면 최종적인 전지 전위는 얼마로 예상되는가? 그리고 실험에서 측정한 전지 전위로부터 이때 각 전지에서 이온의 농도비($[Zn^{2+}]/[Cu^{2+}]$, $[Zn^{2+}]/[Pb^{2+}]$, $[Pb^{2+}]/[Cu^{2+}]$)는 얼마가 될 것인지 계산하여라.

실험 23

전기분해

1 실험의 목표

황산 구리 수용액의 전기분해 실험에서 전기 에너지를 이용하여 화학 반응을 일으키는 과정을 이해하고, 전기분해의 응용성을 알아본다.

2 이해해야 할 개념

전기분해, 전해 전지, 과전위, 석출, 도금, Faraday 법칙

3 실험을 이해하기 위한 기본 이론

(1) 전기분해

'실험 22. 화학 전지'에서 자발적 산화–환원 반응을 이용하여 전기 에너지를 얻는 화학 전지의 원리를 알아보았다. 그림 23-1(A)는 $Zn-Cu^{2+}$ 전지로서 산화 전극에서는 Zn가 Zn^{2+}로 산화되어 전자를 내놓는다. Zn가 내놓은 전자는 Cu 전극에 도달하고 Cu 전극 표면에서 Cu^{2+}가 전자와 만나 Cu로 환원되어 석출된다. 이 과정은 자발적 과정으로, 이때 두 비커는, Zn 전극은 (−)극, Cu 전극은 (+)극이고 전압은 1.10 V인, 하나의 전지가 되어 우리가 전기 에너지를 사용할 수 있다.

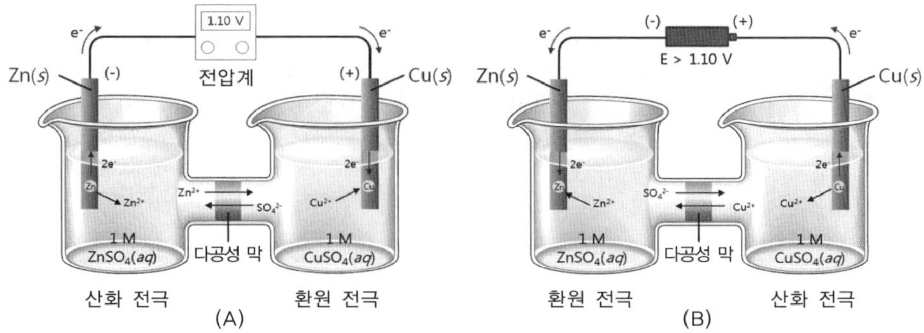

그림 23-1 (A) 화학 전지와 (B) 전기분해 장치

같은 장치에서 **그림 23-1(B)**와 같이 전압계 대신 1.10 V보다 높은 전압을 가진 건전지의 (+)극은 Cu 전극과 연결하고 (−)극은 Zn 전극에 연결하면 어떤 현상이 일어날지 생각해 보자. 이 경우 건전지는, 전자가 Zn 전극에서 Cu 전극으로 자발적으로 가려고 하는 힘(1.10 V)보다, 더 큰 힘으로 전자를 Cu 전극에서 Zn 전극으로 보내려 한다. 결국 전자는 Cu 전극에서 Zn 전극으로 이동한다. 따라서 Cu 전극에서 Cu는 전자를 잃어 Cu^{2+}로 산화되고, 그 전자를 Zn 전극이 받아 Zn 전극 표면에서 Zn^{2+}가 Zn로 환원된다. 이와 같이 전기 에너지를 이용하여 비자발적 산화–환원 화학 반응을 일으키는 것을 **전기분해**(electrolysis)라고 한다. **표 23-1**은 화학 전지와 전기분해 장치에서 일어난 반응을 비교한 것으로 두 장치에서의 반응은 서로 반대 방향이다. 전기분해 장치를 **전해 전지**(electrolytic cell)라고도 한다.

표 23-1 화학 전지와 전기분해 장치에서 일어난 반응 비교

	화학 전지	전기분해
산화 전극	$Zn(s) \longrightarrow Zn^{2+}(aq) + 2e^-$	$Cu(s) \longrightarrow Cu^{2+}(aq) + 2e^-$
환원 전극	$Cu^{2+}(aq) + 2e^- \longrightarrow Cu(s)$	$Zn^{2+}(aq) + 2e^- \longrightarrow Zn(s)$
전체 반응	$Zn(s) + Cu^{2+}(aq) \longrightarrow Zn^{2+}(aq) + Cu(s)$	$Cu(s) + Zn^{2+}(aq) \longrightarrow Cu^{2+}(aq) + Zn(s)$
자발성	자발적 반응	비자발적 반응

화학 전지에서는 산화가 일어나는 비커와 환원이 일어나는 비커를 분리하고, 전기적 중성 상태를 유지하기 위해 염다리나 다공성 막으로 비커를 연결하였다.

그러나 그림 23-1(B)의 전해 전지에서는 다공성 막을 제거하고 두 비커 사이에 용액이 자유로이 이동할 수 있도록 해도 된다. 즉 하나의 비커에 전기분해 장치를 해도 된다. 전기분해는 금속 등 전도체의 표면을 원하는 금속으로 도금하거나, 화합물에서 원소를 분리하여 내는 등 다양하게 응용되고 있다.

(2) 과전위

그림 23-1(B)의 전해 전지에서 1.10 V보다 높은 전압을 가진 건전지를 사용한다고 하였다. 그러나 1.10 V보다 조금 높은 전압의 건전지를 사용하면 전기분해는 일어나기 어렵다. 예를 들어 건전지의 전압이 1.20 V일 때 Zn 환원 전극에서의 반응을 생각해 보자. 산화 전극에서 온 전자는 고체인 Zn 금속에 있고 전자를 받을 Zn^{2+} 이온은 용액 상에 있기 때문에 전자는 두 상의 경계면을 통과해야 한다. 자발적 반응에 의해 전자가 오른쪽으로 가고자 하는 전위가 1.10 V이고 건전지가 전자를 왼쪽으로 보내는 전압은 1.20 V이므로, 경계면을 통해서 전자를 용액 속으로 밀기 위해 남아있는 힘(전압)은 0.10 V이다. 전자가 경계면을 통과하려면 더 큰 전압이 필요하기 때문에 이 경우 반응은 일어나기 어렵다. 이와 같이 전기분해에서 반응을 일으키기 위해서는 해당 산화-환원 반응에 대한 이론적 최소 필요 전위보다 더 높은 전압이 필요하다. 이를 **과전위**(overpotential)라고 한다. 그 밖에도 과전위가 필요한 이유는 더 있으나 본 교재의 수준을 넘으므로 생략하기로 한다.

(3) 도금

이번 실험에서는 황산 구리($CuSO_4$) 수용액에 구리(Cu) 금속 전극과 탄소(C) 전극을 넣고, 충분한 전압을 가진 건전지의 (+)극은 탄소 전극에, (−)극은 구리 전극에 연결한 그림 23-2의 전해 전지를 이용하여 Cu 전극을 도금하고자 한다. 전해 전지에서 일어나는 반응을 예측하기 위해서는 반응에 참여하는 화학종인 $Cu(s)$, $Cu^{2+}(aq)$, $H_2O(l)$가 포함된 환원 반쪽 반응과 그 표준 환원 전위를 알아야 한다. 식 23-1과 식 23-2는 그림 23-2의 전해 전지에서 일어나는 반응과 관련된 환원 반쪽 반응과 그 표준 환원 전위를 부록 7로부터 찾아 정리한 것이다.

$$O_2(g) + 4H^+(aq) + 4e^- \longrightarrow 2H_2O(l) \quad E° = 1.23\ V \quad (식\ 23\text{–}1)$$

$$Cu^{2+}(aq) + 2e^- \longrightarrow Cu(s) \quad E° = 0.34\ V \quad (식\ 23\text{–}2)$$

자발적인 산화–환원 반응은 '실험 22. 화학 전지'에서 알아보았듯이, 환원 전위가 높은 환원 반쪽 반응과 낮은 환원 반쪽 반응이 짝을 이루어, 전위가 높은 환원 반쪽 반응에서는 환원 반응이, 낮은 환원 반쪽 반응에서는 역반응(산화 반응)이 일어나는 것이다. 따라서 위의 전해 전지에서 건전지가 연결되어 있지 않다면 식 23–5의 산화–환원 반응이 일어날 것이다. 그러나 용액 속에 녹아 있는 산소 기체의 압력과 수소 이온의 농도가 매우 낮기 때문에 실제는 반응이 거의 관측되지 않는다.

환원 반쪽 반응: $O_2(g) + 4H^+(aq) + 4e^- \longrightarrow 2H_2O(l)$ (식 23–3)

산화 반쪽 반응: $2Cu(s) \longrightarrow 2Cu^{2+}(aq) + 4e^-$ (식 23–4)

자발적 전체 반응: $O_2(g) + 4H^+(aq) + 2Cu(s) \longrightarrow 2H_2O(l) + 2Cu^{2+}(aq)$

$E° = 0.89\ V$ (식 23–5)[1)]

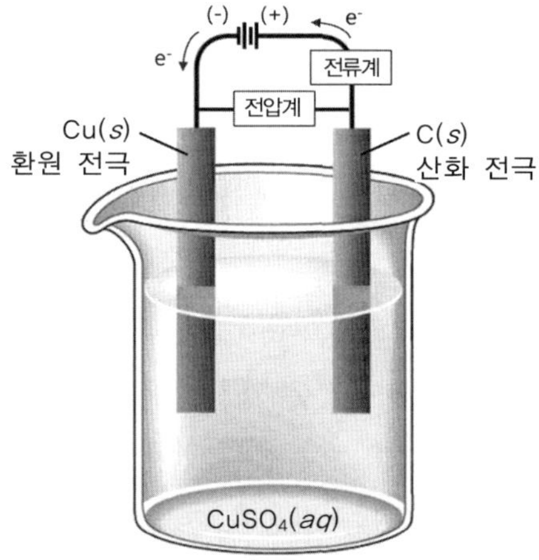

그림 23–2 구리 도금을 위한 전해 전지

1) 표준 환원 전위, 표준 전지 전위, 전지 전위 등 모든 전위는 크기 성질이 아니라 세기 성질이다. 0.89 V는 표준 상태에서의 전지 전위이다.

전해 전지에 충분한 전압을 가진 건전지를 그림 23-2와 같이 연결하면, 탄소 전극 표면에서 물이 산화되어 산소 기체가 발생하고 전자를 내놓는다. 전자는 외부 도선을 따라 구리 전극으로 이동하고, 구리 전극 표면에서 Cu^{2+} 이온이 전자를 만나 환원되어 전극 표면에 구리(Cu(s))로 석출된다.

산화 전극{C(s)}: $2H_2O(l) \longrightarrow O_2(g) + 4H^+(aq) + 4e^-$ (식 23-6)

환원 전극{Cu(s)}: $2Cu^{2+}(aq) + 4e^- \longrightarrow 2Cu(s)$ (식 23-7)

전기분해 반응: $2H_2O(l) + 2Cu^{2+}(aq) \longrightarrow O_2(g) + 4H^+(aq) + 2Cu(s)$ (식 23-8)

과전위을 고려하지 않을 때, 전기분해 반응을 일으키기 위해 건전지가 가져야 할 이론적인 최소 전압은 식 23-5 반응의 전지 전위로부터 구할 수 있다. 식 23-5의 표준 전지 전위는 $E°_{전지}$ = 1.23 V − 0.34 V = 0.89 V이다. 그러나 표준 전지 전위는 반응에 참여하는 화학종들이 표준 상태에 있을 때 화학 전지에서 측정되는 전위이다. 실험 조건에서 산소 기체의 압력은 1기압 미만이고 수소 이온 농도도 1 M 미만이므로 실제 전지 전위는 0.89 V보다 훨씬 낮다. 따라서 전기분해 반응을 일으키기 위해 건전지가 가져야 할 이론적 최소 전압은 매우 낮다. 그러나 전기분해 반응을 일으키기 위해서는 과전위를 극복하기에 충분한 전압을 가지고 있어야 한다.

(4) Faraday 법칙

그림 23-2의 전해 전지에서 환원 전극에 석출되는 구리의 양은 공급되는 전자의 양에 비례한다. 식 23-7에서 두 개의 전자와 하나의 Cu^{2+}가 반응하면 하나의 Cu 원자가 생기므로, 1몰의 Cu(s)가 석출되기 위해서는 2몰의 전자가 필요하다. 또한 식 23-6으로부터 2몰의 전자를 공급하기 위해서는 산화 전극에서 1몰의 H_2O 분자가 산화되어야 하고 동시에 0.5몰의 산소 기체가 발생한다. 이를 Faraday 법칙이라고 한다.[2] Faraday 법칙을 정리하면 다음과 같다.

2) Faraday 법칙에는 Faraday의 전기분해 법칙과 Faraday의 전자기 유도 법칙이 있다. Faraday의 전자기 유도 법칙은 발전기에서 전기가 발생하는 원리이다.

Faraday 제1법칙: 전기분해가 일어나는 동안 각 전극에서 생성되거나 소모되는 물질의 양은 이동하는 전하량에 비례한다.

Faraday 제2법칙: 일정한 전하량에 대하여 생성되거나 소모되는 물질의 양은 해당하는 g 당량(equivalent mass)이다.

위에서 1몰의 전자에 대한 Cu, Cu^{2+}, H_2O, O_2, H^+의 g 당량은 각각 0.5몰, 0.5몰, 0.5몰, 0.25 몰, 1몰에 해당하는 질량이다.

전류는 일정 시간 동안 흐른 전하량의 비율이므로 전하량을 Q, 전류를 I, 시간을 t라고 하면 $I=\frac{Q}{t}$이다. 여기서 전류, 전하량, 시간의 단위는 각각 Ampere(A), Coulomb(C), second(s)이다. 따라서 **그림 23-2**와 같이 전류계를 직렬로 연결하여 전류를 측정하고 전류가 흐른 시간을 재면 $Q=It$의 식을 이용하여 이동한 전하량을 계산할 수 있다. 또한 전자 1몰의 전하량은 1 F = 96,485 C/mol이므로, 이동한 전자의 몰수(n)를 계산할 수 있다.

$$n=\frac{Q}{F}=\frac{It}{F} \qquad \text{(식 23-9)}$$

그러나 전기분해가 일어나는 동안 두 전극 사이의 전압이 일정하게 유지되지는 않는다. 이는 전류의 흐름에 영향을 주어 전류가 시간에 따라 변한다. 따라서 이동한 전하량은 $Q=\int_0^t I(t)dt$이 되고 정확한 전자의 몰수는 식 23-10과 같이 표현된다.

$$n=\frac{Q}{F}=\frac{\int_0^t I(t)dt}{F} \qquad \text{(식 23-10)}$$

실험에서는 전류계로부터 시간에 따른 전류의 변화를 측정하여 이동한 전하량을 얻을 것이다. 1 C은 1 A의 전류가 1초 동안 흘렀을 때의 전하량이므로 ($\mathrm{C}=\mathrm{A}\times\mathrm{sec}$), 전하량은 **그림 23-3**과 같이 측정된 전류 변화선의 아랫부분에 해당하는 면적이다.

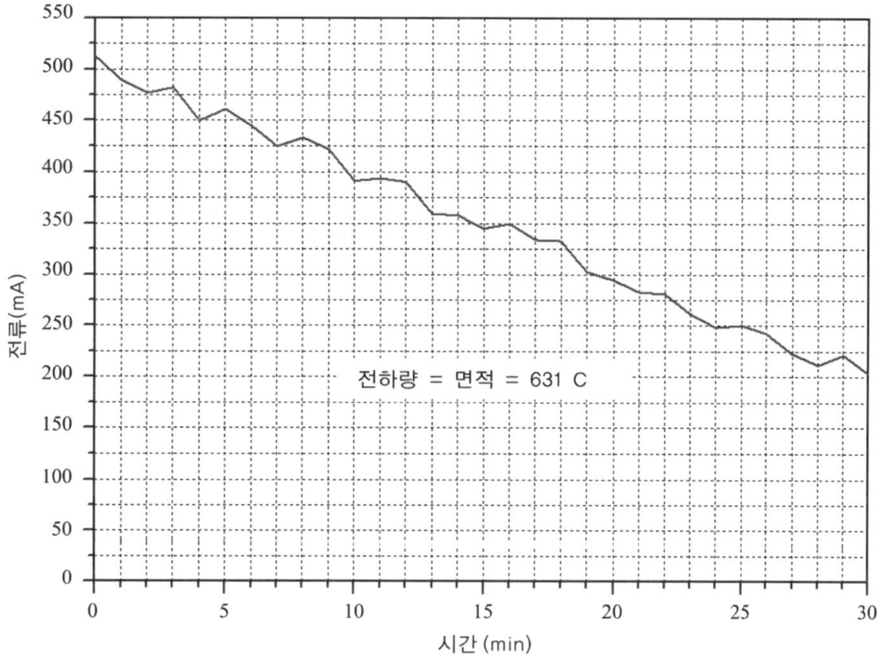

그림 23-3 전하량과 시간에 따른 전류의 변화 관계

4 실험 기구 및 시약

기구	시약
100 mL 비커	탄소 전극
100 mL 눈금 실린더	0.10 M $CuSO_4$ 수용액
전압계, 전류계	
사포	
구리선	
스위치	
초시계	
직류 전원 장치	

5 실험 방법

① 두 개 탄소 전극의 표면을 고운 사포로 깨끗하게 닦고, 하나는 검은색으로 다른 하나는 빨간색으로 표시한다.
② 검은색 탄소 전극의 질량을 측정한다.
③ 100 mL 비커에 0.10 M 황산 구리($CuSO_4$) 수용액을 80 mL 정도 담는다.
④ 두 전극을 $CuSO_4$ 수용액에 넣는다. 이때 두 전극 모두 아래 5 cm 정도가 용액에 잠기도록 한다.
⑤ 3.0 V 이상의 직류 전원을 준비한다. 중간에 스위치를 연결하여 전원의 'on/off'를 조절할 수 있게 한다. 스위치를 'off' 상태로 두고 **그림 23-2**를 참고하여 전원의 (+)극은 붉은색 탄소 전극에, (−)극은 검은색 탄소 전극에 연결한다.
⑥ **그림 23-2**를 참고하여 전압계는 병렬로, 전류계는 직렬로 연결한다.
⑦ 스위치를 'on' 상태로 두고 즉시 전압과 전류를 측정한다. 이후 1분 간격으로 30분까지 전압과 전류를 측정하여 기록한다.
⑧ 30분이 되면 스위치를 'off' 상태로 옮긴다.
⑨ 검은색 탄소 전극을 꺼내 말리고 전극의 질량을 측정한다.

실험 주의 사항

① 두 전극이 서로 닿지 않게 한다.
② 탄소 전극은 유리관에 넣어 있는 것을 사용하는 것이 좋다.
③ 직류 전원으로는 전압을 일정하게 유지할 수 있는 변환기를 사용하면 좋다. 변환기가 없을 경우 건전지를 여러 개 직렬로 연결하여 사용해도 되지만 전압이 낮아지는 경향이 있다.

결과보고서

실험 23

전기분해

학 과	학 번	조	이 름	실 험 일	확 인
				년 월 일	

온도 ________ °C

전기분해 전 검은색 탄소 전극의 질량 ________ g

전기분해 후 검은색 탄소 전극의 질량 ________ g

석출된 구리의 질량 ________ g

구리의 몰질량 ________ g/mol

석출된 구리의 몰수 ________ mol

시간에 따른 전압과 전류의 변화

시간 (분)	전압 (V)	전류 (mA)	시간 (분)	전압 (V)	전류 (mA)	시간 (분)	전압 (V)	전류 (mA)
0								
1			11			21		
2			12			22		
3			13			23		
4			14			24		
5			15			25		
6			16			26		
7			17			27		
8			18			28		
9			19			29		
10			20			30		

시간에 따른 전류의 변화 그래프(별지에 그릴 것)

전압에 따른 전류의 변화 그래프(별지에 그릴 것)

시간에 따른 전류의 변화 그래프로부터 얻은 전하량 ________________ C

전자 1몰의 전하량(Faraday 상수) ________________ C/mol

이동한 전자의 몰수 ________________ mol

시간에 따른 전류의 변화 그래프

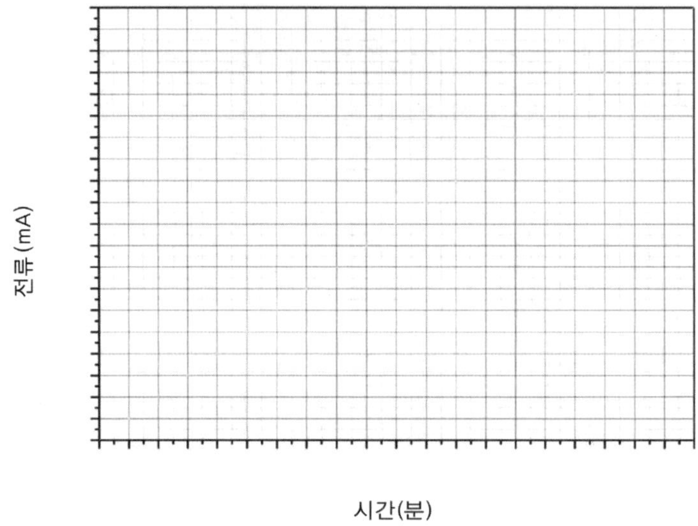

전압에 따른 전류의 변화 그래프

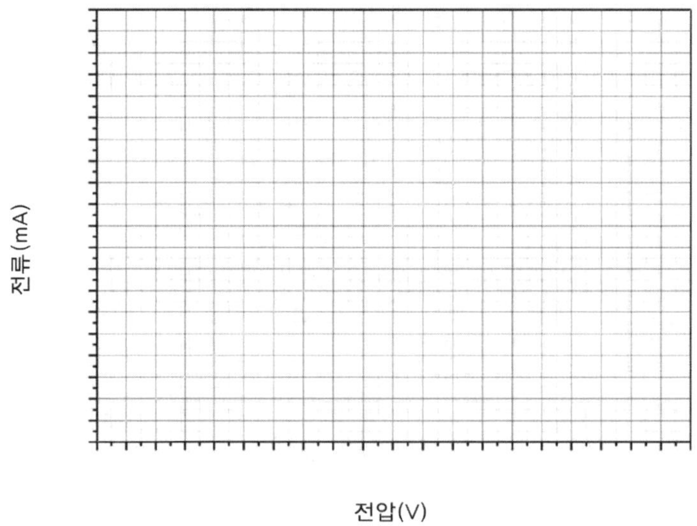

고찰할 내용

- 시간에 따른 전류의 변화 그래프로부터 얻은 전하량으로부터 예측되는 구리의 석출 질량은 얼마인가? 실제 석출된 구리의 질량과 비교하여 차이가 있다면 차이가 발생한 원인에 대하여 논하라.
- 각 전극에서 일어난 반응을 쓰라.
- 석출된 구리의 질량으로부터 빨간색 탄소 전극 표면에서 발생하였을 산소 기체의 질량은 얼마인지 계산하여라.
- 실험에서는 두 탄소 전극을 사용하여 한 전극에서는 환원 반응이 다른 전극에서는 산화 반응이 일어나게 하였다. 다음 중 환원 전극으로 사용한 탄소 전극 대신 사용할 수 있는 것을 모두 골라라.(전도성을 가지고 있으며, 전극의 구성 물질이 수용액에 있는 Cu^{2+}, H_2O와 자발적으로 반응하지 않는 것은?)

  Cu 전극, Zn 금속판, Co 금속판, Ag 금속판, Pt 금속판

  그와 같이 선택한 이유를 설명하여라.

실험 24

킬레이트 화합물의 합성

1 실험의 목표

킬레이트 효과를 이용하여 아세틸아세토네이트산 이온으로부터 킬레이트 화합물을 만들고, 착화합물의 일반적인 성격에 대하여 알아본다.

2 이해해야 할 개념

화학 결합, 이온 결합, 금속 결합, 공유 결합, 결합 전자쌍, 고립 전자쌍, 리간드, 전이 금속, 착화합물, 배위 공유 결합, 착이온, 킬레이트 리간드, 킬레이트 화합물, 형성 상수, 킬레이트 효과

3 실험을 이해하기 위한 기본 이론

(1) 화학 결합의 종류에 따른 물질의 분류

모든 물질은 원자들이 모여 이루어진다. 원자들이 모일 때 원자들 사이에 서로 당기는 힘을 **화학 결합**(chemical bond)이라고 한다. 따라서 우주에는 제한된 종류의 원자들이 있지만 화학 결합 때문에 무수하고 다양한 물질들이 만들어진다. 화학 결합은 결합 특성에 따라 크게 이온 결합, 금속 결합, 공유 결합의 세 가지 종류가 있다.

이온 결합(ionic bond)은 양이온과 음이온 사이의 정전기적 인력에 의해 이온들이 서로 결합하는 것으로, **그림 24-1(A)**는 소금(NaCl)에서 염화 이온(Cl^-)과 소듐 이온(Na^+)이 배열되어 있는 형태를 보여 주고 있다. **금속 결합**(metallic bond)은

금속 원자 사이의 결합으로, 금속 원자들은 서로 모여 일정한 배열을 이루면서 최외각에 있는 전자를 내주고 금속 양이온처럼 되는 경향이 있다. 이때 원자에서 떨어져 나온 전자는 원자 사이를 자유로이 움직일 수 있는데 이를 **자유 전자**(free electron)라고 한다. 따라서 **그림 24-1**(B)와 같이 자유 전자들과 배열되어 있는 금속 양이온들 사이에는 정전기적 인력이 발생하고 이 인력에 의해 금속 원자들은 서로 결합하게 된다.

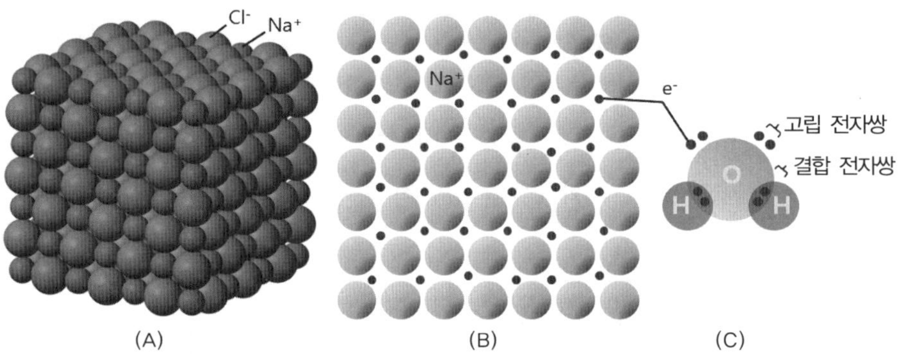

그림 24-1 화학 결합의 종류. (A) 이온 결합, (B) 금속 결합, (C) 공유 결합

물(H_2O) 분자는 **그림 24-1**(C)에서 보듯이 수소(H) 원자 두 개와 산소(O) 원자 한 개가 결합하여 이루어져 있다. 물 분자에서 산소 원자와 수소 원자 사이의 결합은 산소 원자의 최외각에 있는 전자 하나와 수소 원자의 최외각에 있는 전자 하나를 두 원자가 공유함으로써 이루어진다. 이와 같이 원자들 사이에 전자를 공유하여 원자들이 결합하는 것을 **공유 결합**(covalent bond)이라고 한다. 이때 공유되어 있는 전자쌍을 **결합 전자쌍**(bonding pair)이라고 한다. 물 분자에서 산소의 최외각에 있는 6개의 전자 중 두 개는 수소와 결합하는 데 쓰이고 나머지 두 쌍의 전자는 결합에 참여하지 않고 산소 원자에만 속해 있다. 이런 전자쌍을 **고립 전자쌍**(lone pair)이라고 한다.

물질은 어떤 종류의 화학 결합에 의해 형성되었는가에 따라 **이온 결합 화합물**(ionic compound), **금속**(metal), **공유 결합 화합물**(covalent compound)로 나뉜다. 공유 결합 화합물은 중성의 분자일 수도 있고, 전하를 띤 이온일 수도 있다. 따라서 이온성의 공유 결합 화합물은 다른 이온과 이온 결합을 할 수 있다. 이러한 화합물에는 공유 결합과 이온 결합이 동시에 존재한다.

(2) 착화합물

황산 구리($CuSO_4$)는 Cu^{2+} 양이온과 SO_4^{2-} 음이온이 정전기적 인력에 의해 결합되어 있는 이온 결합 화합물이다.(SO_4^{2-}은 공유 결합 화합물이다.) $CuSO_4$를 물에 녹이면 Cu^{2+}와 SO_4^{2-}가 해리되어 물에 녹는다. 이때 Cu^{2+} 이온은 물속에서 물 분자와 결합하여 **그림 24-2**와 같이 $[Cu(H_2O)_6]^{2+}$ 이온의 형태로 존재한다. $[Cu(H_2O)_6]^{2+}$에서 Cu^{2+}와 O 사이의 결합은 공유 결합으로서 둘은 한 쌍의 전자를 공유하고 있다. 그러나 H_2O에서 H와 O 사이에 공유되어 있는 전자 두 개 중 하나는 H 원자, 다른 하나는 O 원자에서 왔지만, Cu^{2+}와 O 사이에 공유된 전자는 두 개 모두 O 원자로부터 온 것이다. 즉 Cu^{2+}−O 화학 결합은 O 원자에 있는 두 쌍의 고립 전자쌍 중 하나의 고립 전자쌍을 공유하여 형성된 것이다.

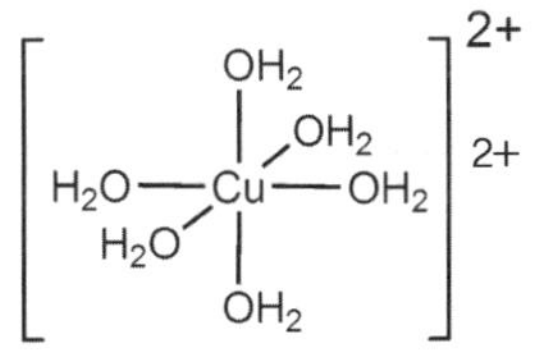

그림 24-2 $[Cu(H_2O)_6]^{2+}$의 구조

$[Cu(H_2O)_6]^{2+}$에서 H_2O와 같이 고립 전자쌍을 가지고 있어서 금속 원자나 이온과 고립 전자쌍을 공유함으로써 화학 결합을 할 수 있는 원자, 분자, 이온을 **리간드**(ligand)라고 한다. 그리고 이러한 결합을 **배위 공유 결합**(coordination covalent bond)이라고 한다. 또한 $[Cu(H_2O)_6]^{2+}$와 같이 중심에 **전이 금속**(transition metal)[1] 원자나 이온이 있고 주위에 리간드가 배위되어 있는 화합물을 **착화합물**(complex compound) 또는 **배위 화합물**(coordination compound)이라고 하며, 착화합물이 전하를 띨 경우 **착이온**(complex ion)이라고도 한다.

(3) 리간드의 종류

고립 전자쌍을 가지고 있는 분자나 이온은 기본적으로 착화합물을 형성하는 리간드로 작용할 수 있다. 리간드에는 H_2O 같이 한 쌍의 고립 전자쌍을 이용하여 중심 금속에 배위할 수 있는 **한자리 리간드**(**그림 24-3(A)**)와 두 쌍 이상의 고립 전자쌍을 이용하여 금속에 배위할 수 있는 **여러자리 리간드**(**그림 24-3(B)**)가 있다.

---

1) 전이 금속은 주기율표에서 3~12족 원소로서 d−구역 금속이라고도 한다.

여러자리 리간드를 **킬레이트 리간드**(chelate ligand)라고 한다. 그림에서 사이안화 이온(cyanide)은 착화합물을 이룰 때 탄소 원자가 금속에 배위하며, 에틸렌다이아민(ethyelenediamine)은 두 개의 질소 원자가(그림 24-4(A)), 옥살산 이온(oxalate)은 두 개의 산소가, 다이에틸렌트라이아민(diethylenetriamine)은 세 개의 질소 원자가 배위한다. 에틸렌다이아민테트라아세트산 이온(ethylenediaminetetraacetate)은 금속에 배위할 때 그림 24-4(B)처럼 여섯 개의 원자가 배위한다. 그림 24-4의 착화합물처럼 킬레이트 리간드를 가지고 있는 착화합물을 **킬레이트 화합물**(chelate compound)이라고 한다.

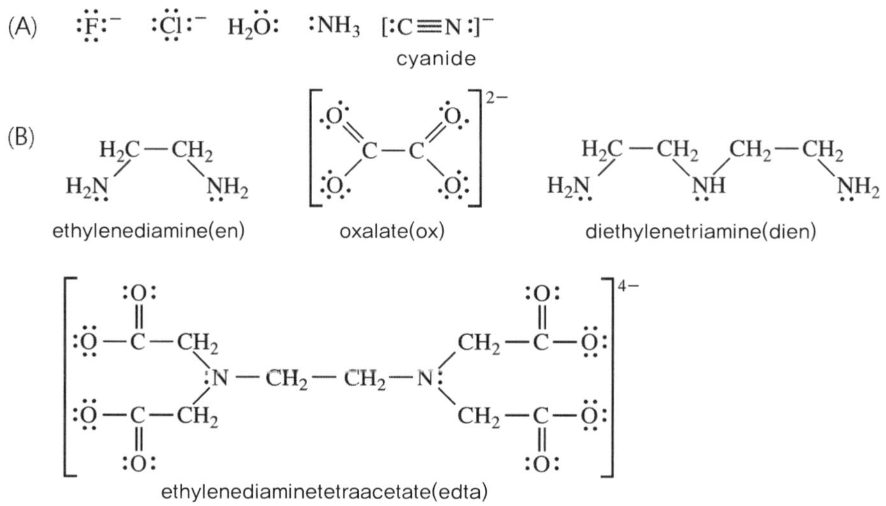

그림 24-3 여러 가지 리간드

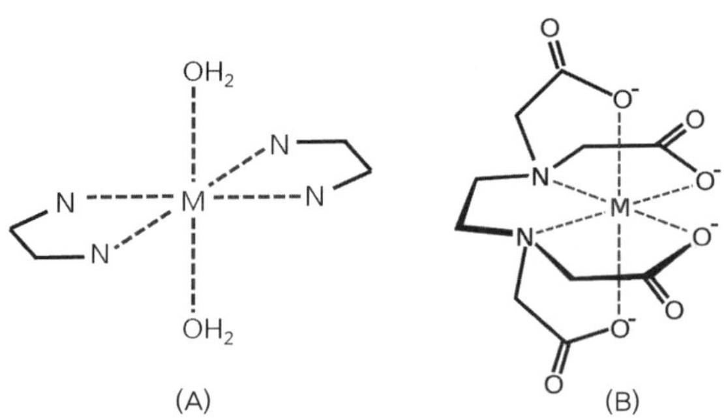

그림 24-4 (A) $M(en)_2(H_2O)_2$, (B) M(edta)

(4) 착화합물의 배위 구조

착화합물은 중심 전이 금속 원자나 이온에 여러 개의 리간드가 결합하여 형성된다. 가장 자주 접할 수 있는 착화합물은 4개, 5개, 또는 6개의 리간드를 가진 착화합물로서, 이들은 리간드의 개수에 따라 주로 취하는 기하학적 배위 구조가 있다. **그림 24-5**와 같이 리간드가 4개일 경우에는 사면체 혹은 평면 사각형, 5개일 경우 삼각쌍뿔이나 사각뿔, 6개일 때는 팔면체 배위 구조를 주로 가진다.

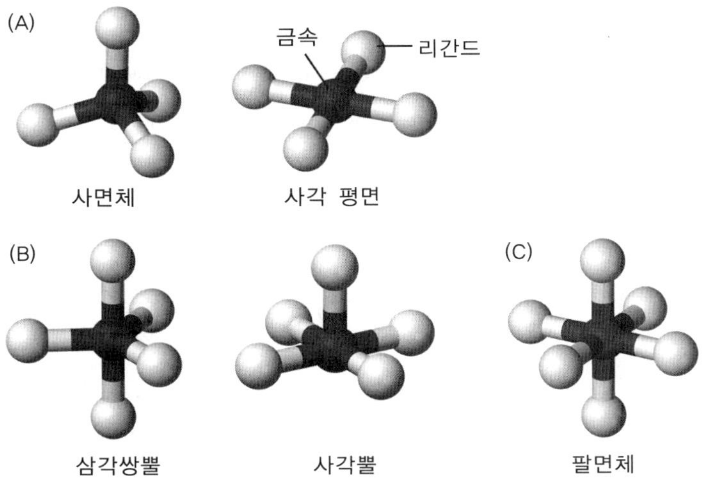

그림 24-5 (A) 4 배위, (B) 5 배위, (C) 6 배위 착화합물의 배위 구조

(5) 착화합물의 형성

황산 구리($CuSO_4$) 수용액에서 Cu^{2+} 이온은 물속에서 $[Cu(H_2O)_6]^{2+}$ 형태로 존재한다. 여기에 암모니아(NH_3)를 녹이면 리간드로 있던 H_2O가 단계적으로 NH_3로 치환된다.

$$[Cu(H_2O)_6]^{2+}(aq) + NH_3(aq) \rightleftharpoons [Cu(NH_3)(H_2O)_5]^{2+}(aq) + H_2O(l) \quad \text{(식 24-1)}$$

$$[Cu(NH_3)(H_2O)_5]^{2+}(aq) + NH_3(aq) \rightleftharpoons [Cu(NH_3)_2(H_2O)_4]^{2+}(aq) + H_2O(l) \quad \text{(식 24-2)}$$

$$[Cu(NH_3)_2(H_2O)_4]^{2+}(aq) + NH_3(aq) \rightleftharpoons [Cu(NH_3)_3(H_2O)_3]^{2+}(aq) + H_2O(l) \quad \text{(식 24-3)}$$

$$[Cu(NH_3)_3(H_2O)_3]^{2+}(aq) + NH_3(aq) \rightleftharpoons [Cu(NH_3)_4(H_2O)_2]^{2+}(aq) + H_2O(l) \quad \text{(식 24-4)}$$

$$[Cu(NH_3)_4(H_2O)_2]^{2+}(aq) + NH_3(aq) \rightleftharpoons [Cu(NH_3)_5(H_2O)]^{2+}(aq) + H_2O(l) \quad \text{(식 24–5)}$$

$$[Cu(NH_3)_5(H_2O)]^{2+}(aq) + NH_3(aq) \rightleftharpoons [Cu(NH_3)_6]^{2+}(aq) + H_2O(l) \quad \text{(식 24–6)}$$

위 각 반응의 평형 상수를 **단계 형성 상수**(stepwise formation constant)라고 하며, 다음과 같이 표현한다.

$$K_n = \frac{[Cu(NH_3)_n(H_2O)_{6-n}{}^{2+}]}{[Cu(NH_3)_{n-1}(H_2O)_{7-n}{}^{2+}][NH_3]} \quad (n = 1, 2, \cdots, 6) \quad \text{(식 24–7)}$$

또한 n개의 리간드가 치환되는 전체 반응(식 24–8)에 대한 평형 상수를 **전체 형성 상수**(overall formation constant, β_n)라고 한다.

$$[Cu(H_2O)_6]^{2+}(aq) + n\,NH_3(aq) \rightleftharpoons [Cu(NH_3)_n(H_2O)_{6-n}]^{2+}(aq) + n\,H_2O(l) \quad \text{(식 24–8)}$$

$$\beta_n = \frac{[Cu(NH_3)_n(H_2O)_{6-n}{}^{2+}]}{[Cu(H_2O)_6{}^{2+}][NH_3]^n} \quad \text{(식 24–9)}$$

식 24–7과 식 24–9로부터 전체 형성 상수는 단계 형성 상수의 곱으로 나타낼 수 있음을 알 수 있다.

$$\beta_n = K_1 K_2 \cdots K_n \quad \text{(식 24–10)}$$

$[Cu(H_2O)_6]^{2+}$와 암모니아의 반응에서 4개의 H_2O가 NH_3로 치환되는 반응의 전체 형성 상수는 $\beta_4 = 1.1 \times 10^{13}$로서 매우 큰 값인데 이는 NH_3가 H_2O보다 Cu^{2+}와 더 강한 배위 공유 결합을 이루기 때문이다. 또한 더 강한 화학 결합을 형성하기 때문에 이 반응의 반응 엔탈피($\Delta H°$)는 음수이다.

$$[Cu(H_2O)_6]^{2+}(aq) + 4NH_3(aq) \rightleftharpoons [Cu(NH_3)_4(H_2O)_2]^{2+}(aq) + 4H_2O(l) \quad \text{(식 24–11)}$$

$$\beta_4 = \frac{[Cu(NH_3)_4(H_2O)_2{}^{2+}]}{[Cu(H_2O)_6{}^{2+}][NH_3]^4} = 1.1 \times 10^{13} \quad \text{(식 24–12)}$$

그림 24–3(B)에 있는 에틸렌다이아민(en)은 금속에 배위할 때 두 개의 질소 원자가 금속과 결합하는 킬레이트 리간드이다(그림 24–4(A)). en도 역시 H_2O를

치환할 수 있는데, 4개의 H_2O가 2개의 en으로 치환되는 반응의 형성 상수는 $\beta_2 = 1 \times 10^{20}$로서 암모니아가 반응할 때보다 훨씬 더 크다.

$$[Cu(H_2O)_6]^{2+}(aq) + 2en(aq) \rightleftharpoons [Cu(en)_2(H_2O)_2]^{2+}(aq) + 4H_2O(l) \quad \text{(식 24–13)}$$

$$\beta_2 = \frac{[Cu(en)_2(H_2O)_2{}^{2+}]}{[Cu(H_2O)_6{}^{2+}][en]^2} = 1 \times 10^{20} \quad \text{(식 24–14)}$$

식 24–11과 식 24–13의 반응을 비교하면 두 반응 모두 4개의 $Cu^{2+}-O$ 결합을 끊고 4개의 $Cu^{2+}-N$ 결합을 형성하는 반응이기 때문에, 두 반응에서 반응 엔탈피의 차이는 크지 않을 것으로 예상된다. 그럼에도 불구하고 킬레이트 리간드가 금속에 배위하는 반응의 형성 상수가 훨씬 크다. 이는 반응의 엔트로피 변화로 설명할 수 있다.

'실험 21. 용해도곱 상수와 용해열, 용해 엔트로피'에서 보았듯이 평형 상수는 반응의 자유 에너지 변화량과 관련이 있다.

$$\Delta G^\circ = \Delta H^\circ - T\Delta S^\circ \quad \text{(식 24–15)}$$ [2]

$$K = e^{-\frac{\Delta G^\circ}{RT}} \quad \text{(식 24–16)}$$

식 24–11의 반응식에서 반응 화학종과 생성 화학종의 개수는 각각 5개로 같다. 그러나 킬레이트 리간드가 반응하는 식 24–13의 반응식에서는 생성물의 화학종이 2개 더 많다. 따라서 킬레이트 리간드가 반응할 때 ΔS°는, 그렇지 않을 때보다 더 큰 양의 값을 가질 것으로 예상된다. 결국 두 반응 사이에 반응 엔탈피의 차이는 크지 않지만, ΔG°은 킬레이트 반응에서 음으로 더 큰 값이 되어 평형 상수가 크다(T는 켈빈 온도).

킬레이트 리간드가 한자리 리간드를 가지고 있는 착화합물과 반응하면 위에서 설명한 바와 같이 항상 계의 엔트로피가 증가하여, 금속–킬레이트 착화합물이 매우 잘 생성된다. 이와 같은 효과를 **킬레이트 효과**(chelate effect)라고 한다. 킬레이트 리간드가 금속에 배위하는 것은 위의 열역학적(thermodynamic) 측면뿐만

---

2) 자발적 반응에 대하여 $\Delta G = \Delta H - T\Delta S = \Delta G^\circ + RT\ln Q < 0$이고, 평형 상태에서 $\Delta G = 0$이다. ΔG°은 표준 상태에서 자유 에너지 변화량이다. 임의의 온도에서 평형 상수는 ΔG°값에 의존한다.

아니라 속도론적(kinetically)으로도 유리하다. 여러자리 리간드인 킬레이트 리간드가 금속에 배위할 때 여러자리가 동시에 금속에 결합하기는 확률적으로 매우 어렵다. 따라서 일단 한자리가 먼저 배위할 것으로 예상할 수 있다. 이러한 상황에서는 킬레이트 리간드의 배위하지 않은 다른 자리가 금속 근처에 있게 된다. 따라서 킬레이트 리간드의 첫 자리가 배위한 후에 두 번째 자리는 좀 더 빠르게 금속에 배위하게 된다.

열역학적 그리고 속도론적으로 킬레이트 화합물이 빠르게 잘 생성된다는 킬레이트 효과는 금속의 정량, 착화합물의 합성 등에 유용하게 쓰인다. 또한 이 효과 때문에 생명체에서 금속이 단백질 등에 매우 잘 결합한다.

(6) 킬레이트 화합물의 합성

이번 실험에서는 킬레이트 효과를 이용하여 $Cr(acac)_3$와 $Fe(acac)_3$를 합성하고자 한다. **그림 24-6**에 있는 아세틸아세톤(acetylacetone, acacH)은 약염기 조건에서 수소 이온(H^+)을 잃고 아세틸아세토네이트산 이온(acetylacetonate, acac)이 된다. Acac는 세 개의 공명 구조를 가지고 있는 안정한 화합물로서, 두 개의 산소 원자를 통해 금속에 배위하는 두자리 리간드이다. 따라서 acac은 킬레이트 효과에 의해 금속과 반응하여 쉽게 킬레이트 화합물을 만든다.

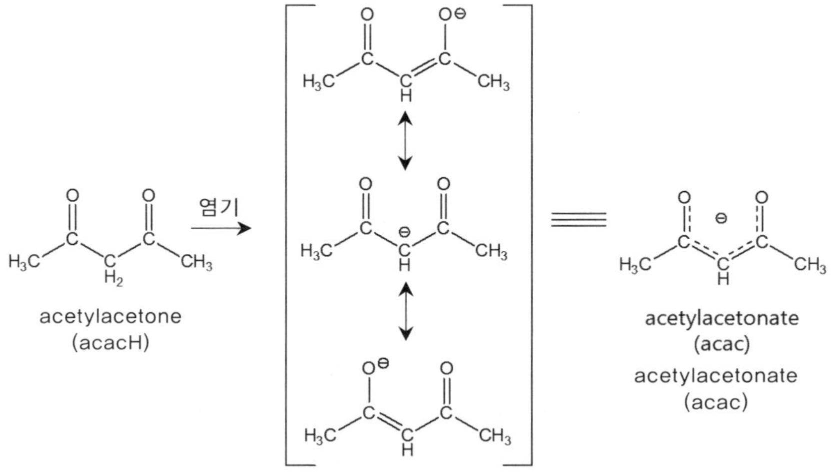

그림 24-6 아세틸아세톤(acacH)과 아세틸아세토네이트산 이온(acac)

실험에서는 Cr^{3+}과 Fe^{3+} 수용액에 아세틸아세톤과 염기를 넣고 반응시켜 $Cr(acac)_3$과 $Fe(acac)_3$을 합성할 것이다(그림 24-7). 염기로는 Cr^{3+} 용액에서는 요소(urea, $(NH_2)_2C{=}O$), Fe^{3+} 용액에서는 아세트산 이온(CH_3COO^-)을 사용할 것이다. 요소는 수용액에서 물과 반응하여 암모니아를 생성하는데, 이 암모니아가 염기로 작용하여 acacH를 acac으로 바꾼다. Acac은 −1가 이온이므로 $Cr(acac)_3$과 $Fe(acac)_3$은 둘 다 중성의 착화합물이다.

$$(NH_2)_2C{=}O(aq) + H_2O(l) \longrightarrow 2NH_3(aq) + CO_2(g) \qquad \text{(식 24-17)}$$

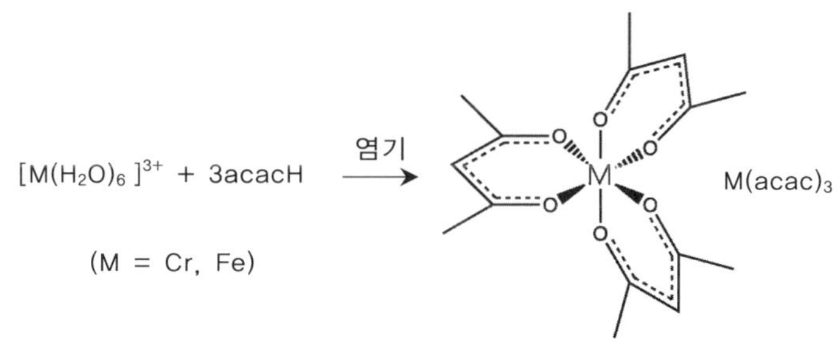

그림 24-7 $Cr(acac)_3$과 $Fe(acac)_3$의 합성

4 실험 기구 및 시약

기구	시약
50 mL 삼각 플라스크	$CrCl_3 \cdot 6H_2O$
100 mL 삼각 플라스크	$Fe(NO_3)_3 \cdot 9H_2O$
10 mL 시험관	요소(urea, $(NH_2)_2C{=}O$)
자석 젓개 막대	아세틸아세톤(acetylacetone)
가열교반기	Sodium acetate trihydrate($CH_3COONa \cdot 3H_2O$)
100 mL 눈금 실린더	메탄올
1 mL 마이크로 피펫	증류수
물중탕	얼음
클램프	
스탠드	
얼음 그릇	
거름종이	
뷰흐너 깔때기	
감압 장치	

5 실험 방법

(1) 실험 A. $Cr(acac)_3$의 합성

① $CrCl_3 \cdot 6H_2O$ 0.65 g과 증류수 20 mL를 100 mL 삼각 플라스크에 넣고, 자석 젓개 막대로 $CrCl_3 \cdot 6H_2O$이 모두 녹을 때까지 교반한다.

② ①의 용액에 요소 2.5 g과 아세틸아세톤 2.0 mL를 넣고 잘 섞는다.

③ 후드 안에서 ②의 플라스크를 **그림 24-8**과 같이 클램프와 스탠드로 고정하고 물중탕을 이용하여 1시간 동안 가열하면서 교반한다. 물중탕의 온도는 90°C 정도로 한다. 시간이 흐름에 따라 용액의 색이 적갈색으로 바뀌는 것을 볼 수 있다.

④ 플라스크를 물중탕에서 꺼내어 상온으로 식히면서 적갈색 결정을 얻는다. 플라스크의 온도가 어느 정도 내려가면 플라스크를 얼음 그릇에 넣고 빨리 식히면 좋다.

⑤ 감압 장치와 뷰흐너 깔때기를 연결하고 거름종이를 뷰흐너 깔때기 위에 놓는다. 감압하면서 증류수로 거름종이를 적신다.

⑥ 감압하면서 플라스크의 용액을 거름종이 위에 부어 결정을 거른다. 이때 거름종이 위에 있는 결정을 증류수로 씻는다.

⑦ 결정을 공기 중에서 말린다.

⑧ 얻은 결정의 질량을 측정하고 수득률을 계산한다.

⑨ 얻은 결정은 다음 실험을 위하여 보관한다.

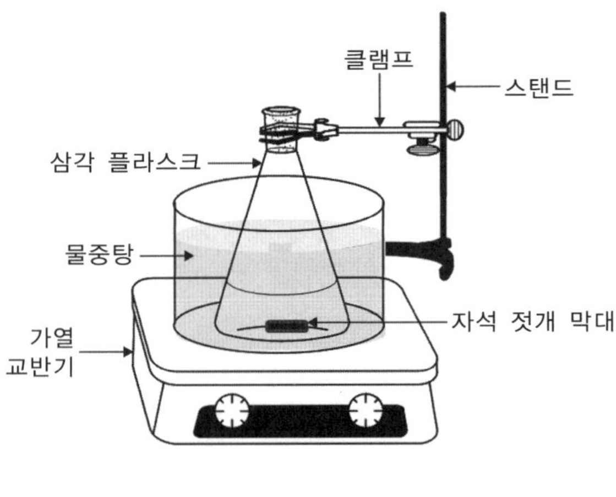

그림 24-8 물중탕 장치

(2) 실험 B. $Fe(acac)_3$의 합성

① 10 mL 시험관에 $Fe(NO_3)_3 \cdot 9H_2O$ 0.65 g과 증류수 4 mL를 넣고 흔들어 $Fe(NO_3)_3 \cdot 9H_2O$를 모두 녹인다.

② 다른 10 mL 시험관에 아세틸아세톤 0.5 mL와 메탄올 4 mL를 넣고 흔들어 잘 섞는다.

③ 또 다른 10 mL 시험관에 sodium acetate trihydrate($CH_3COONa \cdot 3H_2O$) 0.65 g과 증류수 4 mL를 넣고 흔들어 $CH_3COONa \cdot 3H_2O$를 모두 녹인다.

④ 50 mL 삼각 플라스크에 ①, ②, ③의 용액을 순서대로 넣어 섞은 후, 5분 정도 가열 교반한다. 메탄올은 쉽게 증발하므로 용액이 줄어드는 것을 관찰할 수 있을 것이다.

⑤ 플라스크를 상온에서 식힌다. 플라스크의 온도가 어느 정도 내려가면 플라스크를 얼음 그릇에 넣고 빨리 식히면 좋다. 빨간색 결정이 형성되는 것을 관찰할 수 있을 것이다.

⑥ 감압 장치와 뷰흐너 깔때기를 연결하고 거름종이를 뷰흐너 깔때기 위에 놓는다. 감압하면서 증류수로 거름종이를 적신다.

⑦ 감압하면서 플라스크의 용액을 거름종이 위에 부어 결정을 거른다. 이때 거름종이 위에 있는 결정을 증류수로 씻는다.

⑧ 결정을 공기 중에서 말린다.

⑨ 얻은 결정의 질량을 측정하고 수득률을 계산한다.

실험 주의 사항

① $Cr(acac)_3$의 합성은 반드시 후드 안에서 진행한다.

② 용액을 가열할 때 화상을 입지 않도록 주의한다.

③ 실험 시간이 짧은 경우에는 실험 A를 수행한다.

결과보고서

실험 24

킬레이트 화합물의 합성

학 과	학 번	조	이 름	실 험 일	확 인
				년 월 일	

실험 A Cr(acac)$_3$의 합성

$CrCl_3 \cdot 6H_2O$의 질량	________	g
$CrCl_3 \cdot 6H_2O$의 몰질량	________	g/mol
$CrCl_3 \cdot 6H_2O$의 몰수	________	mol
아세틸아세톤의 부피	________	mL
아세틸아세톤의 밀도	________	g/mL
아세틸아세톤의 질량	________	g
아세틸아세톤의 몰질량	________	g/mol
아세틸아세톤의 몰수	________	mol
요소의 질량	________	g
요소의 몰질량	________	g/mol
요소의 몰수	________	mol
Cr(acac)$_3$의 이론적 수득 몰수	________	mol
Cr(acac)$_3$의 몰질량	________	g/mol
Cr(acac)$_3$의 이론적 수득량	________	g
실험에서 얻은 Cr(acac)$_3$의 수득량	________	g
Cr(acac)$_3$의 수득률	________	%

실험 중 관찰된 사항을 적을 것

___

___

___

___

___

___

___

___

___

실험 B Fe(acac)$_3$의 합성

$Fe(NO_3)_3 \cdot 9H_2O$의 질량	________	g
$Fe(NO_3)_3 \cdot 9H_2O$의 몰질량	________	g/mol
$Fe(NO_3)_3 \cdot 9H_2O$의 몰수	________	mol
아세틸아세톤의 부피	________	mL
아세틸아세톤의 밀도	________	g/mL
아세틸아세톤의 질량	________	g
아세틸아세톤의 몰질량	________	g/mol
아세틸아세톤의 몰수	________	mol
$CH_3COONa \cdot 3H_2O$의 질량	________	g
$CH_3COONa \cdot 3H_2O$의 몰질량	________	g/mol
$CH_3COONa \cdot 3H_2O$의 몰수	________	mol
Fe(acac)$_3$의 이론적 수득 몰수	________	mol
Fe(acac)$_3$의 몰질량	________	g/mol
Fe(acac)$_3$의 이론적 수득량	________	g
실험에서 얻은 Fe(acac)$_3$의 수득량	________	g
Fe(acac)$_3$의 수득률	________	%

실험 중 관찰된 사항을 적을 것

고찰할 내용

- 실험에서 $Cr(acac)_3$와 $Fe(acac)_3$의 이론적 수득량을 계산하는 자세한 과정을 쓰라.
- $Cr(acac)_3$와 $Fe(acac)_3$의 합성 과정에서 금속 이온과 acac 사이의 반응은 산–염기 반응, 침전 반응, 산화–환원 반응 중 어느 것에 해당하는지 설명하여라.
- 실험에서 아세틸아세톤, 요소, $CH_3COONa \cdot 3H_2O$의 역할은 무엇인지 설명하여라.
- $Cr(acac)_3$와 $Fe(acac)_3$가 고체 결정으로 석출될 수 있는 이유는 수용액에서 이들의 용해도가 작기 때문이다. 그러나 $CrCl_3 \cdot 6H_2O$와 $Fe(NO_3)_3 \cdot 9H_2O$는 물에 잘 녹는다. 수용액에서 왜 $Cr(acac)_3$와 $Fe(acac)_3$의 용해도는 작고 $CrCl_3 \cdot 6H_2O$와 $Fe(NO_3)_3 \cdot 9H_2O$의 용해도는 큰지 그 이유를 설명하여라.

실험 25

결정장 갈라짐 에너지와 분광화학적 계열

1 실험의 목표

여러 전이 금속 착화합물의 흡수 스펙트럼을 얻고 분석하여, 착화합물에 대한 결정장 이론과 분광화학적 계열을 이해한다.

2 이해해야 할 개념

결정장 이론, 결정장, 결정장 갈라짐 에너지, 분광화학적 계열

3 실험을 이해하기 위한 기본 이론

(1) 물질의 색, 빛의 색

'**실험 12.** 수돗물의 잔류 염소량 정량 분석'에서 물질의 색은 그 물질의 분자오비탈(molecular orbital, 원자나 단원자 이온의 경우에는 원자 오비탈), 그리고 전자 배치(electron configuration)와 밀접한 관계가 있다고 하였다. 즉 바닥 상태(ground state, 바닥 상태 전자 배치를 한 상태)에 있는 물질은 빛을 흡수하여 들뜬 상태(excited state, 들뜬 상태 전자 배치를 한 상태)로 전이할 수 있는데, 이때 흡수한 빛이 가시광선이면, 물질은 색을 띠게 된다. 또한 '**실험 15.** 천연 염색'에서 물질이 흡수한 빛의 색과 우리 눈에 보이는 물질의 색은 서로 보색 관계에 있다고 하였다. 예를 들어 자홍색 물감은 물감 분자의 바닥 상태와 들뜬 상태 사이의 에너지 차이가 대략 녹색 빛(파장이 ~540 nm) 정도이어서 태양광을 쪼여 주면 물감 분자가 녹색 빛을 흡수하고 물감은 녹색의 보색인 자홍색으로 보이게 된다.

(2) 결정장 이론

'실험 10. 원소의 선 스펙트럼'에서 알아보았듯이, 어떤 원자에서 5개의 d 오비탈은 에너지 준위가 같아 5중 **축퇴**(degenerate)되어 있는 상태이다. 그러나 엄밀한 의미에서 이러한 축퇴는 하나의 원자(또는 단원자 이온)가 홀로 존재할 때 발생한다. 이렇게 주변에 아무것도 없는 하나의 원자를 **자유 원자**(free atom)라고 한다. 그러나 우리가 보는 대부분의 물질에서 자유 원자 상태로 있는 경우는 거의 없으며, 주변에 다른 원자가 존재한다. 따라서 원자의 성격은 주변의 영향을 받게 된다. 원자의 d 오비탈도 주변의 영향을 받아, 축퇴되어 있는 상태가 깨어지게 된다.

6배위 팔면체 착화합물은 **그림 25-1**과 같이 중심 금속 주위에 6개의 리간드가 결합되어 있는 구조를 가지고 있다. 착화합물에서 금속 원자와 리간드는 리간드의 고립 전자쌍을 공유하는 배위 공유 결합을 하므로, 금속의 d 오비탈에 있는 전자는 고립 전자쌍의 음전하와 정전기적으로 반발을 하게 된다. **그림 25-1**은 5개의 d 오비탈과 음전하로 표시된 고립 전자쌍의 상대적인 위치를 나타낸 것이다. 그림에서 $d_{x^2-y^2}$ 오비탈과 d_{xy} 오비탈은 같은 모양이나 배향되어 있는 방향이 달라, $d_{x^2-y^2}$ 오비탈이 음전하와 더 가깝다. 따라서 $d_{x^2-y^2}$ 오비탈

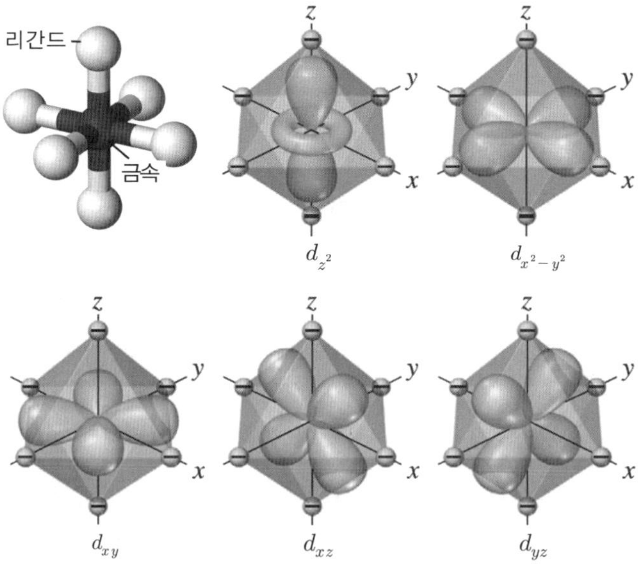

그림 25-1 6배위 팔면체 착화합물에서 d 오비탈과 고립 전자쌍의 상대적인 위치

은 d_{xy} 오비탈보다 음전하와 더 크게 반발한다. 또한 그림으로부터 음전하와 d_{xy}, d_{xz}, d_{yz} 각 오비탈 사이의 반발력은 모두 같다는 것을 직관적으로 알 수 있다. 그림으로부터 바로 알기는 어려우나, d_{z^2} 오비탈과 음전하 사이의 반발력은 $d_{x^2-y^2}$ 오비탈의 경우와 같다. 따라서 d 오비탈과 리간드 고립 전자쌍 사이의 반발력을 기준으로, 5개의 오비탈은 상대적으로 더 큰 반발력을 가진 d_{z^2}, $d_{x^2-y^2}$ 오비탈과 작은 반발력을 가진 d_{xy}, d_{xz}, d_{yz} 오비탈로 분류된다. 따라서 팔면체 착화합물에서 d 오비탈은 2중 축퇴된 d_{z^2}, $d_{x^2-y^2}$ 오비탈과 3중 축퇴된 d_{xy}, d_{xz}, d_{yz} 오비탈로 나뉘고 이때 d_{z^2}, $d_{x^2-y^2}$ 오비탈의 에너지 준위가 상대적으로 더 높다.

위와 같이 착화합물에서 금속 d 오비탈의 전자와 리간드 고립 전자쌍 사이의 반발력으로 d 오비탈의 에너지 준위가 분리됨을 설명하고, 이로부터 착화합물의 여러 가지 성격을 이해하는 것을 **결정장 이론**(crystal field theory)이라고 한다. 결정장 이론에서 리간드의 고립 전자쌍이 중심 금속에 끼치는 영향을 **결정장**(crystal field)이라고 한다. **그림 25-2**는 자유 금속 이온(또는 자유 금속 원자), 구형 결정장(spherical field),[1] 팔면체 결정장에서 d 오비탈의 에너지 준위를 나타낸 것이다.

팔면체 결정장에서 2중 축퇴된 d_{z^2}, $d_{x^2-y^2}$ 오비탈을 e_g 오비탈, 3중 축퇴된 d_{xy}, d_{xz}, d_{yz} 오비탈을 t_{2g} 오비탈이라고 하며, e_g와 t_{2g} 사이의 에너지 준위 차이를 **결정장 갈라짐 에너지**(crystal-field splitting energy, Δ)라고 한다. 그리고 구형 결정장에서의 d 오비탈과 팔면체 결정장에서의 e_g, t_{2g} 오비탈 사이의 에너지 준위 차이는 각각 0.6Δ, 0.4Δ이다.

1) 구형 결정장(spherical field)은 가상의 결정장으로서 리간드 고립 전자쌍의 음전하가 금속 이온을 중심으로 구형으로 분포되어 있는 상태를 의미한다.

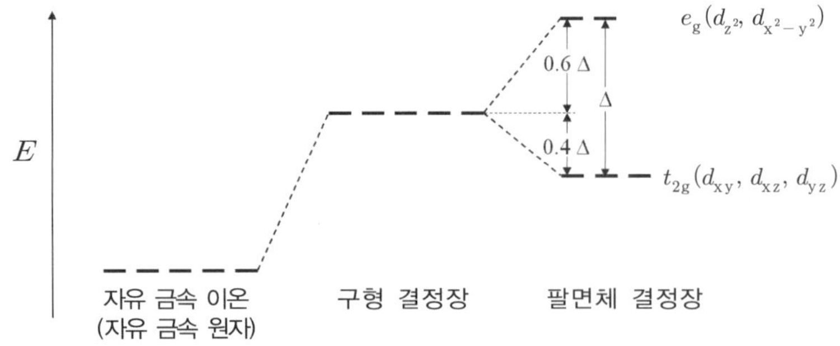

그림 25-2 자유 금속 이온, 구형 결정장, 팔면체 결정장에서 d 오비탈의 에너지 준위

(3) 전이 금속 착화합물의 색

'실험 24. 킬레이트 화합물의 합성'에서 얻은 $Cr(acac)_3$이 적갈색인 것은 중심에 있는 전이 금속의 d−오비탈과 밀접한 관련이 있다. 중심에 있는 Cr^{3+} 이온의 바닥 상태 전자 배치는 $1s^22s^22p^63s^23p^63d^3$이다. 일반적으로 전자가 꽉 차있는 안쪽의 오비탈은 물질의 특성에 별다른 영향을 주지 않아, 많은 경우에 물질의 성격은 가장 바깥에 있는 오비탈의 전자에 의해 결정된다. 이는 Cr^{3+} 이온에도 적용되어 Cr^{3+}를 중심에 가지고 있는 착화합물의 성격을 규정하는 데 있어서 d 오비탈에 있는 3개의 전자가 주요한 역할을 한다.

d 오비탈은 팔면체 결정장에서 그림 25-2의 에너지 준위를 가지므로, 팔면체 배위 구조를 갖는 $Cr(acac)_3$에서 Cr^{3+} 이온의 d 전자 3개는 그림 25-3처럼 t_{2g} 오비탈에 배치된다. $Cr(acac)_3$에서 결정장 갈라짐 에너지(Δ)는 가시광선 영역에 속해 있으므로, $Cr(acac)_3$에 Δ 만큼의 에너지를 가진 가시광선을 비추면 t_{2g} 오비탈에 있는 전자가 e_g 오비탈로 전이하면서 빛을 흡수한다. 그 결과 $Cr(acac)_3$는 흡수한 빛의 보색인 적갈색으로 보인다.

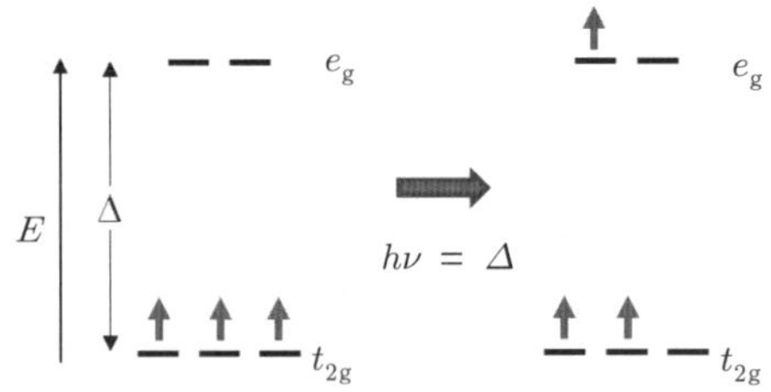

그림 25-3 팔면체 d^3 착화합물에서 빛의 흡수와 d−전자 배치

결정장 갈라짐 에너지는 착화합물을 형성하는 리간드의 영향을 받는다. 따라서 같은 배위 구조와 중심 금속 이온을 가진 착화합물이라도 리간드에 따라 Δ의 크기가 다르기 때문에 착화합물의 색도 달라진다. Δ의 크기에 따른 리간드의 순서를 **리간드의 분광화학적 계열**(spectrochemical series of ligands)이라고 한다. 또한 결정장 갈라짐 에너지는 중심 금속 이온의 영향도 받는다. 따라서 같은 배위 구조와 리간드를 가지고 있더라도 금속 이온의 종류에 따라 Δ의 크기가 다르고 착화합물의 색도 달라진다. Δ의 크기에 따른 금속 이온의 순서를 **금속의 분광화학적 계열**(spectrochemical series of metals)이라고 한다(그림 25-4).

(A) $CO > CN^- > \underline{N}O_2^- >$ phen $>$ bipy $>$ en $> NH_3 >$ py $> \underline{N}CS^- >$ $H_2O \sim$ acac $>$ ox $> OH^- > F^- > N\underline{O}_2^- > Cl^- > \underline{S}CN^- > S_{\underline{2}}^- > Br^- > I^-$

Δ 증가

(B) $Pt^{4+} > Ir^{3+} > Pd^{4+} > Ru^{3+} > Rh^{3+} > Mo^{3+} > Co^{3+} > Fe^{3+} > V^{2+} >$ $Fe^{2+} > Co^{2+} > Ni^{2+} > Mn^{2+}$

Δ 증가

그림 25-4 (A) 리간드의 분광화학적 계열과 (B) 금속의 분광화학적 계열 (phen=phenanthroline, bipy=2,2'-bipyridine, en=ethylenediamine, py=pyridine, acac=acetylacetonate, ox=oxalate)

이번 실험에서는 '실험 24. 킬레이트 화합물의 합성'에서 얻은 $Cr(acac)_3$와 팔면체 착이온인 $[Cr(H_2O)_6]^{3+}$, $[Cr(H_2O)_4Cl_2]^+$, $[Cr(en)_3]^{3+}$, $[Cu(H_2O)_6]^{2+}$, $[Ni(H_2O)_6]^{2+}$에 대하여 흡수 분광기를 이용하여 각 용액이 흡수하는 가시광선의 파장을 알아내고 이로부터 결정장 갈라짐 에너지를 구하고자 한다. 그리고 리간드인 acac, H_2O, Cl^-, en 사이의 분광화학적 계열과 금속인 Cr^{3+}, Cu^{2+}, Ni^{2+} 사이의 분광화학적 계열을 실험으로부터 얻고자 한다. 식 25-1은 결정장 갈라짐 에너지와 흡수된 빛의 에너지, 파장(λ), 진동수(ν)와의 관계이다. 여기서 h는 Planck 상수, c는 빛의 속력이다.

$$\Delta = h\nu = h\frac{c}{\lambda} \qquad \text{(식 25-1)}$$

4 실험 기구 및 시약

기구	시약
흡수 분광기 1 mL 마이크로 피펫 큐벳(또는 시험관)	$Cr(NO_3)_3 \cdot 9H_2O$ $CrCl_3 \cdot 6H_2O$ $[Cr(en)_3]Cl_3$ $Cr(acac)_3$ $Cu(NO_3)_2 \cdot 3H_2O$ $Ni(NO_3)_2 \cdot 6H_2O$ 증류수

5 실험 방법

(1) 실험 준비. 흡수 분광기

① 이 책의 앞 부분에 있는 '화학 실험실에서의 기본 3. 기기 및 기구 사용법'에 있는 흡수 분광기 사용법을 읽고 사용법을 익힌다.

② 흡수 분광기를 켜서 분광기가 충분히 예열(warm-up)되도록 한다.

(2) 흡광도 측정

① 고체 $Cr(NO_3)_3 \cdot 9H_2O$, $CrCl_3 \cdot 6H_2O$, $[Cr(en)_3]Cl_3$, $Cr(acac)_3$, $Cu(NO_3)_2 \cdot 3H_2O$, $Ni(NO_3)_2 \cdot 6H_2O$ 시료의 색을 기록한다.

② $Cr(NO_3)_3 \cdot 9H_2O$, $CrCl_3 \cdot 6H_2O$, $[Cr(en)_3]Cl_3$, $Cr(acac)_3$, $Cu(NO_3)_2 \cdot 3H_2O$, $Ni(NO_3)_2 \cdot 6H_2O$를 각각 증류수에 녹여 수용액을 만든다. 각 시료의 농도는 흡광도가 최대인 파장 근처에서 흡광도가 0.3 정도 되도록 조절한다. 각 용액의 색을 기록한다. $Cr(NO_3)_3 \cdot 9H_2O$, $CrCl_3 \cdot 6H_2O$, $[Cr(en)_3]Cl_3$, $Cr(acac)_3$, $Cu(NO_3)_2 \cdot 3H_2O$, $Ni(NO_3)_2 \cdot 6H_2O$은 수용액에서 각각 $[Cr(H_2O)_6]^{3+}$, $[Cr(H_2O)_4Cl_2]^{+}$, $[Cr(en)_3]^{3+}$, $Cr(acac)_3$, $[Cu(H_2O)_6]^{2+}$, $[Ni(H_2O)_6]^{2+}$ 착화합물을 생성한다.(미리 조교가 실험 전에 각 시료의 수용액을 준비하면 실험을 빨리 진행할 수 있다.)

③ 증류수 4 mL를 취해 큐벳(큐벳이 없으면 시험관을 사용해도 된다.)에 담고, 큐벳을 흡수 분광기의 시료 자리(sample holder)에 넣는다. 흡수 분광기의

파장을 350 nm로 맞추고 흡수 분광기의 영점 조정을 한다. 영점 조정이 끝나면 큐벳을 꺼내어 잘 보관한다,

④ $Cr(NO_3)_3 \cdot 9H_2O$ 수용액 4 mL를 취해 큐벳(또는 시험관)에 담고, 흡수 분광기의 시료 자리에 설치한 후, 350 mn부터 50 nm 간격으로 750 nm까지 흡광도를 측정한다.

⑤ 흡광도가 최대가 되는 두 파장 사이 50 nm 영역에 대하여 10 nm 간격으로 다시 흡광도를 측정한다.

⑥ $CrCl_3 \cdot 6H_2O$, $[Cr(en)_3]Cl_3$, $Cr(acac)_3$, $Cu(NO_3)_2 \cdot 3H_2O$, $Ni(NO_3)_2 \cdot 6H_2O$ 용액에 대하여 ③, ④, ⑤를 반복한다.

⑦ 얻은 결과로부터 각 용액에서 흡광도가 최대가 되는 파장, 몰 흡광 계수, 결정장 갈라짐 에너지를 계산하고 분광화학적 계열을 결정한다.

실험 주의 사항

- $Cr(acac)_3$은 지난 실험에서 합성한 시료를 사용하거나 구입하여 사용한다.

결과보고서

실험 25 결정장 갈라짐 에너지와 분광화학적 계열

학 과	학 번	조	이 름	실 험 일	확 인
				년 월 일	

1. 시료의 색

시료		색	
고체	수용액	고체	수용액
$Cr(NO_3)_3 \cdot 9H_2O$	$[Cr(H_2O)_6]^{3+}$		
$CrCl_3 \cdot 6H_2O$	$[Cr(H_2O)_4Cl_2]^{+}$		
$[Cr(en)_3]Cl_3$	$[Cr(en)_3]^{3+}$		
$Cr(acac)_3$	$Cr(acac)_3$		
$Cu(NO_3)_2 \cdot 3H_2O$	$[Cu(H_2O)_6]^{2+}$		
$Ni(NO_3)_2 \cdot 6H_2O$	$[Ni(H_2O)_6]^{2+}$		

2. 착화합물의 흡광도 측정(50 nm 간격)

착화합물 / 파장(nm)	$[Cr(H_2O)_6]^{3+}$	$[Cr(H_2O)_4Cl_2]^{+}$	$[Cr(en)_3]^{3+}$	$Cr(acac)_3$	$[Cu(H_2O)_6]^{2+}$	$[Ni(H_2O)_6]^{2+}$
350						
400						
450						
500						
550						
600						
650						
700						
750						

3. 착화합물의 흡광도 측정(흡광도 최대 부근 10 nm 간격)

착화합물 / 파장(nm)	$[Cr(H_2O)_6]^{3+}$	$[Cr(H_2O)_4Cl_2]^{+}$	$[Cr(en)_3]^{3+}$	$Cr(acac)_3$	$[Cu(H_2O)_6]^{2+}$	$[Ni(H_2O)_6]^{2+}$

4. $[Cr(H_2O)_6]^{3+}$, $[Cr(H_2O)_4Cl_2]^{+}$, $[Cr(en)_3]^{3+}$, $Cr(acac)_3$의 비교

흡수 스펙트럼(네 용액의 흡수 스펙트럼을 함께 그릴 것)

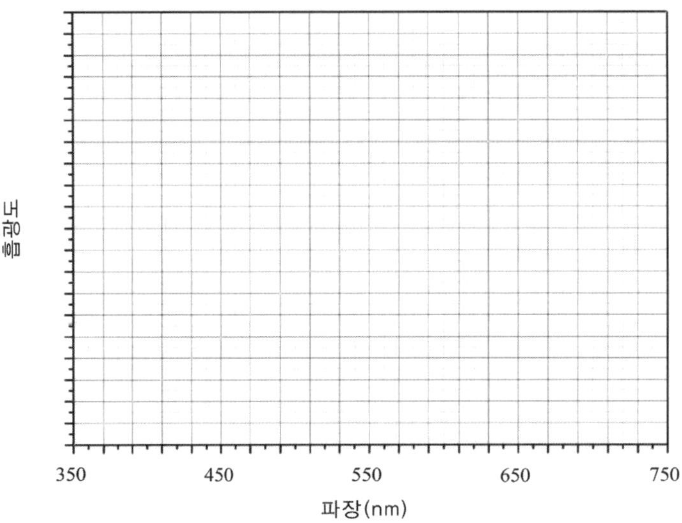

	$[Cr(H_2O)_6]^{3+}$	$[Cr(H_2O)_4Cl_2]^{+}$	$[Cr(en)_3]^{3+}$	$Cr(acac)_3$
최대 흡수 파장(nm)				
결정장 갈라짐 에너지(J)[2]				
결정장 갈라짐 에너지(kJ/mol)[3]				
흡광도				
농도(M)				
흡광 계수[4]				

2) 분자 하나에 대한 결정장 갈라짐 에너지
3) 분자 1 mol에 대한 결정장 갈라짐 에너지
4) $A = \epsilon bc$ ('실험 12. 수돗물의 잔류 염소량 정량 분석'의 Beer-Lambert 법칙 참조)

H_2O, Cl^-, en, acac 사이의 분광화학적 계열: ______ > ______ > ______ > ______

5. $[Cr(H_2O)_6]^{3+}$, $[Cu(H_2O)_6]^{2+}$, $[Ni(H_2O)_6]^{2+}$의 비교

흡수 스펙트럼(세 용액의 흡수 스펙트럼을 함께 그릴 것)

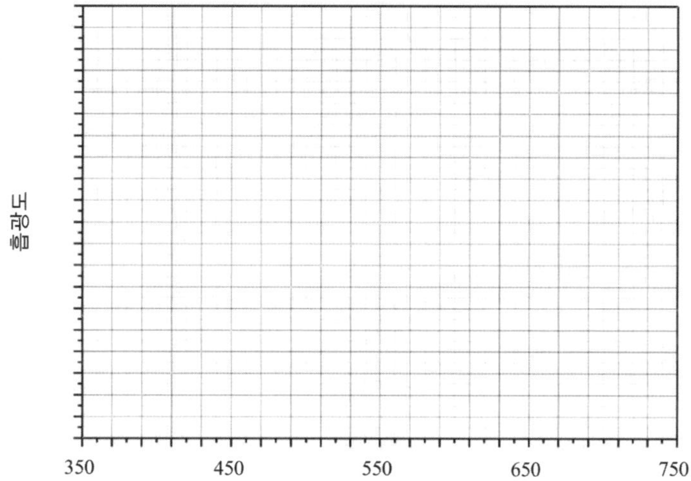

	$[Cr(H_2O)_6]^{3+}$	$[Cu(H_2O)_6]^{2+}$	$[Ni(H_2O)_6]^{2+}$
최대 흡수 파장(nm)			
결정장 갈라짐 에너지(J)			
결정장 갈라짐 에너지(kJ/mol)			
흡광도			
농도(M)			
흡광 계수			

Cr^{3+}, Cu^{2+}, Ni^{2+} 사이의 분광화학적 계열: ______ > ______ > ______

고찰할 내용

- 그림 25-3과 같이 $[Cu(H_2O)_6]^{2+}$와 $[Ni(H_2O)_6]^{2+}$에 대하여 빛을 흡수하기 전후의 전자 배치를 그려라.
- 각 수용액에서 관측된 최대 흡수 파장에 따른 빛의 색을 조사하고, 실험에서 관측한 용액의 색을 비교하여라.

	$[Cr(H_2O)_6]^{3+}$	$[Cr(H_2O)_4Cl_2]^+$	$[Cr(en)_3]^{3+}$	$Cr(acac)_3$	$[Cu(H_2O)_6]^{2+}$	$[Ni(H_2O)_6]^{2+}$
최대 흡수 파장(nm)						
빛의 색						
용액의 색						

- 4배위 사면체 착화합물에서 중심 금속 이온의 5개 d 오비탈은 오비탈에 따라 그 에너지 준위가 어떻게 갈라지는지 조사해 보아라.

실험 26

아스피리의 합성

1 실험의 목표

아스피린의 합성을 통해 유기 화합물의 기초적인 합성법과 작용기에 대해 알아본다.

2 이해해야 할 개념

유기 화합물, 유기 화학, 탄화수소, 알케인, 알켄, 알카인, 방향족 탄화수소, 작용기, 아스피린(아세틸살리실산), 에스터화 반응, 가수 분해, 아세트산 무수물

3 실험을 이해하기 위한 기본 이론

(1) 유기 화합물

전통적으로 과학자들은 세상의 모든 물질을 생명체만이 만들어 낼 수 있는 유기 화합물(organic compound)과 그렇지 않은 무기 화합물(inorganic compound)로 분류하였다. 그러나 19세기에 Friedrich Wöhler가 소변의 성분인 요소($(NH_2)_2C=O$)를 실험실에서 합성한 이래로 유기 화합물의 정의가 바뀌어 지금은 탄소(C)를 포함하는 화합물을 유기 화합물이라고 한다.[1] 대부분의 유기 화합물은 최소한 하나의 C−H 결합이나 C−C 결합을 가지고 있으며, 주로 C, H, O, N으로 이루어져 있다.[2]

1) 유기 화합물은 최소한 하나의 탄소 원자를 포함하고 있어야 한다. 그러나 탄소(C)의 포함 유무가 유기 화합물과 무기 화합물의 정확한 경계는 아니다. 예를 들어 전통적으로 CO_3^{2-}, CN^-, CO, CO_2, 다이몬드, 흑연 등은 무기 화합물로 분류된다.

2) 요소($(NH_2)_2C=O$)처럼 C−H 결합이나 C−C 결합이 없는 유기 화합물도 있으나 그 수는 적다.

현재까지 알려진 유기 화합물만 해도 1,500만 개 이상이며, 지금도 새로운 유기 화합물이 발견되거나 합성되고 있다. **유기 화학**(organic chemistry)은 유기 화합물의 구조, 특성, 합성, 반응 등에 대하여 연구하는 학문으로 그 범위가 매우 넓다.

(2) 탄화수소

유기 화합물 중에서 탄소와 수소로만 이루어진 화합물을 **탄화수소**(hydrocarbon)라고 한다. 탄화수소는 포함하고 있는 C–C 결합의 결합 차수에 따라 **알케인**(alkane), **알켄**(alkene), **알카인**(alkyne), **방향족 탄화수소**(aromatic hydrocarbon)의 네 종류로 나눈다(**표 26–1**).

표 26–1 탄화수소의 종류

종류	포함한 C–C 결합	예	
		체계명(관용명)	구조
알케인	C–C 단일 결합으로만	에테인	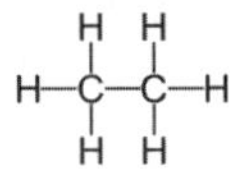
알켄	C=C 이중 결합	에텐(에틸렌)	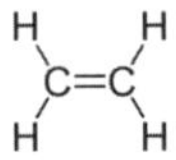
알카인	C≡C 삼중 결합	에타인(아세틸렌)	H–C≡C–H
방향족 탄화수소	편재화된 C–C σ 결합과 비편재화된 C–C π 결합	벤젠	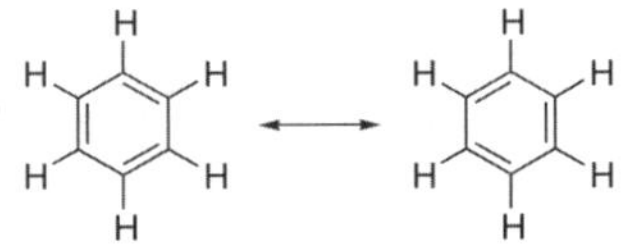

(3) 작용기

유기 화합물은 메테인(CH_4)처럼 작고 단순한 것부터 단백질처럼 크고 복잡한 것까지 그 종류가 매우 다양하다. 다양한 유기 화합물이 있을 수 있는 이유는 유기 분자에는 반응이 잘 일어나는 부분이 있기 때문이다. 이런 부분을 **작용기**(functional group)라고 하는데 **표 26–2**에는 몇 가지 작용기가 나열되어 있다. 작용기가 있는 부분은 다른 분자나 원자가 첨가되거나 다른 분자나 원자로 치환될 수 있으며, 작용기끼리 반응을 일으킬 수도 있기 때문에 하나의 유기 분자로부터도 다양한 모습의 유기 화합물이 유도될 수 있다. 또한 여러 개의 작용기를 가지고 있는 유기 분자도 있다.

표 26-2 주요한 작용기

작용기	구조[a]	예	
		체계명(관용명)	구조
알켄	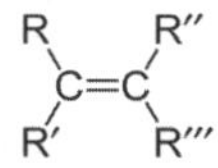	에텐(에틸렌)	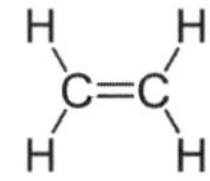
알카인	R−C≡C−R′	에타인(아세틸렌)	H−C≡C−H
알코올	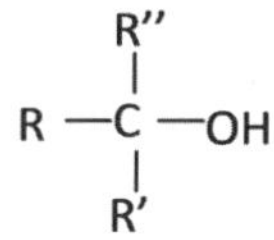	에탄올(에틸알코올)	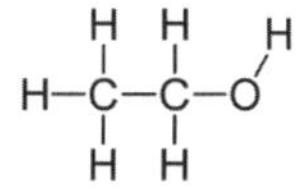
에터	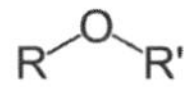	에틸메틸에터	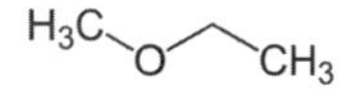
아민	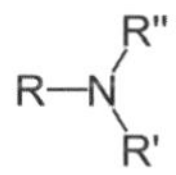	에틸아민	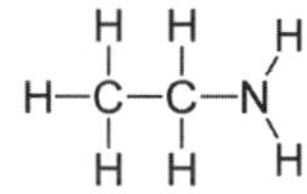
알데하이드	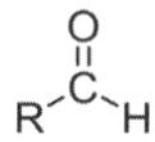	에탄알(아세트알데하이드)	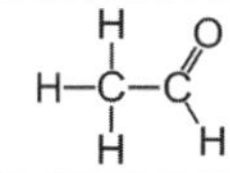
케톤	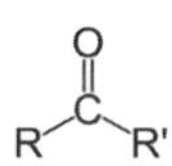	프로판온(아세톤)	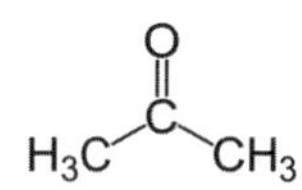
카복실산	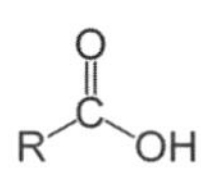	에탄산(아세트산)	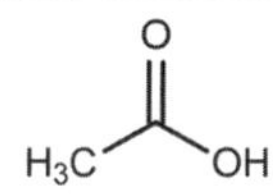
에스터	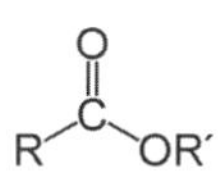	메틸에타노에이트 (메틸아세테이트)	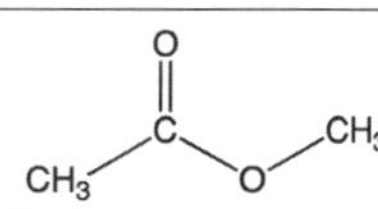
아마이드	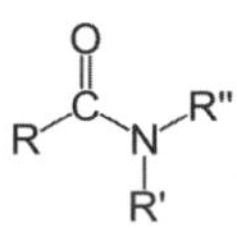	에탄아마이드 (아세트아마이드)	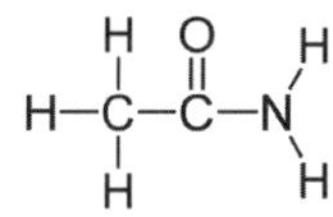

[a] 알켄, 알카인, 알코올, 아민, 알데하이드, 카복실산, 아마이드(R, R′, R″, R‴ = 알킬기 또는 아릴기, 또는 H). 에터, 케톤(R, R′ = 알킬기 또는 아릴기). 에스터(R = 알킬기 또는 아릴기, 또는 H. R′=알킬기 또는 아릴기)

(4) 아스피린

버드나무 껍질이 해열, 진통 효과를 가지고 있다는 것은 이미 기원전 2,000년경부터 알려져 왔다. 현대 의학의 아버지라고 불리는 히포크라테스(Hippocrates,

460~377 BC)도 이에 대하여 기록하고 있으며, 우리나라에서는 허준의 동의보감에 버드나무 껍질의 효능에 대한 기록이 있다. 19세기 초반 과학자들은 버드나무 껍질에서 해열, 진통 효능을 보이는 성분이 살리신(salicin)이라는 것을 알았다.(그림 26–1(A)) 살리신으로부터 유래하여 1,853년 프랑스의 Charles Frederic Gerhardt가 부작용이 적은 해열진통제 아세틸살리실산(acetylsalicylic acid)을 최초로 합성하였다. 그러나 Gerhardt는 이를 상업적으로는 사용하지는 않았다. 그 후 독일의 제약회사 바이엘(Bayer)에서 연구하던 Felix Hoffmann은 아세틸살리실산을 합성하고, 1,900년 이에 대한 독점적 특허를 획득하여 그 이름을 아스피린(aspirin)이라고 붙였다(그림 26–1(B)). 아스피린은 탁월한 해열, 진통 효능뿐만 아니라 최근에는 심장병 예방 등에도 효과적이라는 것이 알려져 있으며, 지금도 가장 많이 팔리는 의약품 중의 하나이다.

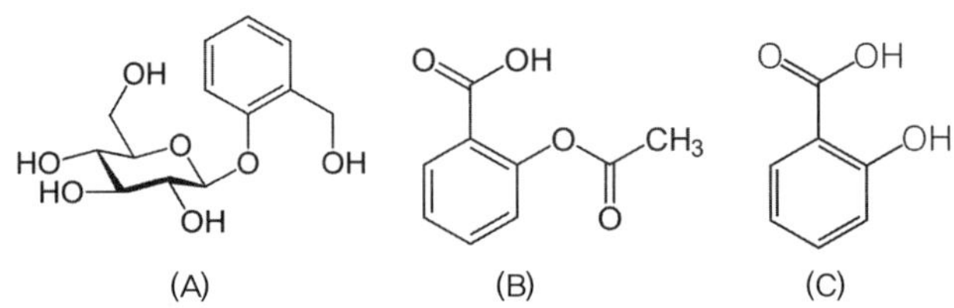

그림 26–1 (A) 살리신, (B) 아스피린, (C) 살리실산

(5) 아스피린의 합성

아스피린은 그림 26–1(B)에 있듯이 카복실기와 에스터기의 두 작용기를 가지고 있다. 복잡한 구조의 유기 화합물은 일반적으로 좀 더 간단한 구조의 유기 화합물로부터 시작하여 합성한다. 이번 실험에서는 그림 26–1(C)의 살리실산(salicylic acid)을 출발 물질로 하여 아스피린을 합성하고자 한다. 아스피린과 살리실산의 구조를 비교해 보면, 살리실산에 있는 하이드록시기가 아스피린에는 에스터기로 치환되어 있음을 알 수 있다.

에스터는 알코올과 카복실산을 반응시켜 얻을 수 있다. 이러한 반응을 에스터화 반응(esterification)이라고 한다(그림 26–2). 에스터화 반응에서는 산 촉매 조건에서 알코올과 카복실산이 빠르게 반응하여 에스터와 물이 생성된다. 그런데 생성된 에스터는 물과 반응하여 다시 카복실산과 알코올로 분해되는 가수 분해(hydrolysis) 반응을 일으키기 때문에, 결국 반응 용액에는 카복실산, 알코올, 에스터가 평형 상태로 존재하게 된다.

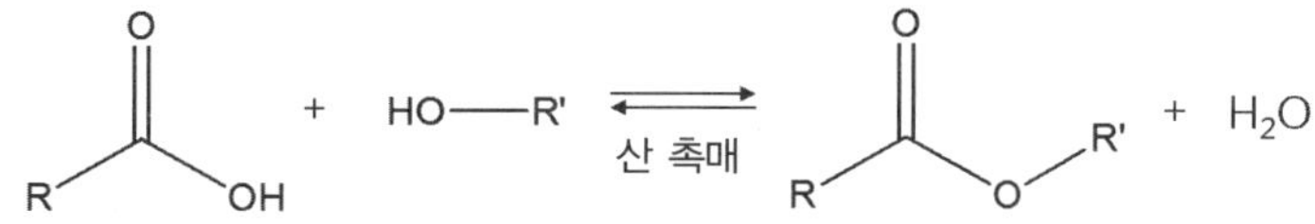

그림 26-2 에스터화 반응(정반응)과 에스터의 가수 분해 반응(역반응)

아스피린과 살리실산의 구조를 비교해 보면, 살리실산과 아세트산을 에스터화 반응시켜 **그림 26-3**과 같이 아스피린을 얻을 수 있다는 것을 짐작할 수 있다. 그러나 앞에서 설명하였듯이 생성된 에스터는 물과 반응하여 분해되므로, **그림 26-3**의 살리실산과 아세트산의 에스터화 반응에 의해 생성된 아스피린도 역시 가수 분해된다. 따라서 최종적으로 용액은 살리실산, 아세트산, 아스피린이 평형 상태로 있는 혼합 용액이 되어, 아스피린을 분리해 내야 하는 번거로움이 있다. 이러한 번거로움은 **그림 26-3**의 역반응이 일어나지 않도록 하면 극복할 수 있다.

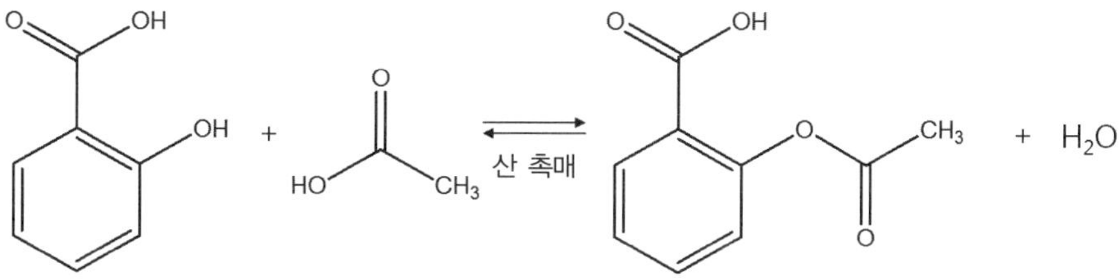

그림 26-3 살리실산과 아세트산의 반응

그림 26-3의 역반응은 물이 있을 때만 일어나므로, 물이 발생하지 않는 에스터화 반응을 고안하면, 역반응이 일어나지 않을 것이다. 이를 위해 아스피린의 합성에서는 아세트산 대신 아세트산 무수물(acetic anhydride)을 사용한다. 아세트산 무수물은 아세트산 두 분자가 결합할 때 물 한 분자가 빠져나가면서 생성되는 화합물로 알코올과 반응하여 에스터와 아세트산을 만든다. 따라서 아세트산 무수물은 살리실산과 반응하여 **그림 26-4**와 같이 아스피린과 아세트산을 만든다. 이 반응에서는 물이 생성되지 않으므로 아스피린의 가수 분해 반응이 일어나지 않는다.

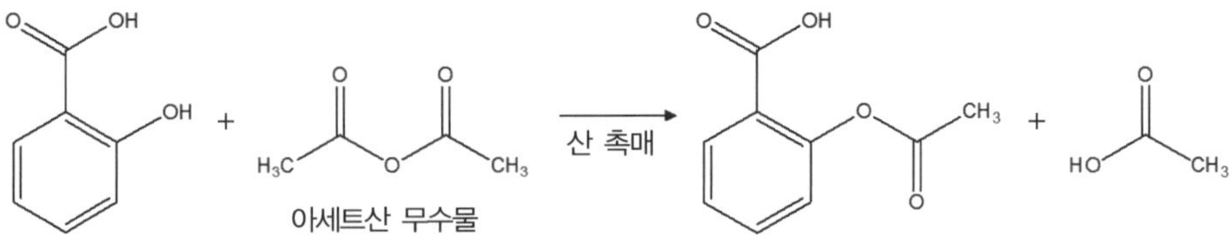

그림 26-4 아세트산 무수물을 이용한 아스피린의 합성

4 실험 기구 및 시약

기구	시약
100 mL 삼각 플라스크	살리실산
드롭퍼	아세트산 무수물
가열교반기	85% 인산(H_3PO_4) 수용액
1 mL 마이크로 피펫	증류수
물중탕	얼음
클램프	
스탠드	
온도계	
얼음 그릇	
거름종이	
뷰흐너 깔때기	
감압 장치	
모세관	
녹는점 측정 장치	

5 실험 방법

① 흄후드 안에 **그림 24-8**과 같이 물중탕 장치를 설치하고 물의 온도를 80℃ 정도로 가열한다(플라스크 제외). 이번 실험에서는 자석 젓개 막대는 사용하지 않는다.

② 살리실산 2.5 g을 100 mL 삼각 플라스크에 넣고, 흄후드 안에서 아세트산무수물 3 mL를 플라스크에 첨가한다. 이때 용기 벽에 남은 살리실산이 있으면 아세트산 무수물로 씻어 내린다.

③ 촉매로 85% 인산 서너 방울을 플라스크에 넣고, 플라스크를 흔들어 용액을 잘 섞는다.

④ 클램프를 이용하여 플라스크를 이미 가열된 물중탕 안에 그림 24-8과 같이 설치하고 20분 정도 가열한다. 이때 플라스크가 물중탕 바닥에 닿지 않도록 한다.

⑤ 가열기를 끄고 플라스크를 물중탕에서 꺼낸 후, 2 mL의 증류수를 더하여 남은 아세트산 무수물을 아세트산으로 분해시킨다. 이때 아세트산 증기가 발생하므로 주의한다. 5분 정도 플라스크를 흄후드 안에서 방치하여 아세트산 증기가 완전히 날아가도록 한다.

⑥ 플라스크를 흄후드에서 실험대로 옮기고, 플라스크에 증류수 20 mL를 첨가한 후 흔들어 용액을 잘 섞고 식힌다. 이때 아스피린 결정이 생성된다.

⑦ 결정이 잘 생성되지 않으면 얼음 그릇을 이용하여 플라스크의 온도를 더 낮춘다.

⑧ 감압 장치와 뷰흐너 깔때기를 연결하고 거름종이를 뷰흐너 깔때기 위에 놓고, 감압하면서 적은 양의 증류수로 거름종이를 적신다.

⑨ 감압하면서 플라스크의 용액을 거름종이 위에 부어 결정을 거른다. 이때 거름종이 위에 있는 결정을 5 mL의 차가운 증류수(얼음물)로 씻는다.

⑩ 결정을 마른 거름종이로 옮기고 공기 중에 말린다.

⑪ 얻은 결정의 질량을 측정하고 수득률을 계산한다.

⑫ 모세관에 잘게 부순 아스피린 결정을 넣고 녹는점 측정 장치를 이용하여 녹는점을 측정한다(100~150℃ 사이).

실험 주의 사항

① 아세트산 무수물은 피부에 심한 화상을 입힐 수 있으므로, 접촉하면 바로 다량의 물로 피부를 씻는다.

② 아세트산 증기는 절대 흡입하지 않도록 한다.

③ 이번 실험에서 합성한 아스피린은 여전히 불순물을 포함하고 있다. 약품으로 쓰기 위해서는 재결정을 하여 순수한 아스피린을 추출해야 한다.

④ 용액을 가열할 때 화상을 입지 않도록 주의한다.

⑤ 흄후드가 없을 경우에는 환기가 잘 되는 실험실에서 실험을 수행한다.

⑥ 물중탕에 플라스크를 설치할 때 플라스크가 넘어지지 않도록 한다.

결과보고서

실험 26

아스피린의 합성

학 과	학 번	조	이 름	실 험 일	확 인
				년 월 일	

살리실산의 질량	____________	g
살리실산의 몰질량	____________	g/mol
살리실산의 몰수	____________	mol
아세트산 무수물의 부피	____________	mL
아세트산 무수물의 밀도	____________	g/mL
아세트산 무수물의 질량	____________	g
아세트산 무수물의 몰질량	____________	g/mol
아세트산 무수물의 몰수	____________	mol
아스피린의 이론적 수득 몰수	____________	mol
아스피린의 몰질량	____________	g/mol
아스피린의 이론적 수득량	____________	g
실험에서 얻은 아스피린의 수득량	____________	g
아스피린의 수득률	____________	%
아스피린의 녹는점	____________	°C

고찰할 내용

- 실험에서 아스피린의 이론적 수득량을 계산하는 자세한 과정을 쓰라.
- 그림 26–1의 살리신, 아스피린, 살리실산은 모두 해열, 진통 효능을 가지고 있다. 세 화합물의 구조를 비교하여, 이들 화합물의 어떤 구조적 특성이 약효를 가지고 있는지 예측하여라.
- 실험에서 여분의 아세트산 무수물을 제거하기 위해 증류수을 첨가하였다. 아세트산 무수물과 물 사이의 화학 반응식을 적어라.
- 아스피린의 녹는점은 135°C이다. 실험에서 구한 녹는점과 차이가 있다면 그 이유를 생각해 보라.

실험 27

은 나노입자의 합성

1 실험의 목표

은 나노입자를 합성하고 나노입자의 색 변화를 유도하여, 나노 물질의 특성과 합성 원리를 알아본다.

2 이해해야 할 개념

나노미터, 나노입자, 나노 기술, 콜로이드, 표면 플라즈몬 공명

3 실험을 이해하기 위한 기본 이론

(1) 나노 기술

금(gold)은 보통 노란색을 띠지만, 옛날의 화가들은 녹은 상태의 유리에 금을 뿌려 섞으면 빨간색이 나타난다는 것을 알았다. 이를 이용하여 스테인드글라스(stained glass)에 색을 입히기도 하였다. 이와 같은 현상이 일어나는 것은 물질의 크기가 그 물질의 물리·화학적 성질에 큰 영향을 미치기 때문이다. 즉 우리가 보통 보는 노란색 금은 금 원자가 모여 우리가 볼 수 있을 정도의 크기로 뭉쳐진 것이고, 빨간색 금은 뭉쳐진 원자의 수가 적어 그 입자의 크기가 매우 작은 것이다. 빨간색 스테인드글라스에는 크기가 매우 작은 금 입자가 유리에 촘촘하면서 고르게 퍼져 있다.

1 **나노미터**(nano meter, nm)는 1×10^{-9} m로서, 보통 3~10개의 원자를 일렬로 늘어놓은 길이에 해당한다. 머리카락은 지름이 대략 100,000 nm 정도이고, 위에서 언급한 빨간색 금 입자는 지름이 대략 15 nm이다. 빨간색 금 입자와 같이

원자가 1~수백 nm의 크기로 뭉쳐진 입자를 **나노입자**(nanoparticle)라고 한다. 나노입자는 광학 현미경으로 관찰할 수 없으며 전자 현미경을 사용해야 그 모양을 볼 수 있다. 나노 크기의 물질은 우리가 보통 접하는 크기의 물질과는 다른 독특한 성질을 가지게 되어, 빠르고 정확한 질병 진단, 화학 반응의 촉매, 빠른 연산 능력의 컴퓨터, 대용량 기억 장치 등 여러 가지로 유용하게 쓰일 수 있기 때문에 최근에 많이 연구되고 있다.

원자, 분자, 이온으로 이루어진 물질은 일반적으로 이들 구성 성분이 모여 큰 크기로 만들어진다. 이러한 상태를 벌크(bulk) 상태라고 한다. 우리가 알고 있는 물질의 성질은 대부분 벌크 상태의 성질이다. 많은 경우에 물질이 합성되면 벌크 상태로 만들어지기 때문에, 나노 크기의 유용한 물질을 만드는 것은 세심한 기술을 요구한다. 이와 같이 원자, 분자, 이온으로부터 나노 크기의 물질을 만들고, 그 크기와 모양 및 특성을 조절할 수 있는 능력을 획득하는 것을 **나노 기술**(nano technology, NT)이라고 한다.

(2) 콜로이드

주변에서 쉽게 볼 수 있는 나노입자로 이미 오래 전부터 알려진 **콜로이드**(colloid)가 있다. 콜로이드는 크기가 1~1,000 nm 정도인 입자가 용액에 분산되어 있는 것으로 우유, 커피, 흙탕물 등도 콜로이드 상태로 있는 것이다. 콜로이드 입자는 그 표면에 양전하 또는 음전하를 띠기 때문에 자기들끼리 서로 반발하여 더 큰 입자로 자라지 못하고 용액 속에서 떠돌아다닌다. 따라서 콜로이드 용액에 이온 화합물 등의 전해질을 녹이면, 입자 표면에 표면 전하와 반대되는 전하의 이온이 붙어, 표면 전하를 줄이기 때문에 콜로이드 입자가 서로 모여 더 큰 입자로 자라게 되고 침전으로 가라앉는다. 이는 흙탕물이 흐르는 나일강(Nile river)이나 황하(Yellow river)가 바다로 흘러들어가는 위치에 삼각주가 생기는 원리이기도 하다. 또 온도를 높여 콜로이드 입자의 운동 에너지를 높이면, 표면의 전기적 반발력을 극복하고 입자들끼리 충돌하게 되어 콜로이드 입자가 더 크게 자라 침전되기도 한다.

(3) 은 나노입자와 색 특성

이번 실험에서는 시트르산 이온(citrate, $C_6H_4O_7^{3-}$)을 이용하여 은 이온(Ag^+)을 은(Ag^0)으로 환원시켜 은 나노입자를 만들고자 한다. 시트르산 이온이 Ag^+를 환원시키는 과정은 정확하게는 알려져 있지 않다. 은 원자(Ag^0)가 만들어지면 이들이 뭉쳐 입자로 자라게 된다. 이때 안정제가 없으면 입자가 점점 커지게 되어 용액에 가라앉는다. 따라서 실험에서는 과량의 시트르산 이온이 사용되는데, 일부는 Ag^+ 이온을 환원시키는 데 쓰이고, 나머지는 은 나노입자를 안정화시키는 데 쓰인다. 은 나노입자는 표면에 약간의 양전하를 띠게 되므로 이때 음이온인 시트르산 이온이 표면에 붙게 되어 은 나노입자를 안정되게 한다(그림 27-1).

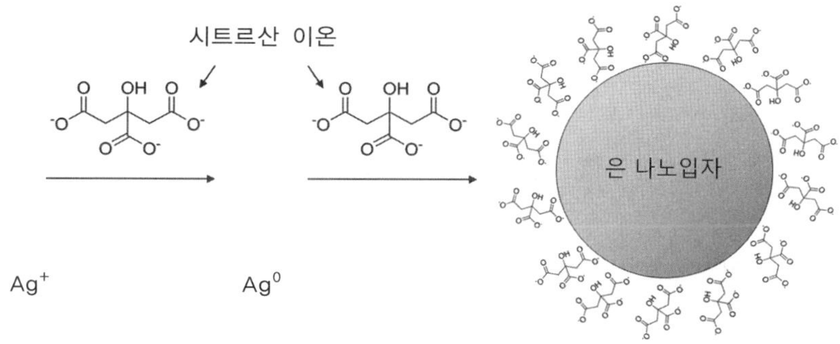

그림 27-1 은 나노입자의 합성

그림 27-1의 은 나노입자는 안정제로 쓰인 시트르산 이온 때문에 표면이 음전하를 띤다. 이러한 음전하 사이의 반발력으로 나노입자는 더 큰 입자로 자라지 않고 용액에서 콜로이드 상태로 있다. 나노입자는 나노입자가 흡수하는 빛의 보색으로 보인다. 나노입자가 흡수하는 빛은 입자의 크기와 모양에 따라 바뀌는데, 이를 **표면 플라즈몬 공명**(surface plasmon resonance, SPR)이라고 한다. SPR 현상에 의해 이번 실험에서 합성한 은 나노입자는 벌크 상태와는 달리 노란색을 띠게 된다. SPR에 의하면 나노입자의 크기가 커짐에 따라 입자가 흡수하는 빛의 파장도 길어지고 따라서 입자의 색이 바뀐다. 이를 이용하면 나노입자를 특정 물질을 감지하는 센서(sensor)로 사용할 수도 있다. 예를 들어 콜로이드 용액에 은 나노입자의 표면에 있는 음전하를 약화시킬 수 있는 양이온을 첨가하면 나노입자가 모여 더 큰 입자로 자랄 수 있다. 이때 나노입자가 흡수하는 빛의 파장이 바뀌므로 용액의 색도 바뀐다. 이렇게 콜로이드 용액의 색 변화를 보고 분석하고자 하는 물질의 종류를 알아낼 수 있다(그림 27-2).

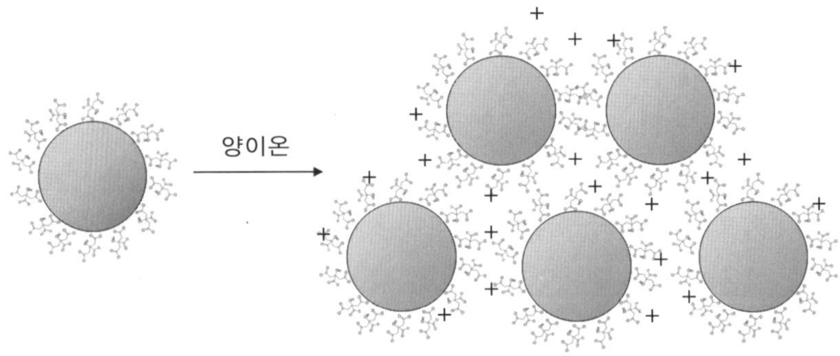

그림 27–2 시트르산 이온을 이용하여 합성한 은 나노입자의 모임에 의한 색 변화

4 실험 기구 및 시약

기구	시약
250 mL 비커	질산 은($AgNO_3$)
자석 젓개 막대	시트르산 소듐(sodium citrate dihydrate)
가열교반기	1 mM 질산 은($AgNO_3$) 수용액
10 mL 눈금 실린더	38.8 mM 시트르산 소듐 수용액
큐벳	1 M HCl 수용액
흡수 분광기	1 M NaOH 수용액
	1 M NaCl 수용액
	1 M 글루코스 수용액
	증류수

5 실험 방법

(1) 실험 A. 은 나노입자의 합성

① 250 mL 비커에 1 mM 질산 은 수용액 50 mL를 넣는다. 자석 젓개 막대를 이용하여 교반하면서 80°C 이상으로 가열한다. 가열하면서 물의 양이 줄어들면 눈금 실린더로 적당한 양의 증류수를 첨가하여 용액이 50 mL 수준을 유지할 수 있도록 한다.

② 38.8 mM의 시트르산 소듐(sodium citrate) 수용액 5 mL를 첨가한다. 이때 콜로이드 상태가 되는 것을 관찰할 수 있을 것이다. 10분 동안 더 가열 교반한다. 가열하면서 물의 양이 줄어들면 적당한 양의 증류수를 첨가하여

용액이 55 mL 수준을 유지할 수 있도록 한다.

③ 가열을 멈추고 15분 동안 더 교반한다.

(2) 실험 B. 나노입자의 색 변화와 흡수 스펙트럼 관찰

① 이 책의 앞 부분에 있는 '화학 실험실에서의 기본 3. 기구 및 기기 사용법'에 있는 흡수 분광기 사용법을 읽고 사용법을 익힌다.

② 흡수 분광기를 켜서 분광기가 충분히 예열(warm-up)되도록 한다.

③ 10 mL 시험관 5개를 준비하고, 각 시험관에 은 콜로이드 용액(은 나노입자 용액)을 5 mL씩 넣는다.

④ 위의 시험관 중 4개에 각각 1 M NaCl, 1 M HCl, 1 M NaOH, 1 M 글루코스 수용액을 열 방울 넣는다. 혼란을 방지하기 위해 시험관에 표시한다.

⑤ 각 시험관에서 관찰되는 색을 기록한다.

⑥ 증류수 4 mL를 취해 큐벳(큐벳이 없으면 시험관을 사용해도 된다.)에 담고, 큐벳을 흡수 분광기의 시료 자리(sample holder)에 넣는다. 흡수 분광기의 파장을 350 nm로 맞추고 흡수 분광기의 영점 조정을 한다. 영점 조정이 끝나면 큐벳을 꺼내어 잘 보관한다,

⑦ 위의 시험관 5개의 용액을 각각 4 mL씩 취해 큐벳(또는 시험관)에 담고, 흡수 분광기의 시료 자리에 설치한 후, 350 nm부터 50 nm 간격으로 750 nm까지 흡광도를 측정한다.

⑧ 흡광도가 최대가 되는 두 파장 사이 50 nm 영역에 대하여 10 nm 간격으로 다시 흡광도를 측정한다.

실험 주의 사항

① 나노입자 합성은 용액에 불순물이 있으면 방해를 받는다. 실험에 사용하는 기구는 실험 전에 증류수로 깨끗이 씻어 말린다.

② 용액을 가열할 때 화상을 입지 않도록 주의한다.

③ 실험 시간이 충분하지 않으면 흡수 스펙트럼을 얻는 실험은 생략한다.

결과보고서

실험 27

은 나노입자의 합성

학 과	학 번	조	이 름	실 험 일	확 인
				년 월 일	

실험 A 은 나노입자의 합성

콜로이드 용액의 색 ______________

실험 중 관찰된 사항을 적을 것

____

____

____

____

____

실험 B 은 나노입자의 색 변화와 흡수 스펙트럼

콜로이드 용액의 흡광도 측정(50 nm 간격)

용액 / 파장(nm)	은 나노 콜로이드 용액				
	첨가 없음	NaCl 첨가	HCl 첨가	NaOH 첨가	글루코스 첨가
350					
400					
450					
500					
550					
600					
650					
700					
750					

콜로이드 용액의 흡광도 측정(흡광도 최대 부근 10 nm 간격)

용액 / 파장(nm)	은 나노 콜로이드 용액				
	첨가 없음	NaCl 첨가	HCl 첨가	NaOH 첨가	글루코스 첨가

흡수 스펙트럼(다섯 개 용액의 흡수 스펙트럼을 함께 그릴 것)

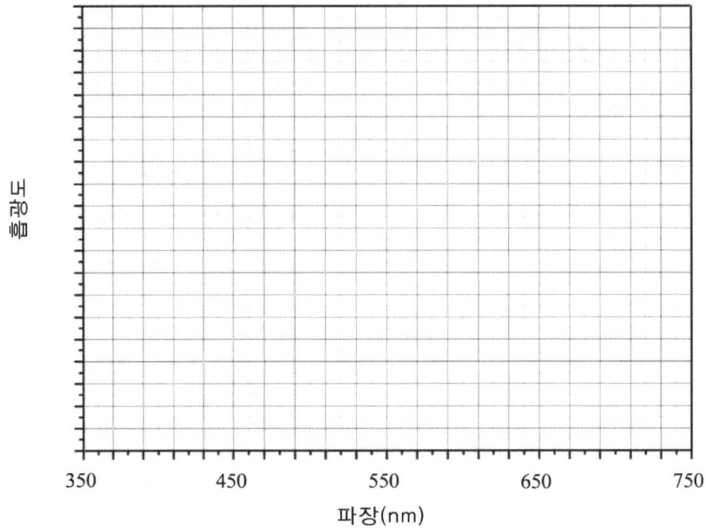

	은 나노 콜로이드 용액				
	첨가 없음	NaCl 첨가	HCl 첨가	NaOH 첨가	글루코스 첨가
용액의 색					
최대 흡수 파장(nm)					

고찰할 내용

■ 본문에서 설명한 표면 플라즈몬 공명 현상과 나노입자가 흡수한 파장을 바탕으로 나노입자를 큰 것부터 차례로 나열하여라. 그리고 첨가한 물질에 따라 왜 크기가 달라졌을지 생각해 보라.

■ 다음 표는 물질이 흡수하는 빛의 파장과 빛의 색 그리고 그 보색을 나타낸 것이다. 만일 나노입자의 흡수 스펙트럼을 얻지 않았다면, 본문에서 설명한 표면 플라즈몬 공명 현상과 실험에서 관찰한 색을 바탕으로 나노입자를 큰 것부터 차례로 나열하여라. 그리고 첨가한 물질에 따라 왜 크기가 달라졌을지 생각해 보라.

파장(nm)	빛의 색	보색
650~780	빨간색	청록색
595~650	주황색	녹청색
560~595	황록색	자주색
500~560	녹색	빨간자주색
490~500	청록색	빨간색
480~490	녹청색	주황색
435~480	파란색	노란색
380~435	보라색	황록색

■ 나노입자의 응용성을 높이기 위해서는 입자의 크기가 균일해야 한다. 나노입자의 크기를 알 수 있는 방법들에 대하여 조사해 보라.

실험 28

비누-지방산의 염

1 실험의 목표

비누를 만들고 비누의 작용 원리와 특성을 이해한다.

2 이해해야 할 개념

지방산, 트라이글리세라이드, 기름, 지방, 비누, 비누화 반응, 계면활성제, 미셀

3 실험을 이해하기 위한 기본 이론

(1) 지방산

'실험 2. 물과 아보가드로 수'에서 스테아르산(stearic acid)의 구조적 특징을 이용하여 아보가드로 수를 추정하는 실험을 하였다. 그림 28-1(A)의 스테아르산은 머리에 카복실기(-COOH)를, 꼬리에 긴 탄화수소 사슬을 가지고 있어, 실험 2에서 설명하였듯이 머리 부분은 물과 잘 섞일 수 있는 친수성(hydrophilic)이고, 꼬리 부분은 물과 멀어지려고 하는 소수성(hydrophobic)이다. 스테아르산과 같이 카복실산과 긴 탄화수소 사슬을 가지고 있는 유기 분자를 **지방산**(fatty acid)이라고 한다. 지방산에는 스테아르산과 같이 탄소 사슬의 C-C 결합이 단일 결합으로만 이루어진 포화 지방산과 올레산(oleic acid, 그림 28-1(B))처럼 이중 결합을 포함한 불포화 지방산이 있다.

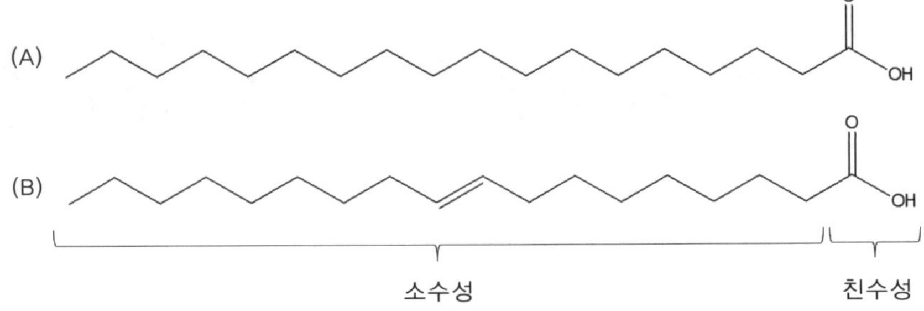

그림 28-1 (A) 스테아르산과 (B) 올레산

(2) 지방

글리세롤(glycerol)과 지방산이 '실험 26. 아스피린의 합성'에서 배웠던 에스터화 반응(esterification)에 의해 축합되면 **트라이글리세라이드**(triglyceride)가 된다. **그림 28-2**에서 보듯이 트라이글리세라이드에는 글리세롤 골격에 세 개의 지방산이 붙어 있는데, 세 개의 지방산이 모두 같은 종류인 경우도 있고, 모두 다른 경우도 있는 등 다양한 트라이글리세라이드가 알려져 있다. 우리가 흔히 **기름**(oil)이라고 부르는 것은 불포화 지방산으로 이루어진 트라이글리세라이드로 상온에서 액체 상태로 있다. **그림 28-2**의 트라이글리세라이드는 콩에서 얻은 기름에 있는 것이다. 또한 포화 지방산을 포함하고 있는 트라이글리세라이드로 상온에서 고체 상태로 있는 것을 **지방**(fat)이라고 부른다.

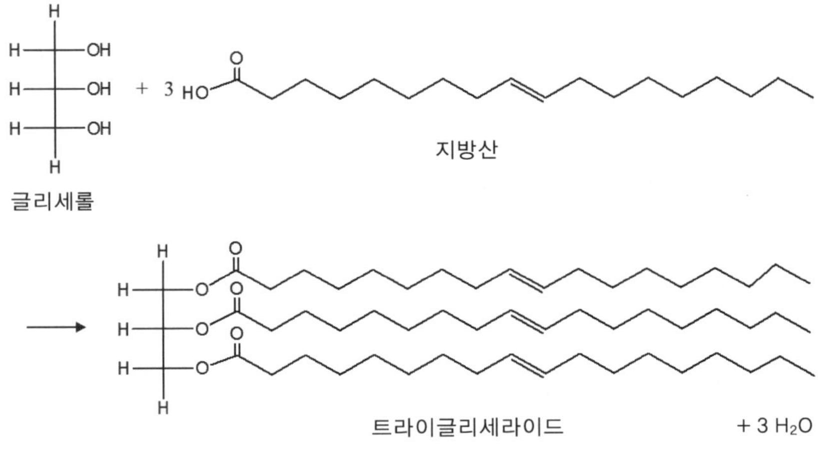

그림 28-2 글리세롤과 지방산의 에스터화 반응에 의한 트라이글리세라이드의 형성

(3) 비누 만들기

비누는 지방산의 염(salt)이다. 비누는 지방이나 기름에서 얻은 트라이글리세라이드를 염기성 조건에서 가수 분해(hydrolysis)하여 얻는다. 이 과정을 **비누화 반응**(saponification)이라고 하는데, 이는 에스터화 반응의 역반응이다(**그림 28-3**). 이때 만들어진 지방산의 염은 물에 잘 녹는다.

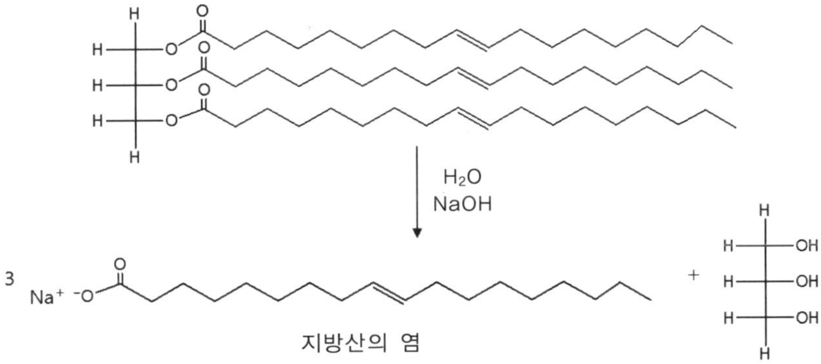

그림 28-3 비누화 반응

상업적인 비누나 세제가 보급되기 전에 옛날 사람들은 기름때를 없애기 위해 경험적으로 가성소다(NaOH)나 탄산 소듐(Na_2CO_3)을 사용하기도 하는데, 이것은 바로 비누화 반응을 이용한 것이었다.

(4) 비누의 작용

지방산의 염은 물에 녹으면 지방산 음이온과 금속 양이온으로 해리된다. 지방산 음이온의 머리 부분은 친수성이고 꼬리 부분은 소수성인데, 이와 같이 친수성 부분과 소수성 부분을 모두 가지고 있는 분자나 이온을 **계면활성제**(surfactant)라고 한다. 계면활성제는 수용액에서 친수성 부분은 물과 닿고 소수성 부분은 물과 닿지 않기 위해, 서로 모여 **미셀**(micelle)이라고 불리는 콜로이드 크기 정도의 속이 비어 있는 공을 만드는 경향이 있다(**그림 28-4**). 지방산의 염을 고화(solidification)시켜 만든 비누도 물에서 미셀을 만든다. 미셀은 옷이나 피부에 있는 기름을 미셀 내부의 소수성 공간에 가두고, 물과 함께 씻겨 내려간다.

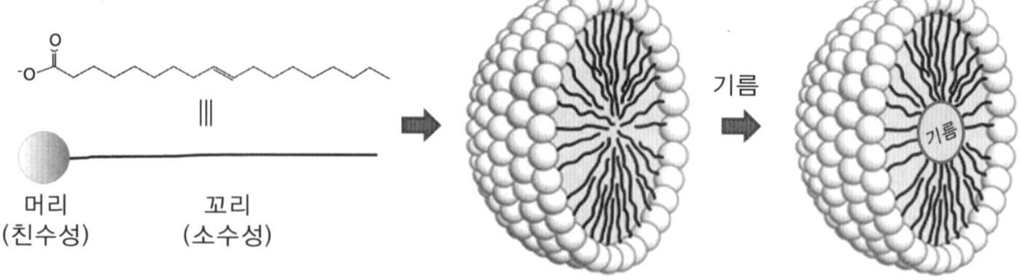

그림 28-4 지방산 음이온으로 형성된 미셀과 기름의 제거

비누는 일반적으로 센물(Ca^{2+}, Mg^{2+}, Fe^{2+} 등의 2가 양이온이 많이 녹아 있는 물)에서 사용하지 않는다. 이는 '**실험 20. 용해도곱 상수의 결정**'에서 알아보았듯이 Ca^{2+}, Mg^{2+}, Fe^{2+} 등의 염은 물에 잘 녹지 않기 때문이다. 즉 비누를 센물에 풀면 지방산 이온이 이들 양이온과 만나 잘 녹지 않는 염(비누 찌꺼기, soap scum)을 만들기 때문이다.

4 실험 기구 및 시약

기구	시약
100 mL 삼각 플라스크	콩 식용유
10 mL 눈금 실린더	포화 NaCl 수용액
100 mL 눈금 실린더	6 M NaOH 수용액
50 mL 비커	0.10 M $CaCl_2$ 수용액
150 mL 비커	에탄올
여과지	증류수
리트머스 종이	얼음
나무 젓개	
얼음 그릇	
가열기	
감압 여과 장치	

5 실험 방법

(1) 실험 A. 비누 만들기

① 얼음 그릇을 준비하고, 포화 NaCl 수용액 50 mL를 넣은 100 mL 삼각 플라스크를 얼음 그릇 위에 놓아 NaCl 수용액을 식힌다.(이 용액은 비누를 정제할 때 사용할 것이다. 삼각 플라스크가 넘어지지 않도록 잘 고정한다.)

② 150 mL 비커에 8 mL의 콩 식용유와 4 mL의 6 M NaOH 수용액을 넣고 변화를 관찰하여 기록한다.

③ 에탄올 8 mL를 비커에 첨가한다.

④ 가열기로 비커를 10분 정도 가열한다. 가열하면서 나무 젓개로 계속하여 저어준다.

⑤ 혼합 용액에서 거품이 많이 일어나면서, 용액이 젤(gel) 형태로 굳어지면 반응이 완결된 것이므로 가열기를 끄고 비커를 내려놓는다. 결과물이 바로 정제 전 비누이다.

⑥ 정제 전 비누의 특성을 기록한다.

⑦ 시약 스푼으로 콩알 크기 정도 비누를 떠서 식힌다. 수돗물로 손을 적시고, 비누를 손바닥 위에 놓고 문질러 느껴지는 감촉을 기록한다.

(2) 실험 B. 비누의 정제

① 비누가 만들어진 비커에 20 mL의 증류수를 첨가하고, 약하게 가열하면서 저어주어 비누를 녹인다. 비누가 완전히 녹지 않으면 약간의 증류수를 더 첨가한다.(첨가한 증류수의 양이 5 mL를 넘지 않도록 한다.) 비누가 완전히 녹으면 가열기를 끈다.

② 비커를 실험대 위로 옮기고 5~10분 동안 식힌다.

③ 얼음으로 식힌 NaCl 수용액 25 mL를 비커에 붓고 잘 저어준다. 이때 비누 결정이 형성되는 것을 관찰할 수 있다.

④ 용액을 감압 여과하고, 걸러진 비누를 마른 여과지나 종이 타월 위에 놓고 말린다.

⑤ 리트머스 종이를 이용하여 여과지를 통과한 용액의 pH를 어림 측정한다.

⑥ 수돗물로 손을 적시고, 콩알 크기의 비누를 손바닥 위에 놓고 문질러 느껴지는 감촉을 기록한다. 리트머스 종이로 손바닥에 있는 비눗물의 pH를 어림 측정한다.

(3) 실험 C. 비누의 특성

① 콩알 크기의 비누와 25 mL의 증류수를 50 mL 비커에 넣고 잘 저어 녹여 테스트할 비눗물을 준비한다.

② 시험관 4개에 1~4의 번호로 붙인다.

③ 다음 표에 따라 각 시험관에 비누 용액과 다른 성분을 넣고 잘 흔들어 섞는다.

시험관	용액
1	비눗물(1 cm 높이)
2	비눗물(1 cm 높이) + 0.10 M $CaCl_2$ 수용액 두 방울
3	비눗물(1 cm 높이) + 수돗물(1 cm 높이)
4	비눗물(1 cm 높이) + 증류수(1 cm 높이)

④ 관찰되는 내용을 기록한다.

실험 주의 사항

① 6 M NaOH 수용액은 강한 염기성이므로 피부에 닿지 않도록 주의한다. 피부에 닿으면 많은 양의 흐르는 수돗물로 즉시 씻는다. 만일 눈에 닿으면 흐르는 수돗물로 15분 이상 눈을 씻는다.

② 용액을 가열할 때 화상을 입지 않도록 주의한다.

결과보고서

실험 28

비누–지방산의 염

학 과	학 번	조	이 름	실 험 일	확 인
				년 월 일	

실험 A 비누 만들기

②의 실험에서 관찰되는 것을 적어라.

정제 전 비누의 특성을 적어라.(색, 냄새, 촉감 등, 실험 ⑥~⑦)

실험 B 비누의 정제

여과지를 통과한 용액의 pH

비눗물의 pH

정제된 비누의 특성을 정제 전 비누와 비교하여라.

실험 C 비누의 특성

시험관 1과 2에서 관찰되는 차이점을 적어라.

시험관 3과 4에서 관찰되는 차이점을 적어라.

고찰할 내용

- 실험 A의 ②에서 용액이 두 층으로 분리되는 것을 관찰하였다. 그 이유를 설명하여라.(힌트: '**실험 2. 몰과 아보가드로 수**' 참조)
- 실험 B에서 비눗물은 염기성인가 산성인가? 왜 그렇게 산–염기 특성이 나타나는지 그 이유를 설명하여라.
- 실험 B에서 여과지를 통과한 용액은 염기성인가 산성인가? 왜 그렇게 산–염기 특성이 나타나는지 그 이유를 설명하여라.(힌트: 넣어 준 기름의 몰수와 NaOH의 몰수를 비교하여라. 반응이 항상 완전히 진행되는 것은 아니지만 계산을 위해 반응이 완전히 진행되었다고 가정하여라. 콩 식용유의 밀도는 0.917 g/mL, **그림 28–3**의 콩 식용유에 있는 트라이글리세라이드의 조성식은 $C_{57}H_{104}O_6$, 글리세롤의 조성식은 $C_3H_8O_3$이다. 콩 식용유는 모두 트라이글리세라이드로 만들어졌다고 가정한다.)
- 실험 C의 시험관 2에서 관찰된 침전의 화학식은 무엇인가?
- 실험 C의 시험관 3과 4에서 관찰된 차이가 왜 나타나는지 설명하여라.
- '**실험 27. 은 나노입자의 합성**'에서 콜로이드(colloid)에 대하여 알아보았다. 이번 실험에서 나타나는 미셀(micelle)은 에멀션(emulsion)이라고 하는 콜로이드의 일종이다. 무엇으로 이루어진 콜로이드를 에멀션이라고 하는지 조사해 보라.
- 생물체 안에 있는 세포는 친수성과 소수성 부분을 함께 가지고 있는 인지질(phospholipid)로 구성되어 있다. 인지질로부터 세포막이 어떻게 형성되는지 조사해 보고, 세포막과 비누로부터 만들어진 미셀과의 구조적인 차이점을 알아보아라.

실험 Ⅲ

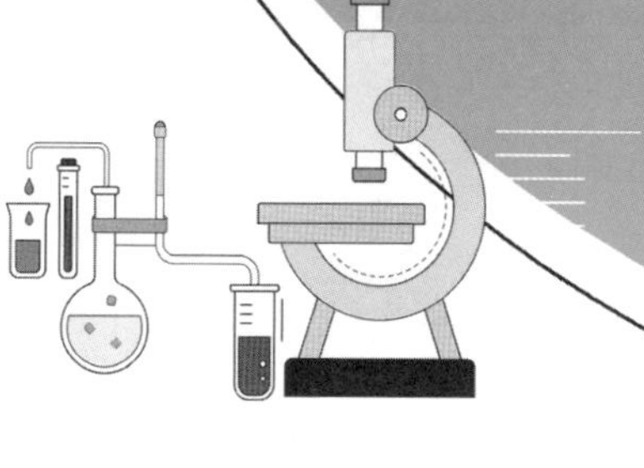

실험 29

끓는점과 녹는점

1 실험의 목표

상평형 그림을 이해하고, 분자의 구조에 따른 끓는점, 녹는점의 변화를 이해한다.

2 이해해야 할 개념

녹는점, 끓는점, 승화점, 용융 곡선, 증기 압력, 액체의 증기 압력 곡선, 고체의 증기 압력 곡선

3 실험을 이해하기 위한 기본 이론

(1) 용융 곡선과 녹는점

실험 9. 승화열에서 분자 사이의 힘과 상평형 그림(phase diagram) 그리고 삼중점, 임계점, 녹음열, 기화열, 승화열 등에 대하여 알아보았다. 상평형 그림은, 물질의 온도와 그 물질에 가해지는 압력에 따른 물질의 상태를 표시한 그림으로, 일반적으로 **그림 29-1(A)**와 같다. 상평형 그림은, **그림 29-1(B)**처럼, 물질이 밀폐된 용기 내부에 빈틈없이 있는 경우에 적용되는 것임을 명심하자.[1] 고체와 액체의 경계선은 **용융 곡선**(fusion curve)으로 압력에 따른 **녹는점**(melting point, 고체가 녹는 온도) 변화를 나타낸 것이다. 외부 압력이 1기압(atm)[2]일 때 고체가 녹는

1) 그림 29-1(B)에서 물질의 위 표면을 덮고 있는 뚜껑은 자유로이 움직일 수 있다.
2) 1 atm = 760 mmHg = 760 torr = 1.01325 bar = 1.01325 x 10^5 Pa = 1013.25 hPa

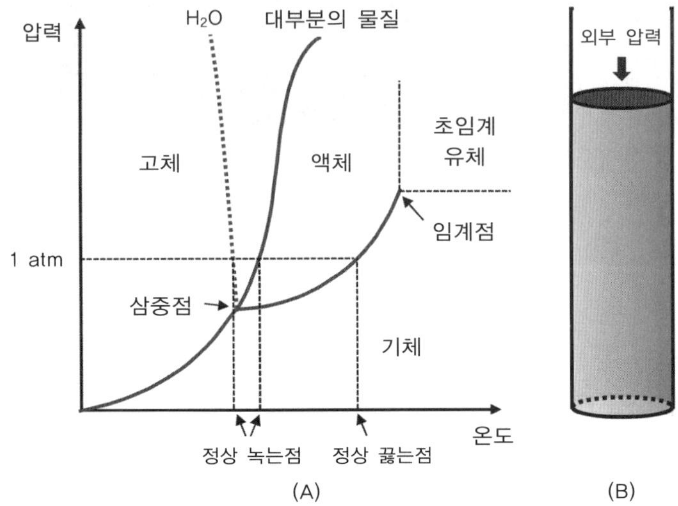

그림 29-1. (A) 상평형 그림과 (B) 상평형 그림의 조건

온도를 **정상 녹는점**(normal melting point)이라 한다. 대부분의 물질에서 융융 곡선의 기울기는 양(+)이지만 물(H_2O)과 같이 음(−)인 경우도 있다.

(2) 액체의 증기 압력 곡선과 끓는점

이제 상평형 그림에서 액체와 기체의 경계선에 대해 알아보자. 이를 위해 우리는 **증기 압력**(vapor pressure)을 이해해야 한다. 먼저 **그림 29-2(A①)**과 같이 밀폐된 용기 내부에 액체를 넣고 액체 위의 공간은 진공($P_{①}$ = 0)인 환경을 만들었다고 하자. 액체 분자는 끊임없이 움직이고 있어 운동 에너지를 가진다. 이때 액체 표면에서, 액체 분자 사이의 인력을 이길 수 있는 충분한 운동 에너지를 가진 분자 중 일부는 표면을 벗어나 기화한다(**그림 29-2(A②)**). 일정한 온도에서 기화 속도[3]는 일정하다. 이러한 기화 때문에 액체 표면 위의 공간에 기체 분자가 생기고 이로 인한 압력($P_{②}$)이 발생한다. 또한 무질서하게 움직이고 있는 기체 분자는 액체 표면과 충돌할 수 있고 그중 일부는 액화한다. 실험 초기에는 기체 분자의 개수가 적기 때문에 액화 속도[4]는 기화 속도보다 느리나, 시간이 지남에 따라 기체 분자의 개수가 증가하고 액화 속도도 증가한다. 충분한 시간이 지나 액화 속도가 기화 속도와 같아지면 이후 기체 분자의 개수는 일정하게 유지된다(**그림**

3) 단위 시간 동안, 액체 표면의 단위 면적 당, 액체가 기체로 되는 분자의 개수
4) 단위 시간 동안, 액체 표면의 단위 면적 당, 기체가 액체로 되는 분자의 개수

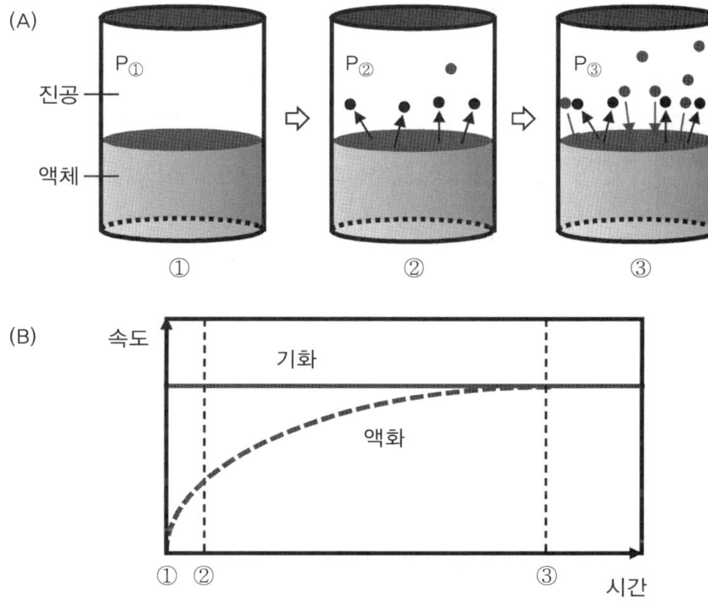

그림 29–2. (A) 액체 분자의 기화, 기체 분자의 액화.
(B) 시간에 따른 기화 속도와 액화 속도의 변화

29–2(B)). 이와 같은 동적 평형(dynamic equilibrium) 상태에서의 기체 압력($P_{③}$)을 **액체의 증기 압력**이라 한다. 액체의 증기 압력은 온도가 올라갈수록 증가한다.

그림 29–2(A)에서 기체 압력은, 기체 분자가 용기 벽면에 충돌함으로써 발생하는 압력으로, 기체가 용기에 가하는 힘이다. 이때 기체 압력은 액체 분자가 기화함으로써 발생하였기 때문에 액체의 증기 압력이란 바로 어떤 온도에서 외부를 미는 힘이라 할 수 있다. 이제 그림 29–1(B)에서 용기에 액체가 담겨있다고 하자. 어떤 온도에서 액체의 증기 압력이 외부 압력보다 낮을 때는, 외부에서 누르는 힘이 더 세기 때문에 액체의 증기 압력은 이를 극복할 수 없고, 액체는 기화하지 못한다. 온도를 올리면 액체의 증기 압력이 증가하고, 액체의 증기 압력이 외부 압력과 같을 때, 액체는 비로소 기화할 수 있다. 이때의 온도를 **끓는점**(boiling point)이라고 한다. 상평형 그림에서 액체와 기체의 경계선은 바로 온도에 따른 액체의 증기 압력 변화를 나타낸 것이다. 이를 **액체의 증기 압력 곡선**(vapor pressure curve)이라 한다. 어떤 온도에서 액체의 증기 압력이 외부 압력과 같을 때 액체가 기화하기 때문에 이 곡선이 액체와 기체의 경계선이 되고, 곡선의 압력과 온도 조건에서 액체와 기체는 동적 평형 상태에 있다. 액체의 증기 압력이 1 기압(atm)이 되는 온도를 **정상 끓는점**(normal boiling point)이라 한다.

(3) 고체의 증기 압력 곡선과 승화점

고체 표면에서도 고체 분자가 표면을 벗어나 기화(승화)할 수 있다. 따라서 그림 29–2(A)에서 액체 대신 고체를 넣고 실험해도 같은 현상이 일어난다. 충분한 실험 시간이 지나 기체의 증착(deposition) 속도[5]가 고체의 승화 속도[6]와 같아지는 동적 평형(dynamic equilibrium) 상태에서의 기체 압력을 **고체의 증기 압력**이라 한다. 상평형 그림에서 고체와 기체의 경계선은 바로 온도에 따른 고체의 증기 압력 변화를 나타낸 것으로 **고체의 증기 압력 곡선**이라 한다. 액체–기체 경우와 마찬가지로 고체의 증기 압력이 외부 압력과 같을 때 고체는 승화한다. 이때의 온도를 **승화점**(sublimation point)이라 하고, 고체의 증기 압력이 1 기압이 되는 온도를 **정상 승화점**(normal sublimation point)이라 한다. 대부분의 물질에서 고체의 증기 압력은 매우 낮으나 드라이아이스(CO_2)나 나프탈렌처럼 높은 것도 있다.[7]

(4) 모세관을 이용한 끓는점 측정

액체의 끓는점을 측정하는 방법에는 증류법(distillation method), 환류법(reflux method), 모세관법(capillary method) 등이 있다. 이번 실험에서는 끓는점을 측정하는 가장 간단한 방법이며 필요한 시료의 양이 적은 모세관법을 이용한다. 모세관법은, 액체의 증기 압력이 액체에 가해진 압력(대기압)과 같아지는 온도가 끓는점이라는, 정의를 활용한다. 실험은 그림 29–3(A)와 같이 액체 시료가 담긴 시험관에 한쪽이 막힌 모세관을 거꾸로 넣고 시작한다. 시험관을 가열하면 모세관에 갇혀 있던 공기가 팽창하여 모세관에서 기포가 나오기 시작한다.(그림 29–3(B)) 또한 모세관 안의 공간으로 시료가 기화한다. 계속 가열하면 갇혀 있던 공기가 시료 기체에 의해 모두 밀려나고, 연속적인 기포 흐름이 나온다.(그림 29–3(C)) 연속적인 기포는 모세관 안의 압력(시료의 증기 압력)이 대기압보다 높아서 발생하는 것으로 시료가 계속하여 기화하기 때문이다. 약간 더 가열한 후 가열을 멈추면, 온도가 서서히 내려가면서 기포의 흐름이 느려진다.(그림 29–3(D)) 이후 모세관 안의 압력이 대기압과 일치하게 되고, 액체 시료가 모세관 안으로 빨려 들어간다.(그림 29–3(E)) 이때의 온도가 끓는점이다.[8]

---

5) 단위 시간 동안, 고체 표면의 단위 면적 당, 기체가 고체로 되는 분자의 개수
6) 단위 시간 동안, 고체 표면의 단위 면적 당, 고체가 기체로 되는 분자의 개수
7) 그림 9–2의 상평형 그림 참고

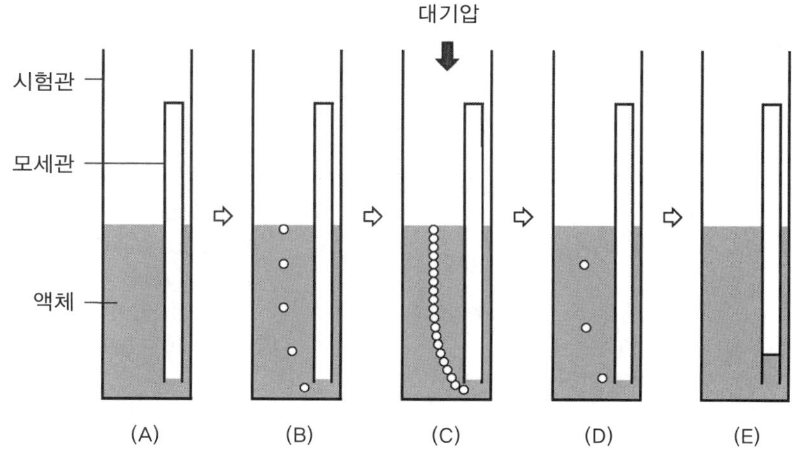

그림 29-3. 모세관을 이용한 끓는점 측정

(5) 모세관을 이용한 녹는점 측정

어떤 화합물을 합성하거나 분리하였을 때, 화합물을 규명하거나 그 순도를 알기 위해 녹는점을 측정한다. 화합물의 녹는점은 간단한 기구를 사용하여 정확히 측정할 수 있을 뿐만 아니라 측정에 필요한 시료의 양도 적어 새로운 화합물을 합성하여 그 특성을 알고자 할 때 가장 먼저 사용하는 분석법이기도 하다. 순수한 화합물(순물질)이 녹을 때, 고체와 액체는 평형 상태로 있고 온도는 변하지 않는다. 따라서 순물질은 단일 녹는점을 가져야 한다. 그러나 비록 교과서에 있는 값은 단일 녹는점이더라도 대부분의 화합물은 어떤 온도 범위에서 녹는 과정을 거친다. 순도가 높은 화합물은 녹는 온도 범위가 1−2°C 정도이다. 만일 실험에서 온도 범위가 2°C보다 넓게 측정될 경우에는 재결정 등의 방법을 사용하여 화합물의 순도를 높이고 다시 녹는점을 측정해야 한다.

8) 이후 온도가 내려가면서 시료의 증기 압력이 낮아지고 시료가 빠르게 모세관 안으로 빨려 들어간다.

4 실험 기구 및 시약

기구	시약
시험관(100 × 10 mm)	아세톤(acetone)
300 mL 비커	메탄올(methanol)
모세관	헥산(n-hexane)
온도계	에탄올(ethanol)
가열교반기	아세토나이트릴(acetonitrile)
자석 젓개 막대	벤젠(benzene)
스포이드	라우르산(lauric acid)
핀셋	미리스트산(myristic acid)
고무 밴드	팔미트산(palmitic acid)
스탠드	스테아르산(stearic acid)
클램프	
시계접시	
돋보기	

5 실험 방법

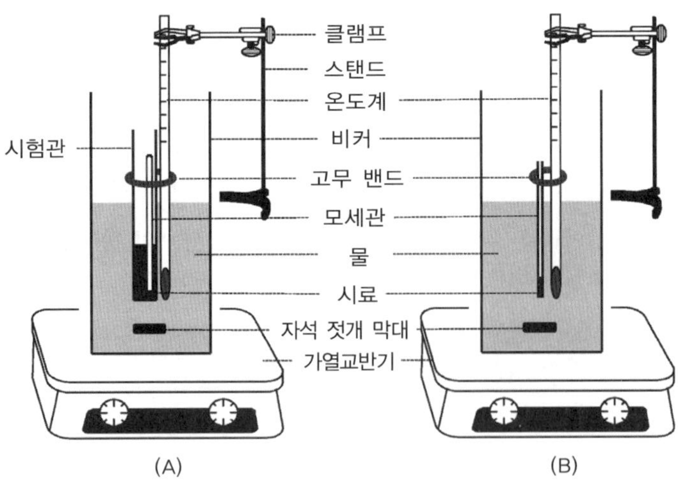

그림 29-4. 모세관을 이용한 (A) 끓는점과 (B) 녹는점 측정 장치

(1) 실험 A. 끓는점 측정

① 아세톤(acetone), 메탄올(methanol), 헥산(n-hexane), 에탄올(ethanol), 아세토나이트릴(acetonitrile), 벤젠(benzene)의 끓는점을 조사한다. 여러 자료에 있는 끓는점은 특별한 표시가 없는 한 정상 끓는점이다.

② "기상청 날씨누리"에서 우리 지역의 대기압을 조사하여 기록한다. "날씨누리"에는 기압이 hPa 단위로 기록되어 있다. 이를 atm 단위로 변환한다.

③ 비커에 자석 젓개 막대를 넣고 물을 3분의 2 정도 채운다. 비커를 가열교반기 위에 놓는다.

④ 시험관과 온도계의 밑 부분이 일치하도록 고무 밴드로 묶는다.

⑤ 시험관의 아래가 물 높이의 3분의 2 정도 위에 위치하도록, 스탠드와 클램프로 온도계를 고정한다. 이때 고무 밴드가 물에 닿지 않도록 한다.

⑥ 스포이드를 이용하여 시험관에 미지 시료 ⓐ를 약 2 cm 높이까지 넣는다.

⑦ 한쪽이 막힌 모세관을 거꾸로 시험관에 넣는다.

⑧ 가열교반기로 물을 서서히 가열한다. 이때 자석 젓개 막대를 이용하여 물 전체에 온도가 잘 전달되도록 한다. 온도는 2 °C/min 이하의 속도로 올린다.

⑨ 시험관에서 약간의 기포가 발생한 후, 연속적인 기포가 관찰되면 약간 더 가열하고 가열교반기를 끈다. 연속적인 기포 발생 상태에서 개개의 기포는 구별되지 않는다.

⑩ 기포 발생이 멈추고 액체 시료가 모세관 안으로 빨려 들어가기 시작하는 순간의 온도를 기록한다.

⑪ 핀셋으로 모세관을 꺼내고 새로운 모세관을 시험관에 넣은 후 ⑦–⑩ 과정을 반복한다.

⑫ 미지 시료 ⓑ에 대하여 ④ ⑪ 과정을 반복한다.

⑬ 조사한 끓는점과 측정한 끓는점을 비교하여 미지 시료가 무엇인지 결정한다.

(2) 실험 B. 녹는점 측정

① 포화 지방산인 라우르산(lauric acid), 미리스트산(myristic acid), 팔미트산(palmitic acid), 스테아르산(stearic acid)의 녹는점을 조사한다. 여러 자료에 있는 녹는점은 특별한 표시가 없는 한 정상 녹는점이다.

② “기상청 날씨누리”에서 우리 지역의 대기압을 조사하여 기록한다. “날씨누리”에는 기압이 hPa 단위로 기록되어 있다. 이를 atm 단위로 변환한다.

③ 비커에 자석 젓개 막대를 넣고 물을 3분의 2 정도 채운다. 비커를 가열교반기 위에 놓는다.

④ 시계접시에 미지 시료 ⓒ를 약간 덜고, 한쪽이 막힌 모세관의 열린 부분을 시료에 가볍게 눌러, 시료가 모세관 안으로 들어가게 한다. 시계접시의 시료가 작은 덩어리로 되어 있으면 약숟가락으로 잘게 부수어 가루로 만든 후 사용한다.

⑤ 모세관의 막힌 부분을 아래로 하고, 모세관을 시험대에 부드럽게 여러 번 두드려 시료가 모세관의 바닥에 조밀하게 쌓이도록 한다. 시료는 높이가 대략 2 mm 정도 쌓이도록 한다.

⑥ 모세관과 온도계의 밑 부분이 일치하도록 고무 밴드로 묶는다.

⑦ 모세관의 아래가 물 높이의 3분의 2 정도 위에 위치하도록, 스탠드와 클램프로 온도계를 고정한다. 이때 고무 밴드가 물에 닿지 않도록 한다.

⑧ 가열교반기로 물을 서서히 가열한다. 이때 자석 젓개 막대를 이용하여 물 전체에 온도가 잘 전달되도록 한다. 온도는 2 °C/min 이하의 속도로 올린다.

⑨ 돋보기를 이용하여 시료의 변화를 관찰한다.

⑩ 시료가 모세관 벽에서 멀어지면서 수축하기 시작하면 녹는점에 거의 도달한 것이다. 보통 이 지점으로부터 몇도 내에서 녹기 시작한다. 고체 가루가 녹는점 아래에서 수축하는 현상을 소결 현상(sintering)이라 한다.

⑪ 시작 온도: 첫 번째 액체 방울이 보이기 시작할 때의 온도를 기록한다. 처음에는 모세관 벽이 반짝이는 것처럼 보일 수 있으며, 모세관 벽이나 바닥에서 액체 방울이 보일 때의 온도를 기록한다.

⑫ 끝 온도: 불투명한 시료가 모두 투명한 액체로 변하여 전체 시료가 완전히 녹았을 때의 온도를 기록한다.

⑬ 가열교반기를 끄고 물을 충분히 식힌 후 온도계를 해체한다.

⑭ 같은 시료를 새로운 모세관에 넣고 ④–⑬ 과정을 반복한다.

⑮ 미지 시료 ⓓ에 대하여 ④–⑭ 과정을 반복한다.

⑯ 측정한 녹는 시작 온도, 끝 온도와 조사한 녹는점을 비교하여 미지 시료가 무엇인지 결정한다.

실험 주의 사항

① 보안경과 방열 장갑을 사용한다.
② 높은 온도에 주의한다.
③ 끓는점 측정 과정에서 유해 기체가 발생하므로 흄후드에서 실험한다.
④ 모세관은 쉽게 깨지므로 조심해서 다룬다.
⑤ 모세관은 너무 가까이에서 관찰하지 않도록 한다.
⑥ 녹는점 측정 시료는 습기가 없는 마른 시료를 사용한다.

결과보고서

실험 29 끓는점과 녹는점

학 과	학 번	조	이 름	실 험 일	확 인
				년 월 일	

대기압 ________ hPa = ________ atm

실험 A 끓는점 측정

1. 끓는점 조사

화합물	아세톤	메탄올	헥산
끓는점(°C)			
화합물	에탄올	아세토나이트릴	벤젠
끓는점(°C)			

2. 끓는점 측정과 미지 시료 결정

시료	ⓐ			ⓑ		
실험	1	2	평균	1	2	평균
끓는점(°C)						
화합물 이름						

실험 B 녹는점 측정

1. 녹는점 조사

화합물	라우르산	미리스트산	팔미트산	스테아르산
녹는점(°C)				

2. 녹는점 측정과 미지 시료 결정

시료		ⓒ			ⓓ		
실험		1	2	평균	1	2	평균
녹는점(°C)	시작 온도						
	끝 온도						
화합물 이름							

고찰할 내용

- 끓는점을 조사한 화합물에서 끓는점과 화합물의 구조 사이에 어떤 상관관계가 있는시 생삭해 보라.
- 녹는점을 조사한 화합물에서 녹는점과 화합물의 구조 사이에 어떤 상관관계가 있는지 생각해 보라.
- 끓는점 측정에서, 엄밀하게는 모세관 안의 압력이 대기압보다 높다. 그러나 차이가 매우 작기 때문에 무시할 수 있다. 그 차이는 무엇 때문에 발생하는가?
- 녹는점 측정에서, 측정한 시작 온도와 끝 온도 중 조사한 녹는점에 더 가까운 것은 어느 것인가? 그 이유를 생각해 보라.

실험 30

용존 산소량

1 실험의 목표

수돗물의 용존 산소량을 결정하고 그 의미를 이해한다.

2 이해해야 할 개념

환경 화학, 수질 모니터링, 용존 산소량, 생물학적 산소 요구량, 화학적 산소 요구량, Winkler 적정법

3 실험을 이해하기 위한 기본 이론

(1) 환경 화학

환경 화학은 자연환경(대기, 물, 토양)에서 발생하는 화학적, 생화학적 과정은 어떤 것이 있으며, 인간 활동이 이러한 자연환경에 어떤 영향을 주는가를 연구하는 학문이다. 환경 화학은 ① 여러 화학종의 발생 원인, ② 화학종의 반응과 변환, ③ 각 환경 구역에서 화학종의 분포와 환경 구역 사이의 이동 경로를 파악하여, 화학종이 생물과 환경 전체에 미치는 영향 및 최종적인 운명을 이해하고자 한다. 환경 화학의 첫 번째 작업은 오염되지 않은 환경 상태를 파악하는 것인데, 이로부터 인간 활동으로 인해 유입되는 오염 물질의 영향을 알아내어 이를 해결할 수 있게 한다.

환경 화학은 화학뿐만 아니라 생물학, 생태학, 지질학, 독성학 등 여러 학문이 융합된 다학제적 연구 분야로, 주요 연구 분야로는 대기 화학, 수질 화학, 토양 화학, 환경 독성학 등이 있다. 20세기 이후의 급속한 과학과 기술의 발전은, 인류에게 커다란 혜택을 주고 있지만, 바람직하지 않은 여러 부작용도 야기하고 있는 것은 사실이다. 환경 화학은 이를 해결하는 데 있어 중심적 학문 분야로 그 중요성이 커지고 있다.

(2) 수질 모니터링

대기, 물, 토양에 유입된 오염을 지속적으로 관찰하는 데 환경 화학이 응용되고 있으며, 오염의 해결 방법을 찾는 데도 환경 화학은 역할하고 있다. 그중 강, 호수, 바다, 지하수와 같은 수역의 물리적, 화학적, 생물학적 특성에 대한 데이터를 모집하여 분석하고 해석하는 체계적인 과정을 **수질 모니터링**(water quality monitoring)이라 한다. 우리나라에는 2,000곳 이상의 수질 측정소에서 pH, 생물학적 산소 요구량(BOD, biological oxygen demand), 화학적 산소 요구량(COD, chemical oxygen demand), 총 유기 탄소량(TOC, total organic carbon), 부유물 질량(SS, suspended solids), 용존 산소량(DO, dissolved oxygen), 총인량(TP, total phosphorus) 등 수질 관련 데이터를 지속적으로 측정하고 있으며 이를 공개하고 있다.[1)]

용존 산소량(DO)은 수질을 판별하는 가장 기본적인 데이터 중 하나로 물에 녹아 있는 산소(O_2)의 양이다. 환경 관련 뉴스에서 많이 보는 **생물학적 산소 요구량**(BOD)은 물에 녹아 있는 유기물을 호기성 미생물이 분해할 때 소모되는 산소의 양을 나타내며, **화학적 산소 요구량**(COD)은 물에 녹아 있는 유기물을 화학적으로 산화시킬 때 소모되는 산소의 양을 의미한다. DO, BOD, COD 모두 mg/L의 농도 단위를 사용하며 물 1 L에 녹아 있는 산소의 질량이다. DO는 높을수록, BOD와 COD는 낮을수록 수질이 좋은 것이다.[2)]

1) 우리나라 각 측정소의 수질 자료는 국가수자원관리종합정보시스템(www.wamis.go.kr)에서 찾을 수 있다.
2) '실험 12. 수돗물의 잔류 염소량 정량 분석'에서 측정한 잔류 염소량도 수질 관리에 중요한 데이터 중 하나이다.

(3) 용존 산소량 측정

이번 실험에서는 수돗물의 용존 산소량을 결정하기 위해, 1888년에 발표된 이래 용존 산소량을 결정하는 표준으로 활용되고 있는 Winkler 적정법을 사용한다.[3] Winkler 적정법은 고정(fixation), 산성화(acidification), 적정(titration)의 세 단계로 이루어져 있다.

첫 단계에서는 산소를 침전물의 형태로 고정시킨다. 물 시료를 염기성 조건으로 만든 후 $MnSO_4$를 첨가하면 하얀색 침전인 $Mn(OH)_2$가 생긴다. $Mn(OH)_2$는 물에 녹아 있는 산소(O_2)와 반응하여, 갈색 침전인 $MnO(OH)_2$로 산화된다.

$$MnSO_4(aq) + 2\ KOH(aq) \longrightarrow Mn(OH)_2(s) + K_2SO_4(aq) \qquad \text{(식 29–1)}$$

$$2\ Mn(OH)_2(s) + O_2(aq) \longrightarrow 2\ MnO(OH)_2(s) \qquad \text{(식 29–2)}$$[4]

두 번째 단계는 산성화 단계라고 하는데, 침전인 $MnO(OH)_2$을 산과 반응시켜 녹인 후, 과량의 아이오딘화 이온(I^-)과 반응시키면 I^-이 산화되어 아이오딘(I_2)이 생성된다. 생성된 I_2는 다시 남아있는 I^-와 반응하여 삼아이오딘화 이온(I_3^-)이 된다.

$$MnO(OH)_2(s) + 2\ H_2SO_4(aq) \longrightarrow Mn(SO_4)_2(aq) + 3\ H_2O(l) \qquad \text{(식 29–3)}$$

$$Mn(SO_4)_2(aq) + 2\ KI(aq) \longrightarrow MnSO_4(aq) + K_2SO_4(aq) + I_2(s) \qquad \text{(식 29–4)}$$

$$KI(aq) + I_2(s) \longrightarrow I_3^-(aq) + K^+(aq) \qquad \text{(식 29–5)}$$

마지막 단계는 아이오딘 적정법(iodometric titration)을 이용하여 생성된 I_3^-의 양을 결정하는 단계이다. 아이오딘 적정법은 I_3^-이 녹말과 결합하면 파란색을 띠는 것을 응용하는 것으로 '실험 14. 비타민 C의 정량 분석'과 '실험 17. 시계 반응'에서 사용한 적이 있다. I_3^-이 생성된 용액에 녹말 지시약을 몇 방울 넣으면 용액이 파란색으로 바뀐다. 그 후 $S_2O_3^{2-}$ 용액으로 적정하면 I^-이 생성된다. I_3^-이 모두 I^-으로 바뀌면 파란색이 사라지므로 이때까지 소비된 $S_2O_3^{2-}$의 양으로부터 용액에 있었던 I_3^-의 양을 계산할 수 있다.

$$I_3^-(aq) + 2\ Na_2S_2O_3(aq) \longrightarrow Na_2S_4O_6(aq) + 2\ NaI(aq) + I^-(aq) \qquad \text{(식 29–6)}$$

---

3) 현재는 개선된 Winkler 적정법을 사용한다. 그러나 실험 원리는 처음 발표된 방법과 같으며 여전히 Winkler 적정법이라 한다. 이번 실험에서도 개선된 방법을 사용한다.

4) 교과서에 따라 $MnO(OH)_2$를 $MnO_2 + H_2O$로 나타내기도 한다.

(4) 용존 산소량 계산

위 화학식으로부터 반응 화학종들 사이에 몰(mole) 비가 다음의 관계에 있음을 파악할 수 있다.

화학종	O_2	$MnO(OH)_2$	$Mn(SO_4)_2$	I_2	I_3^-	$S_2O_3^{2-}$
식 29-2	1	2				
식 29-3		1	1			
식 29-4			1	1		
식 29-5				1	1	
식 29-6					1	2
전체 몰비	1	2	2	2	2	4

따라서 아이오딘 적정법에서 소비된 $S_2O_3^{2-}$의 양(몰 수)에 비하여 $\frac{1}{4}$ 만큼의 O_2가 물에 녹아 있었으며, 용존 산소량은 다음과 같이 계산된다.

$S_2O_3^{2-}$의 양(mmol)[5] = $S_2O_3^{2-}$ 용액의 농도(mol/L) × 적정에 소비된 $S_2O_3^{2-}$ 용액의 부피(mL)

녹아 있는 O_2의 양(mmol) = $\frac{1}{4}$× $S_2O_3^{2-}$의 양(mmol)

녹아 있는 O_2의 질량(mg) = 녹아 있는 O_2의 양(mmol) × O_2의 몰 질량(g/mol)

$$\text{용존 산소량(mg/L)} = \frac{\text{녹아 있는 } O_2\text{의 질량(mg)}}{\text{적정에 사용된 } I_3^- \text{ 용액의 부피(mL)}/1000}$$

5) mmol = milli-mole

4 실험 기구 및 시약

기구	시약
300 mL BOD 병(배양병)	수돗물
뷰렛	2.15 M 황산 망가니즈($MnSO_4$) 수용액
피펫 (10 mL, 1 mL)	알칼리–아이오딘–아지드화(alkali–iodide–azide) 시약
500 mL 삼각 플라스크	진한 황산(H_2SO_4) 수용액
250 mL 삼각 플라스크	녹말 지시약
1 L 부피 플라스크	0.05 M 싸이오황산 소듐($Na_2S_2O_3$) 표준용액
눈금실린더	0.0025 M 아이오딘산수소 포타슘($KH(IO_3)_2$) 표준용액
깔대기	수산화 포타슘(KOH)
교반기	수산화 소듐(NaOH)
자석 젓개 막대	아이오딘화 포타슘(KI)
스탠드	
클램프	

5 실험 방법

(1) 시약 준비하기[6)]

① 아래 용액 ②, ③, ④는 미리 준비한다. 용액 ③은 약품 회사에서 구매할 수도 있다. 용액 ⑤는 실험 전에 만들어, 싸이오황산 소듐($Na_2S_2O_3$) 용액의 표준화에 사용한다.

② 2.15 M 황산 망가니즈(H_2SO_4) 수용액: $MnSO_4 \cdot 4H_2O$ 480 g(또는 $MnSO_4 \cdot 2H_2O$ 402 g, $MnSO_4 \cdot H_2O$ 363 g)을 증류수에 녹이고, 1 L 부피 플라스크에 옮겨 농도를 묽힌다. 용액을 즉시 막고 보관한다.

③ 알칼리–아이오딘–아지드화(alkali-iodide-azide) 시약: NaN_3 10 g을 40 mL 증류수에 녹여 준비한다. KOH 700 g (또는 NaOH 500 g)과 KI 150 g을 증류수에 녹이고, 1 L 부피 플라스크에 옮겨 농도를 묽힌다. 이 용액에 NaN_3 용액을 넣어 섞는다. 용액을 즉시 막고 보관한다.

6) 실험 수업 전에 조교가 미리 준비한다.

④ 0.05 M 싸이오황산 소듐($Na_2S_2O_3$) 표준용액: $Na_2S_2O_3 \cdot 5H_2O$ 12.4 g을 뜨거운 증류수 800 mL에 녹인다. 이 용액에 NaOH 0.72 g을 넣어 녹인다. 용액을 1 L 부피 플라스크에 옮겨 농도를 묽힌다. 용액을 즉시 막고 냉장고에 보관한다.[7)]

⑤ 0.0025 M 아이오딘산수소 포타슘($KH(IO_3)_2$) 표준용액: $KH(IO_3)_2$ 0.9748 g을 증류수에 녹이고, 1 L 부피 플라스크에 옮겨 농도를 묽힌다.

⑥ 싸이오황산 소듐($Na_2S_2O_3$) 용액의 표준화:

1) $Na_2S_2O_3$ 표준용액(용액 ④)을 여러 번 위아래로 뒤집어 잘 섞는다. 이를 25 mL 취하고 증류수 25 mL 더하여 농도를 반으로 묽힌다. 뷰렛을 묽힌 $Na_2S_2O_3$ 용액으로 채운다.

2) 500 mL 삼각 플라스크에 증류수 100 mL를 넣고 약 2.0 g의 아이오딘화 포타슘(KI)을 녹인다.[8)] 진한 황산(H_2SO_4)을 몇 방울 더하고, $KH(IO_3)_2$ 표준용액(용액 ⑤) 25 mL와 증류수 75 mL를 더하여 전체 용액의 부피가 200 mL가 되도록 한다.

3) 자석 젓개 막대를 돌리면서 삼각 플라스크의 용액을 뷰렛의 $Na_2S_2O_3$ 용액으로 적정한다. 용액이 옅은 노란색이 되면 적정을 멈추고, 녹말 지시약 용액 1–2 mL를 넣어 시료 용액이 파란색이 되도록 한다. 그 후 시료가 무색이 될 때까지 $Na_2S_2O_3$ 용액으로 천천히 적정한다. 적정 용액 한 방울에 의해 파란색이 완전히 사라지면 적정을 멈추고 소비된 $Na_2S_2O_3$ 용액의 부피를 기록한다.

4) 새로운 $KH(IO_3)_2$ 표준용액을 이용하여 적정을 두세 번 반복한다.

5) 식 29–7, 8, 9에 따라 $Na_2S_2O_3$ 표준용액의 농도를 결정한다.

$$KH(IO_3)_2(aq) + 10\ KI(aq) + 6\ H_2SO_4(aq) \longrightarrow 6\ I_2(s) + 6\ H_2O(l) + 5\ K_2SO_4(aq) + KHSO_4(aq) \quad \text{(식 29–7)}$$

$$KI(aq) + I_2(s) \longrightarrow I_3^-(aq) + K^+(aq) \quad \text{(식 29–8)}$$

$$I_3^-(aq) + 2\ Na_2S_2O_3(aq) \longrightarrow Na_2S_4O_6(aq) + 2\ NaI(aq) + I^-(aq) \quad \text{(식 29–9)}$$

---

7) NaOH는 박테리아가 자라는 것을 방지한다. 보관된 $Na_2S_2O_3$ 표준용액은 사용하기 전에 여러 번 위아래로 뒤집어 잘 섞이도록 한다.

8) 2.0 g의 KI는 과량이다.

⑦ $Na_2S_2O_3$ 표준용액의 농도를 반으로 묽힌 후 학생에게 제공한다. 묽힌 용액의 농도를 알려준다. 이때 실험 B에서 소비되는 $Na_2S_2O_3$ 용액의 부피가 너무 작으면 $Na_2S_2O_3$ 용액을 적절히 묽혀 제공한다.

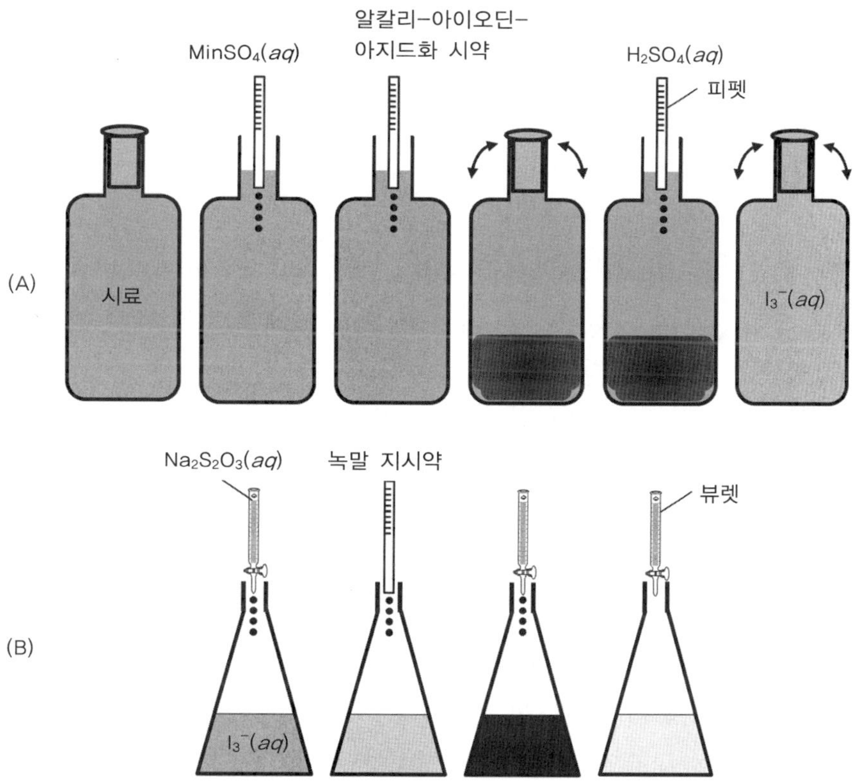

그림 30-1 Winkler 적정법 (A) 고정화와 산성화, (B) 아이오딘 적정

(2) 실험 A. 고정화와 산성화

① 300 mL 유리 BOD 병(배양병)에 수조에 담겨 있는 수돗물을 가득 채우고 마개로 막는다. 병 속에는 공기 방울이 없도록 해야 한다.

② BOD 병의 마개를 열고, 피펫으로 $MnSO_4$ 용액 1 mL 취하여 조심스럽게 넣는다. 이때 피펫의 끝이 물속에 잠겨 있어야 한다. 시약을 물 위에서 떨어뜨리면 공기 중의 산소가 시료에 유입될 수 있다.

③ 같은 방식으로 알칼리-아이오딘-아지드화(alkali-iodide-azide) 시약 1 mL를 넣는다.

④ 공기가 들어가지 않도록 조심스럽게 병의 마개를 막는다. 병을 여러 번 위 아래로 뒤집어 시료를 섞는다. 이때 기포가 생기지 않도록 주의한다. 물에 녹아 있는 산소의 농도에 따라 노란색에서 갈색 사이의 색을 띠는 침전물이 나타나는 것을 관찰할 수 있다. 침전물이 바닥으로 가라앉도록 잠시 둔다.

⑤ 진한 황산(H_2SO_4) 용액 1 mL를 시료 표면 바로 아래에 피펫으로 넣는다. 마개를 막고 여러 번 뒤집어 침전물이 완전히 용해되도록 한다. 용액이 황갈색으로 바뀌는 것을 관찰할 수 있을 것이다.

(3) 실험 B. 아이오딘 적정

① 뷰렛에 $Na_2S_2O_3$ 용액을 채우고 눈금을 기록한다.[9)]

② 250 mL 삼각 플라스크에 자석 젓개 막대를 넣은 후, 실험 A. ⑤ 시료 50 mL를 눈금 실린더를 이용하여 넣는다.

③ 자석 젓개 막대를 돌리면서 시료 용액이 옅은 노란색이 될 때까지 $Na_2S_2O_3$ 용액으로 적정한다.

④ 녹말 지시약 용액 1−2 mL를 넣어 시료 용액이 파란색이 되도록 한다.

⑤ 시료가 무색이 될 때까지 천천히 적정한다. 파란색이 옅어지면 종말점에 근처에 도달한 것이다. 이때부터는 적정 용액을 한 방울씩 첨가한다. 적정 용액 한 방울에 의해 파란색이 완전히 사라지면 적정을 멈춘다.

⑥ 뷰렛의 눈금을 기록한다.

⑦ 새로운 삼각 플라스크를 이용하여 ②−⑥ 과정을 한 번 더 반복한다.

실험 주의 사항

① 보안경과 비닐 장갑을 착용한다.

② BOD 병에 수돗물을 넣을 때 기포가 생기지 않도록 주의한다,

③ BOD 병의 마개는 병목 안으로 들어가야 하며 이때 공기층이 있으면 안 된다.

④ 실험 B는 실험 A가 끝난 후 즉시 실행한다,

9) $Na_2S_2O_3$ 용액의 농도는 조교가 알려줄 것이다.

결과보고서

실험 30

용존 산소량

학 과	학 번	조	이 름	실 험 일	확 인
				년 월 일	

온도 ____________ °C

대기압 ____________ hPa = ____________ atm

실험 A 고정화와 산성화

실험 과정에서 아래 시약을 시료 용액에 넣었을 때 관찰되는 사항을 기록하라.

시약	관찰 사항
$MnSO_4$	
알칼리–아이오딘–아지드화 시약	
진한 H_2SO_4	

실험 B 아이오딘 적정

1. 적정에 사용된 시료 용액의 부피 ____________ mL

2. 적정에서 소비된 $Na_2S_2O_3$ 용액의 부피

적정	적정 전 눈금(mL)	적정 후 눈금(mL)	부피(mL)
1			
2			
평균			

3. 용존 산소량 계산

O_2의 몰 질량	______	g/mol
$Na_2S_2O_3$ 용액의 농도	______	mol/L
적정에서 소비된 $Na_2S_2O_3$ 용액의 부피	______	mL
적정에서 소비된 $Na_2S_2O_3$의 양	______	mmol
시료에 녹아 있는 O_2의 양	______	mmol
시료에 녹아 있는 O_2의 질량	______	mg
적정에 사용된 시료 용액의 부피	______	mL
용존 산소량	______	mg/L

고찰할 내용

- 우리나라 하천수는 수질에 따라 Ia(매우 좋음), Ib, II, III, IV, V, VI(매우 나쁨)의 일곱 등급으로 구분한다. 각 등급에서 용존 산소량 기준은 어떠한지 조사하고, 실험의 수돗물은 어느 등급에 속하는지 판별하라.
- 수질 정화의 한 방법은, 폭포 아래에 기포가 많이 생기는 것처럼, 물에 기포를 발생시키는 것이나. 이와 연관하여 실험 A. ①–④ 과정에서는 공기 방울(기포)이 생기지 않도록 주의해야 하는 이유를 생각해 보라.
- 온도에 따라 용존 산소량의 변화는 어떻게 될지, 기체의 용해도를 바탕으로 생각해 보라.
- 용존 산소량을 기록할 때 mg/L 단위를 사용하였다. 용존 산소량의 단위로 ppm(part per million, 백만분율)을 사용하기도 하며, 1 ppm = 1 mg/L 관계이다. 대기 중의 오존(O_3) 농도를 나타낼 때도 ppm 단위를 사용한다. 그러나 이때 ppm은 mg/L를 의미하지 않는다. 어떤 의미인지 조사하고, 그 밖의 낮은 농도를 나타내는 단위에는 어떤 것들이 있는지 조사하라.
- 생물학적 산소 요구량(BOD)도 용존 산소량을 측정하여 구할 수 있다. 어떤 방법인지 조사하라.

실험 31

인공 지능을 이용한 단백질 구조 예측

1 실험의 목표

인공 지능을 이용하여 단백질의 구조를 예측한다.

2 이해해야 할 개념

인공 지능, 기계 학습, 딥러닝, 아미노산, 단백질, 단백질 접힘, 단백질 구조, 1차 구조, 2차 구조, 3차 구조, 4차 구조, 알파폴드

3 실험을 이해하기 위한 기본 이론

(1) 인공 지능, 기계 학습, 딥러닝

인공 지능(artificial intelligence, AI)은 1950년대에 처음으로 그 가능성이 제시되었다. 그 후 1990년대 중반부터 인터넷의 발달로 대량의 데이터가 축적되면서, 데이터를 통해 스스로 학습하는 **기계 학습**(machine learning, ML)이 가능해졌고, 2010년대 이후 데이터로부터 스스로 특징을 학습하는 **딥러닝**(deep learning, DL)이 등장했다. 인공 지능은 이미 우리의 생활 곳곳에 적용되고 되고 있으며, 과학 분야에도 그 응용이 확대되고 있다. 앞으로 인공 지능은 인간 활동의 모든 영역에서 더욱 넓고 깊게 활약할 것으로 예상된다. 이번 실험에서는 인공 지능을 이용하여 단백질 구조를 예측해 보고자 한다. 그를 위해 먼저 인공 지능, 기계 학습, 딥러닝이 무엇인지 간략히 알아보자.

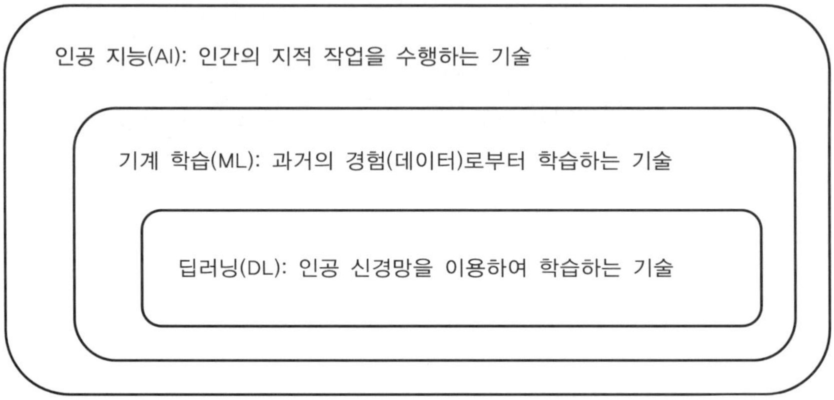

그림 31-1 인공 지능, 기계 학습, 딥러닝의 체계

인공 지능(AI)의 궁극적인 목표는 인간이 수행할 수 있는 모든 지적 작업을 성공적으로 수행할 수 있는 기계를 구축하는 것이다. AI는 단순한 논리 프로그램(규칙 기반 시스템 등)부터 복잡한 자체 학습 알고리즘에 이르기까지 다양한 접근 방식을 가진 다학제적 과학으로, 그 핵심 원리는 과거 경험으로부터 추론하고, 의미를 찾아내고, 일반화하는 시스템이다.

기계 학습(ML)은 AI의 하위 분야로, 명시적인 규칙을 프로그래밍하지 않고 데이터로부터 스스로 학습할 수 있도록 하는 기술이다. 전통적인 프로그래밍에서는 사람이 모든 상황에 대한 논리를 직접 지시해야 하지만, ML은 방대한 양의 데이터를 사용하는 훈련 과정을 통해 스스로 패턴을 발견하여 성능을 개선하며, 예측하거나, 결정을 내릴 수 있는 모델을 구축한다. ML 유형에는 지도 학습(데이터에 표식이 지정된 경우), 비지도 학습(데이터에 표식이 지정되지 않은 경우), 강화 학습(시행착오를 통해 학습하는 경우) 등이 있다.

딥러닝(DL)은 ML의 전문화된 하위 분야로, 인공 신경망(artificial neural networks)이라는 인간 두뇌의 구조와 기능을 닮은 알고리즘을 사용하는 기술이다. 이러한 신경망은 여러 심층적인 층으로 구성되는데, 각 층은 서로 연결된 노드(node)들로 이루어져 있다.[1] DL에서는 데이터를 더욱 복잡하고 비선형적인 방식으로 처리할 수 있어서, 이미지 및 음성 인식과 같은 비정형 데이터를 포함하는 작업에 특히 효과적이다.

1) 노드는 두뇌에서 뉴런(neuron)에 해당한다.

(2) 인공 지능과 화학

AI는 분자 설계, 데이터 분석, 반응 예측을 위한 새로운 방법을 제시하는 등 화학 분야를 빠르게 발전시키고 있다. 그중에서 가장 중요한 응용 분야 중 하나는 신약 개발 및 설계로, AI는 그동안 축적된 화학 및 생물학 데이터를 활용하여 약물–표적 상호작용을 예측하여 신약 후보 물질을 찾아낸다. AI는 약리학적 특성이 최적화된 화합물을 설계하여, 초기 단계의 신약 연구에 필요한 시간과 비용을 크게 줄이고 있다. 재료 과학 분야에서도 AI는 원하는 물리적 · 화학적 성질을 지닌 신소재를 개발하는 데 기여하고 있다. 방대한 양의 기존 재료 데이터를 분석하여 기계적 강도, 전도성, 안정성 등 화합물의 특성을 예측하는 방법은 고성능 에너지 저장 소재, 반도체, 촉매, 지속 가능한 고분자 물질의 개발 등에 중요하게 적용되고 있다. 계산 화학 및 분자 시뮬레이션 분야 역시 AI 기반 기법으로부터 큰 혜택을 받고 있다. AI는 정밀하고 효율적인 방식으로 양자역학적 계산을 하는 데 사용되고 있으며, 분자 구조, 단백질 접힘 패턴 등을 예측할 수 있다.

AI는 또한 화합물 합성에서 중요한 역할을 하고 있다. 데이터 기반 알고리즘은 효율적인 합성 경로를 제안하고, 반응 수율을 예측하며, 적절한 시약과 조건을 추천할 수 있다. 환경 및 녹색 화학 영역에서도 AI는 유해 부산물의 생성을 최소화하며, 화학 변환의 선택성과 효율을 향상시키는 촉매를 탐색하는 데 활용되고 있다. 이러한 기술은 이산화탄소 포집, 재생에너지 전환, 오염 저감과 같은 환경적으로 중요한 분야에 점점 더 널리 적용되고 있다. 분석화학 및 분광학에서도 AI는 데이터 해석의 정확성과 처리 속도를 크게 향상시키고 있다, 이제 AI는 화학 연구에서 핵심 도구로 자리 잡았으며. 앞으로도 계산 능력과 알고리즘이 정교해 짐에 따라 화학과의 융합이 가속되어, 과학적 발견의 속도와 범위를 재정의하는 새로운 시대를 열 것으로 기대된다.

(3) 생체 고분자

생명체는 생명 활동을 하는 데 필수적인 **단백질**(protein), 핵산(nucleic acid), 탄수화물(carbohydrate), 지질(lipid) 등의 핵심 유기 분자로 이루어져 있다. 이중 단백질, 핵산, 탄수화물은 같은 종류의 단위체(monomer)가 반복적으로 결합한 고분자(polymer)이다. 단백질은 생명체의 구성, 생화학 반응 촉매(효소), 면역, 호르몬 작용 등 매우 다양한 생리 기능을 수행한다. 그리고 핵산은 유전 정보를 저장하고 전달하는 역할을 하며, 탄수화물은 생명 활동의 에너지원으로서 세포의 구성 요소이기도 하다.

(4) 단백질

단백질의 단위체는 **아미노산**(amino acid)이다. 생명체에는 20가지의 아미노산이 있으며 이를 필수 아미노산이라 한다. 아미노산은 하나의 탄소(C) 원자(α−탄소)를 중심으로 아민기(−NH_2)와 카복실기(−COOH)가 결합한 구조를 가지며, 각 필수 아미노산은 중심의 탄소 원자에 붙어있는 곁사슬(−R, side chain)에 따라 구별된다.(그림 31-2) 중성 pH에서 아미노산은 카복실기의 양성자(H^+)가 아민기로 이동하여 양이온과 음이온이 함께 있는 쯔비터 이온(zwitter ion) 형태로 존재한다. 표 31-1은 필수 아미노산의 구조를 나타낸 것이다.

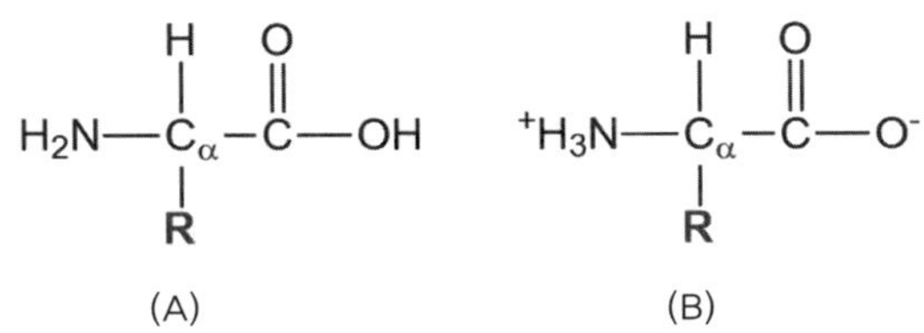

그림 31-2 아미노산의 구조. (A) 중성 분자 형태, (B) 중성 pH에서의 형태. R은 곁사슬이다.

표 31-1 필수 아미노산 (중성 pH에서의 구조)

무극성 아미노산	Glycine (Gly, G) 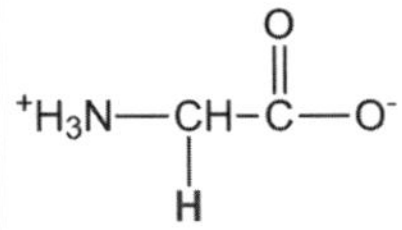	Alanine (Ala, A) 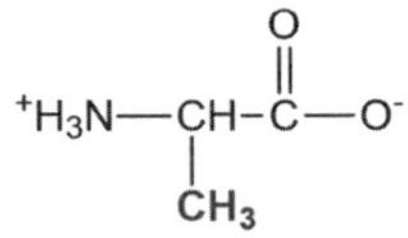	Valine (Val, V) 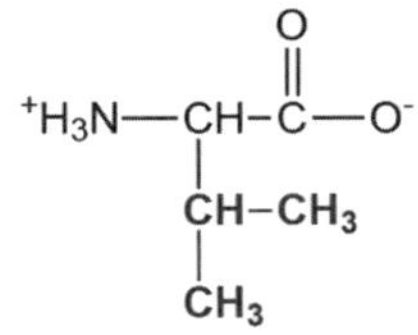	Leucine (Leu, L) 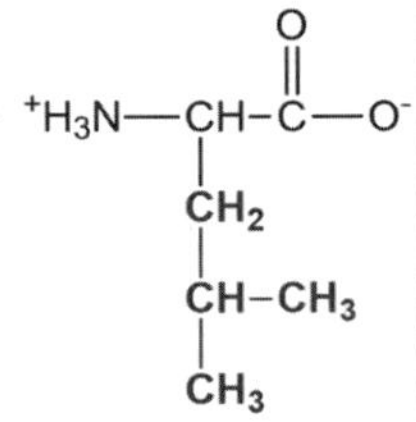
	Isoleucine (Ile, I) 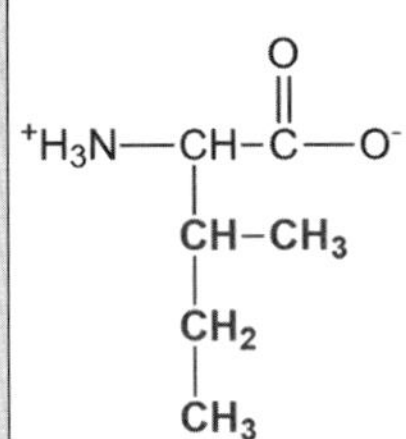	Methionine (Met, M) 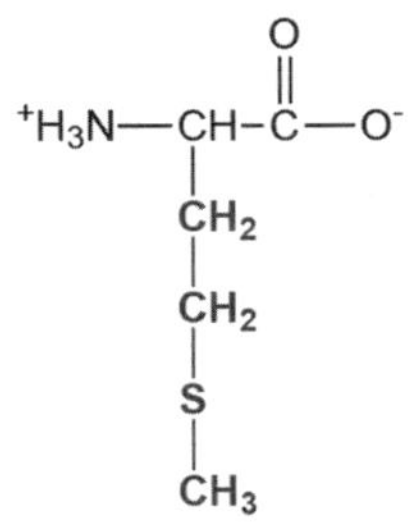	Proline (Pro, P) 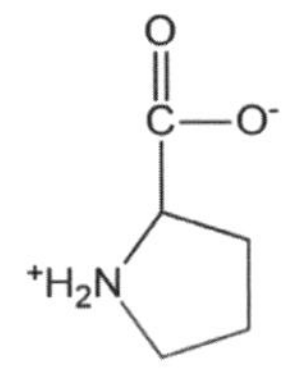	

극성 아미노산	Serine (Ser, S) 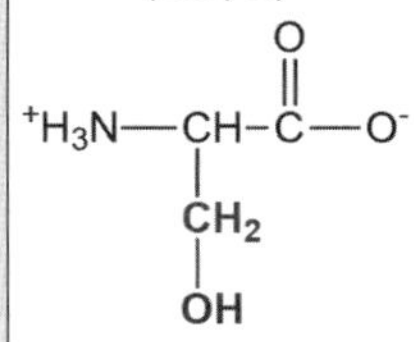	Cysteine (Cys, C) 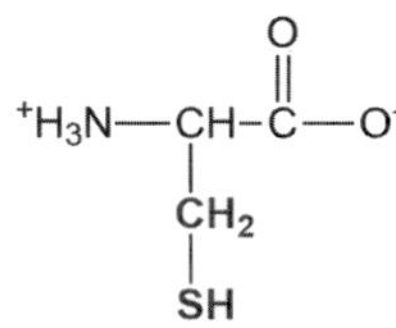	Threonine (Thr, T) 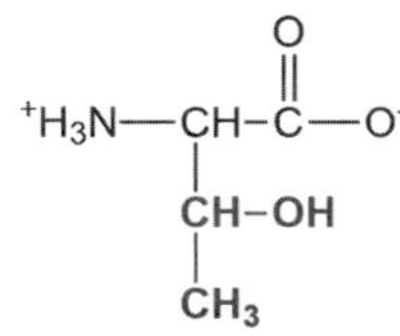	
방향족 아미노산	Phenylalanine (Phe, F) 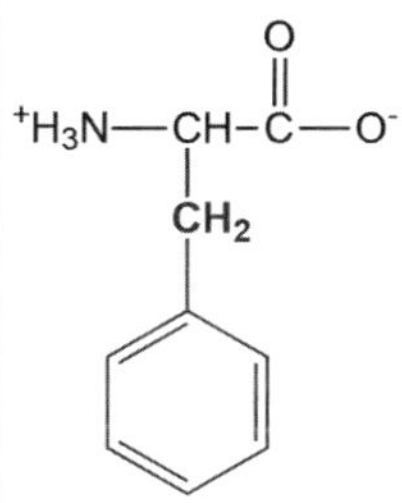	Tyrosine (Tyr, Y) 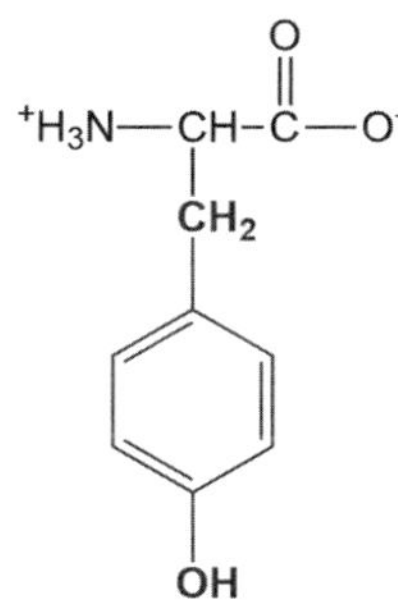	Tryptophan (Trp, W) 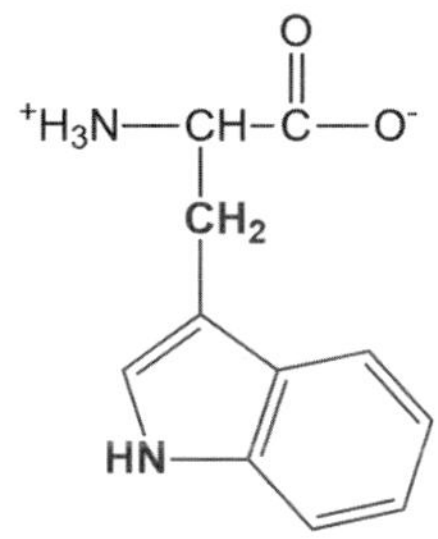	
염기성 아미노산	Histidine (His, H) 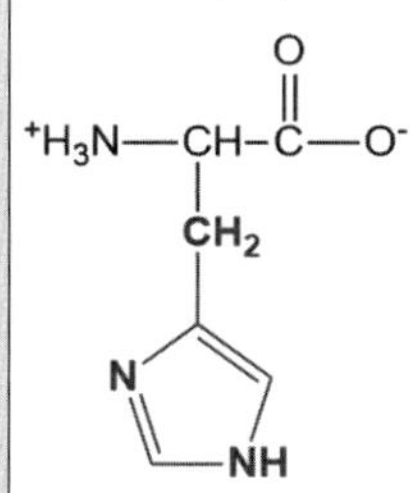	Lysine (Lys, K) 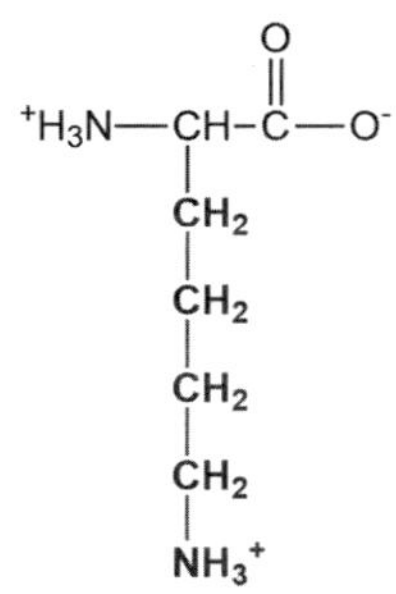	Arginine (Arg, R) 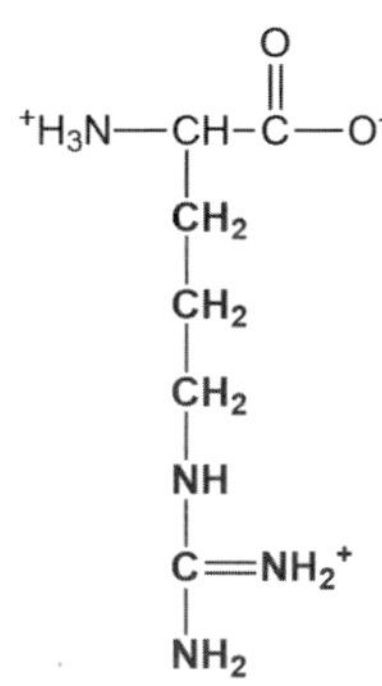	
카복실기 또는 아마이드기를 가진 아미노산	Aspartic acid (Asp, D) 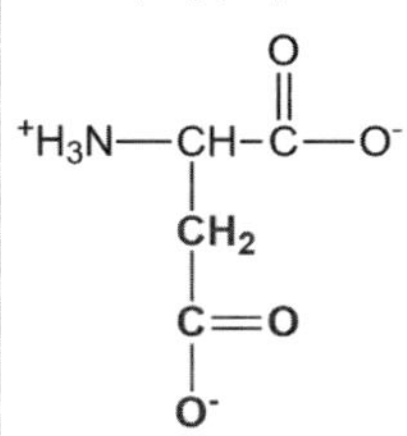	Glutamic acid (Glu, E) 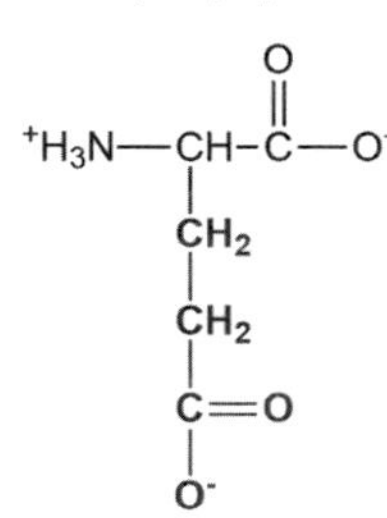	Asparagine (Asn, N) 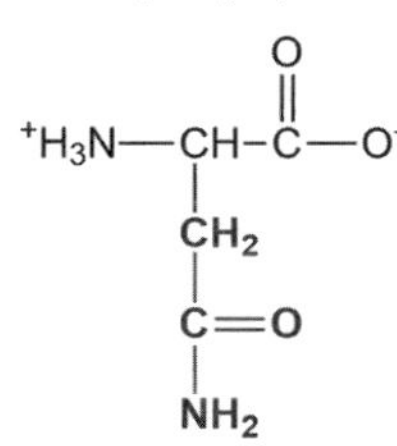	Glutamine (Gln, Q) 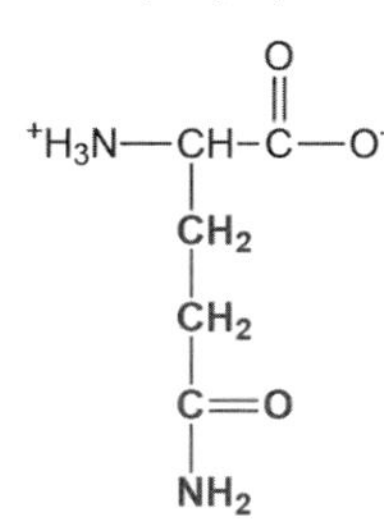

두 아미노산은 아미노기와 카복실기가 결합하여 펩타이드 결합을 이룬다, 이 때 만들어진 화합물을 **펩타이드**(peptide)라 한다. **그림 31-3**은 알라닌(alanine)과 루신(leucine)이 결합한 펩타이드를 보여주고 있다. 두 개 이상의 아미노산이 결합하였을 때 생성된 펩타이드의 이름은 N-말단(아미노기)을 가진 아미노산부터 이름을 붙인다. 따라서 **그림 31-3**의 펩타이드는 alanine-leucine이다. 보통은 약자를 사용하여 Ala-Leu(또는 AL)로 표시한다.

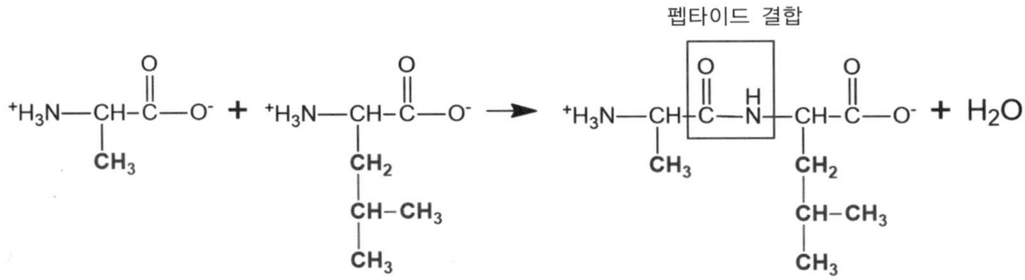

그림 31-3 펩타이드 결합으로 만들어진 Ala-Leu 펩타이드

여러 아미노산은 펩타이드 결합으로 계속 연결될 수 있으며, 이를 **폴리펩타이드**(polypeptide)라 한다. 일반적으로 폴리펩타이드는 50개 이상의 아미노산이 연결된 것을 이른다. 단백질은 세포에서 만들어진 폴리펩타이드가 특정한 기능적 3차원 구조로 접힌 형태로 말한다, 현재까지 알려진 단백질 중 가장 작은 것은 11개의 아미노산으로 이루어져 있으며, 가장 큰 것은 35,000여 개의 아미노산을 가지고 있다.

(5) 단백질의 구조

단백질은 많은 아미노산이 연결된 사슬 형태의 화합물이라 할 수 있다. 실제 세포에서 단백질이 처음 합성될 때는 긴 사슬 형태로 만들어진다. 긴 사슬의 단백질은 **단백질 접힘**(protein folding)이라는 과정을 거쳐 열역학적으로 가장 안정된 형태의 3차원 구조로 접힌다. 단백질의 3차원 구조는 사슬의 아미노산 배열 순서(서열)에 따라 결정되며, 개개의 단백질은 특정한 3차원 구조를 가지게 된다. 각 단백질의 기능은 전적으로 그 모양에 달려 있기 때문에, 단백질의 3차원 구조를 알아내는 것은 매우 중요하다.

그림 31-4는 단백질 접힘 과정을 보여주고 있다. 처음 사슬 형태에서의 아미노산 서열을 **1차 구조**(primary structure)라고 한다.[2] 접힘의 첫 단계에서는 펩타이드 사슬이 부분적으로 접혀 구조를 이룬다. 이를 **2차 구조**(secondary structure)라 한다. 2차 구조로는 α-나선(α-helix), β-병풍(β-sheet) 등이 있다. 다음으로 2차 구조는 다시 3차원적으로 접혀 전체적인 구조를 이룬다. 이를 **3차 구조**(tertiary structure)라 한다. 단백질은 하나의 단백질이 특정한 기능을 할 때도 있고, 또는 여러 개의 단백질이 모인 복합체가 특정한 기능을 할 때도 있다. 이런 복합체의 3차원적인 구조를 **4차 구조**(quaternary structure)라 한다. 혈액에서 산소를 운반하는 헤모글로빈(hemoglobin)은 4개의 단백질이 모인 복합체이다.

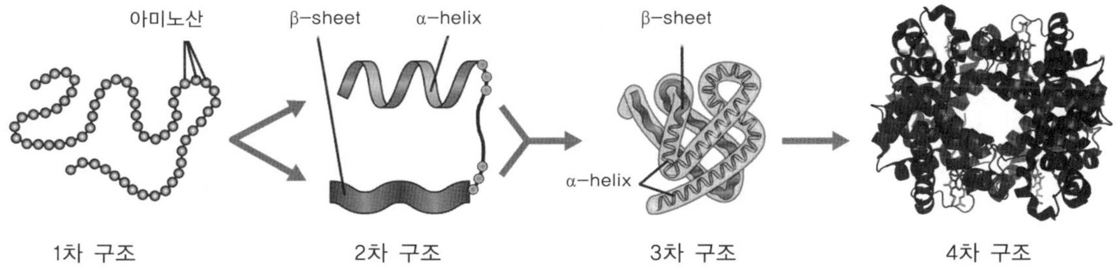

그림 31-4 단백질 접힘 과정

(6) 알파폴드(AlphaFold)

앞에서 언급하였듯이 단백질 3차원 구조를 알아내는 것은 매우 중요하다. 보통 단백질의 구조를 결정한다는 것은, **그림 31-4**의 3차 구조 또는 복합체의 경우 4차 구조를 결정하는 것이다. 이를 위해 실험적으로 X-선 결정법(X-ray crystallography)을 가장 많이 사용한다. 그밖에 극저온 전자 현미경법(cryogenic electron microscopy), 핵자기 공명 분광법(nuclear magnetic resonance) 등이 사용되고 있다. 각 방법은 장단점이 있으며 많은 시간과 노력이 필요하다.

단백질 3차원 구조는 아미노산 서열에 의해 결정된다고 하였다. 좀 더 근본적으로는 단백질을 이루는 원자들 사이, 또는 작용기(원자 집단)들 사이의 상호작용에 의해 결정된다. 단백질에서는 수소 결합(hydrogen bond), 정전기적 인력

2) 아미노산 서열은, 펩타이드와 마찬가지로, N-말단(아미노기)를 가진 아미노산부터 이름을 붙인다. 또한 N-말단 아미노산부터 번호를 붙이기도 한다. 예를 들어 "Phe 99"의 표시는 어떤 단백질에서 N-말단으로부터 99번째 아미노산이 phenylalanine이라는 의미이다.

(electrostatic interaction), 소수성 상호작용(hydrophobic interactions), 반데르발스 힘(Van der Waals force), 이황화 결합(disulfide bond) 등의 상호작용이 있다. 아미노산 서열로부터 이들 상호작용을 분석하면, 단백질 3차원 구조를 이론적(계산적)으로 예측할 수 있다. 그러나 실제의 경우 계산에 엄청난 시간이 소요되어, 작은 크기의 단백질 구조 예측에만 쓸 수 있는 등 제한이 있다.

구글 딥마인드(Google DeepMind) 회사가 개발한 **알파폴드**(AlphaFold)는, 아미노산 서열로부터 단백질 3차원 구조를 높은 정확도로 예측할 수 있는, AI 시스템이다.[3] 알파폴드는 단백질의 아미노산 서열을 입력받아 기존의 데이터베이스와 비교하여, 딥러닝 기법으로 진화적 정보와 공간적 제약을 학습하고, 이를 바탕으로 최종 3차원 구조를 빠르게 예측한다. 알파폴드는 누구나 사용할 수 있으며, 화학 및 생명과학 연구와 신약 개발에 가히 혁명적이라 할 만큼의 변화를 일으켰다. 알파폴드는 알파폴드, 알파폴드2를 거쳐 현재 알파폴드3(AlphaFold3)까지 개발되었으며, 알파폴드3에서는 단백질–단백질, 단백질–DNA, 단백질–분자 결합 등의 상호작용까지 찾아낼 수 있다.

(7) 알파폴드3(AlphaFold3) 사용 방법

① 홈페이시: alphafoldserver.com 홈페이지에는 사용 방법 등 유용한 정보가 있으니 참고한다.

② 로그인: 구글 ID(Google ID)로 로그인

③ 정보 입력: Entity type, Copies, 데이터 입력

- ✓ Entity type: Protein, DNA, RNA, Ligand, Ion 중 선택
  - "+ Add entity"를 클릭하면 원하는 만큼 entity를 추가할 수 있다.
- ✓ Copies
  - 선택한 entity가 몇 개 있는가를 입력. 예를 들어 단백질이 하나면 1, 같은 단백질이 2개 있으면 2 입력
- ✓ 데이터 입력란: 선택한 entity에 따라 데이터 입력
  - Protein: 아미노산 서열. 표 31–1의 아미노산 약자(알파벳 하나)를 순서대로 입력. 예를 들어 DENKS.... 등

3) 알파폴드를 개발한 Demis Hassabis는 2024년 노벨 화학상을 수상하였다.

- DNA: 염기 서열. A(아데닌), T(티민), G(구아닌), C(사이토신)의 중복 조합
- RNA: 염기 서열. A(아데닌), U(우라실), G(구아닌), C(사이토신)의 중복 조합
- Ligand: 입력란에 있는 ligand 중 선택
- Ion: 입력란에 있는 이온 중 선택

④ 데이터 제출 및 계산

- "Continue and preview job"을 클릭한다,
- 팝업 화면에서 작업의 이름을 붙인다. 이름을 따로 붙이지 않으면 계산 요청 시각이 이름으로 자동 부여 된다. 그 후 "Confirm and submit job"을 클릭하면 입력한 데이터를 바탕으로 구조 예측을 시작한다.
- 작업이 완료되면, "Search History" 표에 체크 표시(ⓥ)가 나타난다.
- 대부분의 작업은 5분 이내에 완료되지만, 데이터가 크면 몇 시간이 걸릴 수도 있다. 이 경우, 데이터 입력란 아래에 계산 시간이 오래 걸릴 것이라는 경고 문구를 볼 수 있다. 이때는 작업 요청을 한 후 로그아웃하고 시간이 지난 후 다시 로그인하면 결과를 볼 수 있다.
- 하루에 요청할 수 있는 작업은 30번으로 제한되며, 남아있는 작업 요청 수는 화면 오른쪽 윗부분에 "Remaining jobs"를 보면 알 수 있다.

⑤ 결과 확인

- "Search History" 표에서 완료된 작업의 행을 클릭하면 결과를 보여주는 화면(그림 31-5)으로 넘어간다.
- ⓐ 작업 이름
- ⓑ 메인 화면: 계산 결과의 단백질 구조를 보여준다. 마우스를 이용하여 확대/축소/회전을 할 수 있다. 구조의 특정 부분으로 마우스를 옮기면 아미노산과 서열 번호를 확인할 수 있고, 클릭하면 그 부분의 자세한 구조와 결합 등을 볼 수 있다.
- ⓒ plDDT (predicted local Distance Difference Test): 결과 구조에서 각 아미노산의 위치에 대한 예측이 얼마나 신뢰할 만한지를 나타내는 신뢰도 점수(0−100)이다. 색을 보고 구조에서 신뢰할 만한 부분과 아닌 부분을 판단할 수 있다.

- ⓓ Expected position error: PAE (predicted aligned error)라고도 하며, 예측된 구조에서 서로 다른 부분들 사이의 상대적 위치와 방향에 대한 신뢰도를 추정한 것이다. 도표에서 (n_1, n_2) 좌표 값(색으로 나타남)은 서열 n_1번째 아미노산과 n_2번째 아미노산 사이의 거리 오차 범위를 의미한다.
- ⓔ Information: 처음에 입력한 데이터 값이다.
- ⓕ 기능 버튼: 다양한 기능의 버튼으로 예측된 구조에 대하여 사진 찍기 등 여러 가지 조작을 할 수 있다.

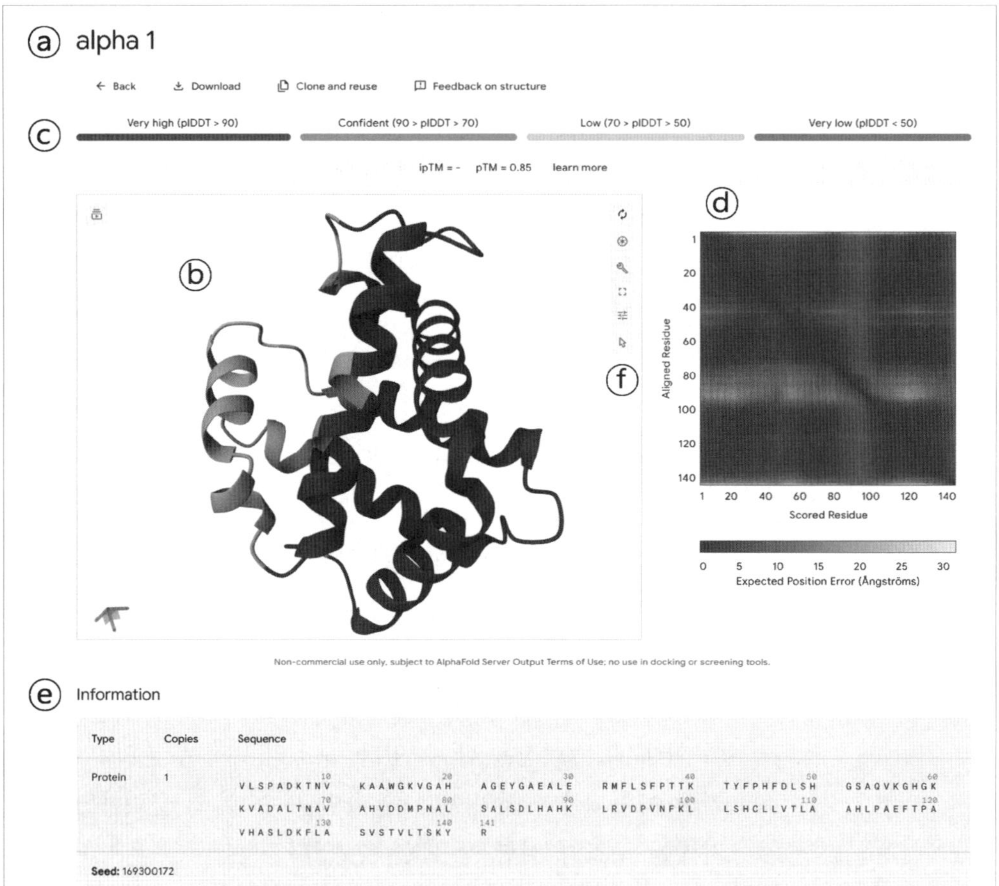

그림 31-5 알파폴드3 결과 화면

4 실험 기구 및 시약

기구	시약
인터넷에 연결된 컴퓨터	

5 실험 방법[4)]

(1) 실험 A. 펩타이드 구조 예측

① 4개의 아미노산으로 이루어진 펩타이드의 구조를 예측하고자 한다.

② 데이터 입력 및 실행

- Entity type: Protein, Copies: 1, 데이터 입력: TAEF

③ 결과 출력

- 구조를 복사하여 어느 부분이 T(Thr), A(Ala), E(Glu), F(Phe)에 해당하는지 표시한다.

표 31-2 아미노산 서열

단백질	아미노산 서열
아밀로이드 베타(Aβ) (아미노산 42 개)	DAEFRHDSGYEVHHQKLVFFAEDVGSNKGAIIGLMVGGVVIA
헤모글로빈 α 소단위(Hb-α) (아미노산 141개)	VLSPADKTNVKAAWGKVGAHAGEYGAEALERMFLSFPTTKTYFP HFDLSHGSAQVKGHGKKVADALTNAVAHVDDMPNALSALSDLHA HKLRVDPVNFKLLSHCLLVTLAAHLPAEFTPAVHASLDKFLASVS TVLTSKYR
헤모글로빈 β 소단위(Hb-β) (아미노산 146개)	VHLTPEEKSAVTALWGKVNVDEVGGEALGRLLVVYPWTQRFFES FGDLSTPDAVMGNPKVKAHGKKVLGAFSDGLAHLDNLKGTFATI SELHCDKLHVDPENFRLLGNVLVCVLAHHFGKEFTPPVQAAYQK VVAGVANALAHKYH

4) 조교는 실험 시간에 표 31-2의 아미노산 서열을 텍스트 파일 형식으로 제공한다.

(2) 실험 B. 아밀로이드 베타 구조 예측

① 아밀로이드 베타(amyloid β, Aβ) 단백질은 알츠하이머(Alzheimer) 병과 관련되어 있다고 알려져 있다. 이번 실험에서는 42개의 아미노산으로 이루어진 Aβ의 구조를 예측하고자 한다. 또한 금속 이온이 Aβ와 결합할 때 Aβ의 어느 부분(아미노산)과 상호작용하는지 예측하고자 한다.

② 데이터 입력 및 실행 1: Aβ 구조 예측
- Entity type: Protein, Copies: 1, 데이터 입력: 표 31-2의 Aβ 아미노산 서열

③ 결과 출력 1
- 마우스를 이용하여 구조를 자세히 살펴보고, 어떤 2차 구조를 가지는지 파악한다. 구조를 복사한다.

④ 데이터 입력 및 실행 2: Aβ와 금속 이온(Cu^{2+})의 상호작용 예측
- Entity type: Protein, Copies: 1, 데이터 입력: Aβ 아미노산 서열
- Entity type: Ion, Copies: 1, 데이터 입력: Cu^{2+}

⑤ 결과 출력 2
- 전체 구조를 살펴본다. 구조를 복사한다.
- Cu^{2+}부분을 클릭하여 상세 구조를 자세히 살펴보고, 몇 번 아미노산과 결합하는지 파악한다. 구조를 복사한다.

⑥ 데이터 입력 및 실행 3: Aβ와 금속 이온(Na^+)의 상호작용 예측
- Entity type: Protein, Copies: 1, 데이터 입력: Aβ 아미노산 서열
- Entity type: Ion, Copies: 1, 데이터 입력: Na^+

⑦ 결과 출력 3
- 전체 구조를 살펴본다. 구조를 복사한다.
- Na^+부분을 클릭하여 상세 구조를 자세히 살펴보고, 몇 번 아미노산과 결합하는지 파악한다. 구조를 복사한다.

(3) 실험 C. 헤모글로빈 구조 예측

① 헤모글로빈(hemoglobin, Hb)은 혈액에서 산소(O_2)를 운반하는 단백질로, 4개의 소단위(subunit) 단백질이 모여있는 복합체이다. Hb의 소단위로는 알파(Hb−α) 와 베타(Hb−β)가 있는데, Hb는 Hb−α 2개와 Hb−β 2개가 모여있는 단백질이다. 또한 각각의 소단위에는 헴(heme)이라는 착화합물

이 붙어있으며, O_2는 heme에 결합한다. 이번 실험에서는 Hb의 4차 구조를 예측하고자 한다.

② 데이터 입력 및 실행 1: Hb−α 구조 예측

- Entity type: Protein, Copies: 1, 데이터 입력: Hb−α 아미노산 서열

③ 결과 출력 1

- 마우스를 이용하여 구조를 자세히 살펴보고, 어떤 2차 구조가 있는지 파악한다. 구조를 복사한다.

④ 데이터 입력 및 실행 2: Hb−α와 heme의 상호작용 예측

- Entity type: Protein, Copies: 1, 데이터 입력: Hb−α 아미노산 서열
- Entity type: Ligand, Copies: 1, 데이터 입력: HEM−heme

⑤ 결과 출력 2

- 전체 구조를 살펴보고. ③의 Hb−α의 구조와 비교하여 구조의 신뢰도에 변화가 있는 부분이 있는지 파악한다. 구조를 복사한다.
- Heme 부분을 클릭하여 상세 구조를 자세히 살펴보고, heme이 어느 아미노산과 결합하는지 파악한다. 구조를 복사한다.

⑥ 데이터 입력 및 실행 3: Hb−β 구조 예측

- Entity type: Protein, Copies: 1, 데이터 입력: Hb−β 아미노산 서열

⑦ 결과 출력 3

- 마우스를 이용하여 구조를 자세히 살펴보고, 어떤 2차 구조가 있는지 파악한다. 구조를 복사한다.

⑧ 데이터 입력 및 실행 4: Hb−β와 heme의 상호작용 예측

- Entity type: Protein, Copies: 1, 데이터 입력: Hb−β 아미노산 서열
- Entity type: Ligand, Copies: 1, 데이터 입력: HEM−heme

⑨ 결과 출력 4

- 전체 구조를 살펴보고. ⑦의 Hb−β의 구조와 비교하여 구조의 신뢰도에 변화가 있는 부분이 있는지 파악한다. 구조를 복사한다.
- Heme 부분을 클릭하여 상세 구조를 자세히 살펴보고, 구조를 복사한다.

⑩ 데이터 입력 및 실행 5: Hb의 4차 구조 예측

- Entity type: Protein, Copies: 2, 데이터 입력: Hb−α 아미노산 서열
- Entity type: Protein, Copies: 2, 데이터 입력: Hb−β 아미노산 서열
- Entity type: Ligand, Copies: 4, 데이터 입력: HEM−heme

⑪ 결과 출력 5

- 마우스를 이용하여 구조를 자세히 살펴보고, 구조를 복사한다.
- Heme 부분을 클릭하여 상세 구조를 자세히 살펴보고, heme이 어느 아미노산과 결합하는지 파악한다.

(4) 실험 D. 가상의 단백질 구조 예측

① 이번 실험에서는 가상의 단백질 구조를 예측하고자 한다.

② 데이터 입력 및 실행

- Entity type: Protein
- Copies: 1
- 데이터 입력: 60개 이상의 아미노산 서열을 임의로 입력(B, J, O, U, X, Z를 제외한 알파벳 입력)

③ 결과 출력

- 마우스를 이용하여 구조를 자세히 살펴보고, 구조를 복사한다.
- 앞의 실험 B, C와 비교하여 구조의 신뢰도는 어떠한지 파악한다.

결과보고서

실험 31 인공 지능을 이용한 단백질 구조 예측

학 과	학 번	조	이 름	실 험 일	확 인
				년 월 일	

* 실험 결과는 PPT 파일에 아래 형식의 표를 만들어 구조 그림을 넣어 제출하고, 결과보고서에는 구조 칸에 관찰한 구조의 특징을 적어 제출하시오.

실험 A 펩타이드 구조 예측

PPT 1쪽

단백질	Thr–Ala–Glu–Phe 펩타이드
아미노산 서열	TAEF
Ion	없음
Ligand	없음
구조	

실험 B 아밀로이드 베타 구조 예측

PPT 2쪽

단백질	아밀로이드 베타
아미노산 서열	DAEFRHDSGYEVHHQKLVFFAEDVGSNKGAIIGLMVGGVVIA
Ion	없음
Ligand	없음
구조	

PPT 3쪽

단백질	아밀로이드 베타	
아미노산 서열	DAEFRHDSGYEVHHQKLVFFAEDVGSNKGAIIGLMVGGVVIA	
Ion	Cu^{2+}	
Ligand	없음	
구조	전체 구조	Cu^{2+} 부분의 상세 구조

PPT 4쪽

단백질	아밀로이드 베타	
아미노산 서열	DAEFRHDSGYEVHHQKLVFFAEDVGSNKGAIIGLMVGGVVIA	
Ion	Na^{+}	
Ligand	없음	
구조	전체 구조	Na^{+} 부분의 상세 구조

실험 C 헤모글로빈 구조 예측

PPT 5쪽

단백질	헤모글로빈 알파(Hb-α) 소단위
아미노산 서열	VLSPADKTNVKAAWGKVGAHAGEYGAEALERMFLSFPTTKTYFPHFDLSHGSAQVK GHGKKVADALTNAVAHVDDMPNALSALSDLHAHKLRVDPVNFKLLSHCLLVTLAAHL PAEFTPAVHASLDKFLASVSTVLTSKYR
Ion	없음
Ligand	없음
구조	

PPT 6쪽

단백질	헤모글로빈 알파(Hb-α) 소단위	
아미노산 서열	VLSPADKTNVKAAWGKVGAHAGEYGAEALERMFLSFPTTKTYFPHFDLSHGSAQVK GHGKKVADALTNAVAHVDDMPNALSALSDLHAHKLRVDPVNFKLLSHCLLVTLAAHL PAEFTPAVHASLDKFLASVSTVLTSKYR	
Ion	없음	
Ligand	HEM-Heme	
구조	전체 구조	Heme 부분의 상세 구조

PPT 7쪽

단백질	헤모글로빈 베타(Hb-β) 소단위
아미노산 서열	VHLTPEEKSAVTALWGKVNVDEVGGEALGRLLVVYPWTQRFFESFGDLSTPDAVMGN PKVKAHGKKVLGAFSDGLAHLDNLKGTFATLSELHCDKLHVDPENFRLLGNVLVCVL AHHFGKEFTPPVQAAYQKVVAGVANALAHKYH
Ion	없음
Ligand	없음
구조	

PPT 8쪽

단백질	헤모글로빈 베타(Hb-β) 소단위	
아미노산 서열	VHLTPEEKSAVTALWGKVNVDEVGGEALGRLLVVYPWTQRFFESFGDLSTPDAVMGN PKVKAHGKKVLGAFSDGLAHLDNLKGTFATLSELHCDKLHVDPENFRLLGNVLVCVL AHHFGKEFTPPVQAAYQKVVAGVANALAHKYH	
Ion	없음	
Ligand	HEM-Heme	
구조	전체 구조	Heme 부분의 상세 구조

PPT 9쪽

단백질	헤모글로빈
아미노산 서열	Hb-α (x2), Hb-β (x2)
Ion	없음
Ligand	HEM-Heme (x4)
구조	

실험 D 가상의 단백질 구조 예측

PPT 10쪽

단백질	
아미노산 서열	
Ion	없음
Ligand	없음
구조	

고찰할 내용

- 아밀로이드 베타(Aβ) 단백질의 2차 구조에 대해 논하라.
- Aβ에서 Cu^{2+}와 Na^{+} 이온은 각각 어느 아미노산(들)과 결합하는가? 다른 이온들은 Aβ의 어느 아미노산 위치에 결합하는지 알파폴드3을 실행하고 살펴보라.
- Aβ에 금속 이온이 결합하면 Aβ의 구조 변화가 일어나는지 살펴보라.
- 헤모글로빈 알파(Hb−α)와 베타(Hb−β) 소단위 단백질에서 heme 그룹은 각각 어느 아미노산과 결합하는가?
- Hb−α와 Hb−β 소단위에 heme 그룹이 결합하면 각 단백질에서 어느 부분의 구조가 변하는지 살펴보라.
- 헤모글로빈(Hb−α × 2 + Hb−β × 2)에서 heme이 결합한 위치는 각 소단위에서 결합한 위치와 같은지 살펴보라.
- 가상의 단백질에서 2차 구조가 α−나선(α−helix) 또는 β−병풍(β−sheet) 구조인 부분이 있는지 살펴보고, 있으면 그 부분의 아미노산 서열을 써라.(전체 구조에서 α−나선 부분은 용수철 모양으로, β−병풍 부분은 화살표 모양으로 표시되어 있다.)

부록

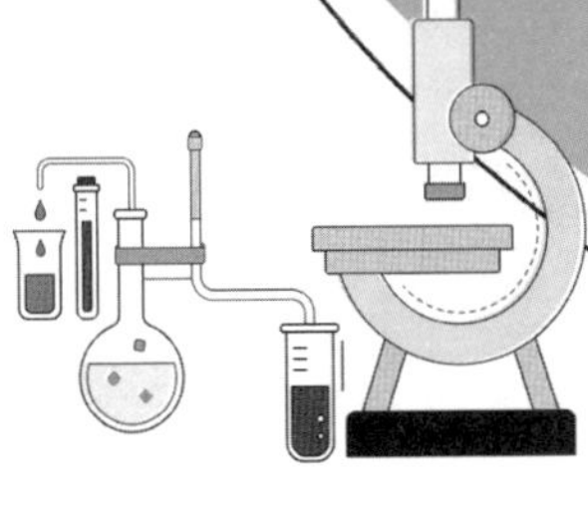

부록 01 SI 단위

어떠한 물리량을 측정하여 표시할 때는 수(number)와 단위(unit)의 두 가지를 함께 나타내어야 그 의미를 가지게 된다. 수는 크기를 나타내는 것이고 단위는 어떠한 물리량을 측정하였는가를 나타낸다. 과학계에서는 국제적 합의에 의해 국제단위계(international system)를 사용한다. 국제단위계는 프랑스어로 le Système International이라고 쓰기 때문에 줄여서 SI 단위라고 한다. SI 단위는 시간, 길이, 질량, 온도, 전류, 물질의 양, 광도의 단위인 일곱 개의 SI 기본 단위를 바탕으로 하고 있다. 그 밖의 다른 모든 물리량의 단위는 일곱 개의 SI 기본 단위로부터 유도할 수 있다. 유도되어지는 단위 중 특별한 이름을 가지고 있는 단위는 22개가 있다. 또한 물리량을 표현할 때 수가 너무 크거나 작을 경우 접두어를 사용하여 간략히 표현한다.

표 부록 1-1 SI 기본 단위

물리량	SI 기본 단위	
	기호	이름
시간	s	초(second)
길이	m	미터(meter)
질량	kg	킬로그램(kilogram)
전류	A	암페어(ampere)
온도	K	켈빈(kelvin)
물질의 양	mol	몰(mole)
광도	cd	칸델라(candela)

표 부록 1-2 SI 유도 단위 중 특별한 이름을 가지는 단위

물리량	SI 유도 단위			
	기호	이름	다른 SI 단위를 사용한 표현	SI 기본 단위를 사용한 표현
평면각	rad	라디안(radian)		$m \cdot m^{-1} = 1$
입체각	sr	스테라디안(steradian)		$m^2 \cdot m^{-2} = 1$
진동수	Hz	헤르츠(hertz)		s^{-1}
힘	N	뉴턴(newton)		$m \cdot kg \cdot s^{-2}$
압력, 응력	Pa	파스칼(pascal)	N/m^2	$m^{-1} \cdot kg \cdot s^{-2}$
에너지, 일, 열량	J	줄(joule)	$N \cdot m$	$m^2 \cdot kg \cdot s^{-2}$
일률, 전력	W	와트(watt)	J/s	$m^2 \cdot kg \cdot s^{-3}$
전하량	C	쿨롬(coulomb)		$s \cdot A$
전위, 전위차, 기전력	V	볼트(volt)	W/A	$m^2 \cdot kg \cdot s^{-3} \cdot A^{-1}$
전기 용량	F	패럿(farad)	C/V	$m^{-2} \cdot kg^{-1} \cdot s^4 \cdot A^2$
전기 저항	Ω	옴(ohm)	V/A	$m^2 \cdot kg \cdot s^{-3} \cdot A^{-2}$
전기 전도도	S	지멘스(siemens)	A/V	$m^{-2} \cdot kg^{-1} \cdot s^3 \cdot A^2$
자기력선속	Wb	웨버(weber)	$V \cdot s$	$m^2 \cdot kg \cdot s^{-2} \cdot A^{-1}$
자기력선속 밀도	T	테슬라(tesla)	Wb/m^2	$kg \cdot s^{-2} \cdot A^{-1}$
인덕턴스	H	헨리(henry)	Wb/A	$m^2 \cdot kg \cdot s^{-2} \cdot A^{-2}$
섭씨 온도	℃	섭씨도(celcius)		K–273.15
광선속	lm	루멘(lumen)	$cd \cdot sr$	$cd \cdot sr$
조명도(광조도)	lx	럭스(lux)	lm/m^2	$m^{-2} \cdot cd \cdot sr$
방사능	Bq	베크렐(becquerel)		s^{-1}
흡수선량	Gy	그레이(gray)	J/kg	$m^2 \cdot s^{-2}$
선량당량	Sv	시버트(sievert)	J/kg	$m^2 \cdot s^{-2}$
촉매활성도	kat	카탈(ktal)		$mol \cdot s^{-1}$

표 부록 1-3 그 밖의 SI 유도 단위의 예

물리량	SI 유도 단위	
	일반적인 표현	SI 기본 단위를 사용한 표현
넓이	m^2	m^2
부피	m^3	m^3
속도, 속력	m/s	$m \cdot s^{-1}$
가속도	m/s^2	$m \cdot s^{-2}$
가속도 변화율	m/s^3	$m \cdot s^{-3}$
각속도	rad/s	s^{-1}
운동량, 충격량	$N \cdot s$	$m \cdot kg \cdot s^{-1}$
각운동량	$N \cdot m \cdot s$	$m^2 \cdot kg \cdot s^{-1}$
돌림힘, 힘능률	$N \cdot m = J/rad$	$m^2 \cdot kg \cdot s^{-2}$
파(동)수	m^{-1}	m^{-1}
밀도	kg/m^3	$m^{-3} \cdot kg$
건좀 부피	m^3/kg	$m^3 \cdot kg^{-1}$
농도	mol/m^3	$m^{-3} \cdot mol$
몰부피	m^3/mol	$m^3 \cdot mol^{-1}$
작용량	$J \cdot s$	$m^2 \cdot kg \cdot s^{-1}$
열용량, 엔트로피	J/K	$m^2 \cdot kg \cdot s^{-2} \cdot K^{-1}$
몰열용량, 몰엔트로피	$J/(K \cdot mol)$	$m^2 \cdot kg \cdot s^{-2} \cdot K^{-1} \cdot mol^{-1}$
비열	$J/(K \cdot kg)$	$m^2 \cdot s^{-2} \cdot K^{-1}$
에너지 밀도	J/m^3	$m^{-1} \cdot kg \cdot s^{-2}$
표면 장력	$N/m = J/m^2$	$kg \cdot s^{-2}$
열전도도	$W/(m \cdot K)$	$m \cdot kg \cdot s^{-3} \cdot K^{-1}$
확산 계수	m^2/s	$m^2 \cdot s^{-1}$
편극 벡터	C/m^2	$m^{-2} \cdot s \cdot A$
전하 밀도	C/m^3	$m^{-3} \cdot s \cdot A$
전류 밀도	A/m^2	$A \cdot m^{-2}$
전도도	S/m	$m^{-3} \cdot kg^{-1} \cdot s^3 \cdot A^2$
몰전도도	$S \cdot m^2/mol$	$kg^{-1} \cdot s^3 \cdot mol^{-1} \cdot A^2$
유전율	F/m	$m^{-3} \cdot kg^{-1} \cdot s^4 \cdot A^2$
투자율	H/m	$m \cdot kg \cdot s^{-2} \cdot A^{-2}$
전기장 세기	V/m	$m \cdot kg \cdot s^{-3} \cdot A^{-1}$
자기장 세기	A/m	$A \cdot m^{-1}$
밝기, 휘도	cd/m^2	$cd \cdot m^{-2}$
발광 에너지	$lm \cdot s$	$cd \cdot sr \cdot s$
흡수선량 조사율	Gy/s	$m^2 \cdot s^{-3}$
비저항	$\Omega \cdot m$	$m^3 \cdot kg \cdot s^{-3} \cdot A^{-2}$

표 부록 1-4 SI 단위와 함께 사용하는 접두어

접두어	기호	수	지수 표시
엑사(exa)	E	1,000,000,000,000,000,000	10^{18}
페타(peta)	P	1,000,000,000,000,000	10^{15}
테라(tera)	T	1,000,000,000,000	10^{12}
기가(giga)	G	1,000,000,000	10^{9}
메가(mega)	M	1,000,000	10^{6}
킬로(kilo)	k	1,000	10^{3}
헥토(hecto)	h	100	10^{2}
데카(deca)	d	10	10^{1}
		1	10^{0}
데시(deci)	d	0.1	10^{-1}
센티(centi)	c	0.01	10^{-2}
밀리(milli)	m	0.001	10^{-3}
마이크로(micro)	μ	0.000001	10^{-6}
나노(nano)	n	0.000000001	10^{-9}
피코(pico)	p	0.000000000001	10^{-12}
펨토(femto)	f	0.000000000000001	10^{-15}
아토(atto)	a	0.000000000000000001	10^{-18}

부록 02 물의 성질

표 부록 2-1 물의 밀도[1)]

온도(℃)[2)]	밀도(g/cm³)	온도(℃)	밀도(g/cm³)	온도(℃)	밀도(g/cm³)
−30	0.98385	15	0.99910	34	0.99437
−20	0.99355	16	0.99895	35	0.99403
−10	0.99812	17	0.99878	36	0.99369
−5	0.99926	18	0.99860	37	0.99333
0	0.99984	19	0.99841	38	0.99297
1	0.99990	20	0.99821	39	0.99260
2	0.99994	21	0.99800	40	0.99222
3	0.99997	22	0.99777	45	0.99022
4	0.99998	23	0.99754	50	0.98804
5	0.99997	24	0.99730	55	0.98570
6	0.99994	25	0.99705	60	0.98320
7	0.99990	26	0.99679	65	0.98056
8	0.99985	27	0.99652	70	0.97780
9	0.99978	28	0.99624	75	0.97485
10	0.99970	29	0.99595	80	0.97180
11	0.99961	30	0.99565	85	0.96862
12	0.99950	31	0.99534	90	0.96532
13	0.99938	32	0.99503	95	0.96190
14	0.99925	33	0.99471	100	0.95837

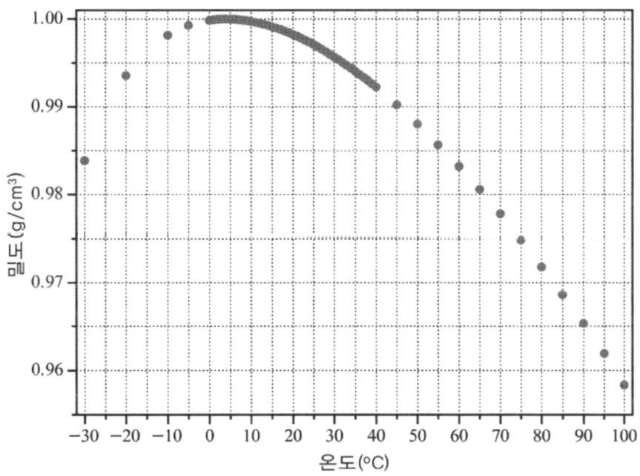

그림 부록 2-1 온도에 따른 물의 밀도 변화

---

1) 압력 = 1 bar = 10^5 Pa 조건

2) 영하의 온도는 과냉각된 물을 의미한다.

표 부록 2-2 물의 비열[3)]

온도(°C)	비열 (J/g·K)	온도(°C)	비열 (J/g·K)	온도(°C)	비열 (J/g·K)	온도(°C)	비열 (J/g·K)
0	4.2176	–	–	–	–	–	–
1	4.2147	26	4.1793	51	4.1809	76	4.1934
2	4.2119	27	4.1790	52	4.1812	77	4.1941
3	4.2091	28	4.1788	53	4.1815	78	4.1948
4	4.2061	29	4.1785	54	4.1819	79	4.1955
5	4.2035	30	4.1784	55	4.1823	80	4.1963
6	4.2009	31	4.1782	56	4.1827	81	4.1970
7	4.1985	32	4.1781	57	4.1831	82	4.1978
8	4.1961	33	4.1781	58	4.1834	83	4.1986
9	4.194	34	4.1781	59	4.1838	84	4.1995
10	4.1921	35	4.1781	60	4.1843	85	4.2004
11	4.1904	36	4.1781	61	4.1848	86	4.2012
12	4.1888	37	4.1782	62	4.1853	87	4.2021
13	4.1875	38	4.1782	63	4.1857	88	4.2031
14	4.1863	39	4.1783	64	4.1862	89	4.2040
15	4.1854	40	4.1785	65	4.1867	90	4.2050
16	4.1844	41	4.1786	66	4.1873	91	4.2060
17	4.1837	42	4.1788	67	4.1878	92	4.2071
18	4.1830	43	4.1789	68	4.1884	93	4.2081
19	4.1824	44	4.1791	69	4.1889	94	4.2092
20	4.1818	45	4.1793	70	4.1895	95	4.2102
21	4.1813	46	4.1796	71	4.1901	96	4.2114
22	4.1808	47	4.1798	72	4.1908	97	4.2125
23	4.1804	48	4.1801	73	4.1914	98	4.2136
24	4.1800	49	4.1803	74	4.1920	99	4.2147
25	4.1796	50	4.1806	75	4.1927	100	4.2159

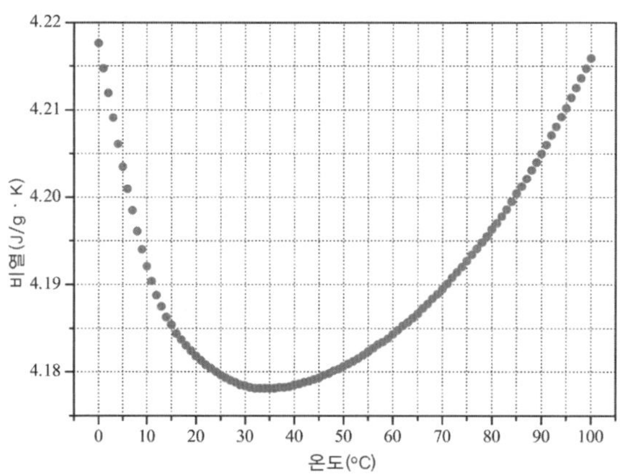

그림 부록 2-2 온도에 따른 물의 비열 변화

3) 압력 = 1 bar = 10^5 Pa 조건

표 부록 2-3　물의 증기압

온도(℃)	증기압[4] (torr)	온도(℃)	증기압 (torr)	온도(℃)	증기압 (torr)	온도(℃)	증기압 (torr)
0	4.6	–	–	–	–	–	–
1	4.9	26	25.2	51	97.2	76	301.4
2	5.3	27	26.7	52	102.1	77	314.1
3	5.7	28	28.4	53	107.2	78	327.3
4	6.1	29	30.0	54	112.5	79	341.0
5	6.5	30	31.8	55	118	80	355.1
6	7.0	31	33.7	56	123.8	81	369.7
7	7.5	32	35.7	57	129.8	82	384.9
8	8.1	33	37.7	58	136.1	83	400.6
9	8.6	34	39.9	59	142.6	84	416.8
10	9.2	35	42.2	60	149.4	85	433.6
11	9.8	36	44.6	61	156.4	86	450.9
12	10.5	37	47.1	62	163.8	87	468.7
13	11.2	38	49.7	63	171.4	88	487.1
14	12.0	39	52.4	64	179.3	89	506.1
15	12.8	40	55.3	65	187.5	90	525.8
16	13.6	41	58.3	66	196.1	91	546.1
17	14.5	42	61.5	67	205.0	92	567.0
18	15.5	43	64.8	68	214.2	93	588.6
19	16.5	44	68.3	69	223.7	94	611.0
20	17.5	45	71.9	70	233.7	95	634.0
21	18.7	46	75.7	71	243.9	96	658.0
22	19.8	47	79.6	72	254.6	97	682.0
23	21.1	48	83.7	73	265.7	98	707.3
24	22.4	49	88.0	74	277.2	99	733.2
25	23.8	50	92.5	75	289.1	100	758.0

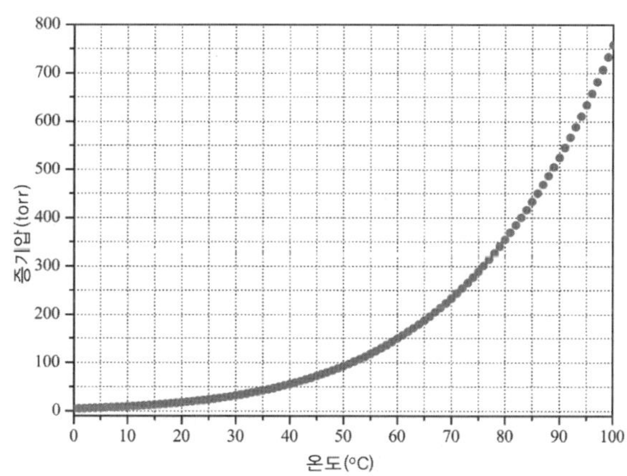

그림 부록 2-3　온도에 따른 물의 증기압 변화

4) 1 torr = 133.3224 Pa = 1.333224 × 10^{-3} bar. 1 atm = 760 torr = 760 mmHg

부록 03 표준 생성 엔탈피, 표준 생성 자유 에너지, 표준 엔트로피

(25℃, 1 atm)

화합물	ΔH_f° (kJ/mol)	ΔG_f° (kJ/mol)	S° (J/mol·K)
Aluminum			
$Al(s)$	0	0	28.3
$Al^{3+}(aq)$	- 531	- 485	-321.7
$AlCl_3(s)$	- 705.6	- 630.1	109.3
$Al_2O_3((s)$	-1676	-1582	50.94
$Al(OH)_3(s)$	-1276	–	–
Barium			
$Ba(s)$	0	0	62.3
$Ba^{2+}(aq)$	- 537.6	-560.8	9.6
$BaCO_3(s)$	-1216	-1138	112
$BaCl_2(s)$	- 858.1	-810.4	123.7
$BaO(s)$	- 548.1	-520.4	72.09
$BaSO_4(s)$	-1473	-1362	132
Beryllium			
$Be(s)$	0	0	9.54
$BeCl_2(s)$	- 496.2	- 449.5	75.81
$BeF_2(s)$	-1027	- 979.5	53.35
$BeO(s)$	- 608.4	- 579.1	13.77
Bismuth			
$Bi(s)$	0	0	56.74
$Bi_2O_3(s)$	- 573.9	- 493.7	151
Boron			
$B(s)$	0	0	5.86
$BCl_3(l)$	- 427.2	-387	206
$BF_3(g)$	-1137	-1120.3	254
$B_2H_6(g)$	36	86.6	232
$B_2O_3(s)$	-1272	-1193	53.8

화합물	ΔH_f° (kJ/mol)	ΔG_f° (kJ/mol)	S° (J/mol·K)
Bromine			
$Br(g)$	111.9	82.4	174.9
$Br^-(aq)$	-120.9	-102.82	80.71
$Br_2(g)$	30.91	3.13	245.38
$Br_2(l)$	0	0	152.23
$HBr(g)$	-36.40	-53.43	198.6
Cadmium			
$Cd(s)$	0	0	51.76
$Cd(g)$	112.8	78.2	167.64
$Cd^{2+}(aq)$	-75.90	-77.61	-73.2
$CdO(s)$	-258	-228	54.8
$CdS(s)$	-144	-141	71
Calcium			
$Ca(s)$	0	0	41.4
$Ca(g)$	192.6	158.9	154.78
$Ca^{2+}(aq)$	-542.96	-553.04	-55.2
$CaCO_3(s)$	-1207	-1128	88.7
$CaCl_2(s)$	-795.8	-748.1	105
$CaO(s)$	-635.1	-604.0	39.75
$Ca(OH)_2(s)$	-986.1	-898.6	83.39
Carbon			
$C(g)$	716.7	671.3	158
C(*s*, *graphite*)	0	0	5.74
C(*s*, *diamond*)	1.9	2.9	2.38
$CH_4(g)$	-74.81	-50.75	186.2
$C_2H_2(g)$	226.7	209.2	200.8
$C_2H_4(g)$	52.26	68.12	219.4
$C_2H_6(g)$	-84.68	-32.89	229.5
$C_6H_6(l)$	48.99	124.4	173.3
$CCl_4(l)$	-135.4	-65.27	216.2

화합물	ΔH_f° (kJ/mol)	ΔG_f° (kJ/mol)	S° (J/mol·K)
$CN^-(aq)$	151	166	118
$HCN(g)$	135	125	201.7
$HCN(l)$	105	121	112.8
$HCN(aq)$	105	112	129
$CO(g)$	-110.5	-137.2	197.6
$CO_2(g)$	-393.5	-394.4	213.6
$CO_3^{2-}(aq)$	-677.1	-527.8	-56.9
$HCO_3^-(aq)$	-691.11	-587.06	95
$H_2CO_3(aq)$	-698.7	-623.42	191
$CH_3Cl(g)$	-83.7	-60.2	234
$CH_2Cl_2(l)$	-117	-63.2	179
$CHCl_3(l)$	-132	-71.5	203
$CH_3OH(l)$	-238.7	-166.4	126.8
$C_2H_5OH(l)$	-277.7	-174.9	160.7
$CH_3COOH(l)$	-484.1	-389.9	159.8
$CH_3COOH(aq)$	-488.3	-396.6	178.7
$C_6H_{12}O_6(s)$glucose	-1273.3	-910.4	212.1
$C_{12}H_{22}O_{11}(s)$sucrose	-2226.1		360.2
Cesium			
$Cs^+(aq)$	-248	-282.0	133
$Cs(g)$	76.7	49.7	175.5
$Cs(s)$	0	0	85.15
$CsCl(s)$	-442.8	-414	101.18
Chlorine			
$Cl(g)$	121.7	105.7	165.1
$Cl^-(aq)$	-167.2	-131.2	56.5
$Cl_2(g)$	0	0	223
$HCl(g)$	-92.31	-95.30	186.8
$HCl(aq)$	-167.2	-131.3	56.48
Chromium			
$Cr(s)$	0	0	23.66
$CrCl_3(s)$	-556.5	-486.1	123
$Cr_2O_3(s)$	-1135	-1053	81.17
$CrO_4^{2-}(aq)$	-881.2	-727.8	50.21
$Cr_2O_7^{2-}(aq)$	-1490.3	-1301.1	261.9

화합물	ΔH_f° (kJ/mol)	ΔG_f° (kJ/mol)	S° (J/mol·K)
Cobalt			
$Co(s)$	0	0	30
$Co^{2+}(aq)$	-67.4	-51.5	-155
$Co^{3+}(aq)$	92	134	-305.0
$CoO(s)$	-237.9	-214.2	52.97
$Co_3O_4(s)$	-891.0	-774.0	102.5
Copper			
$Cu(s)$	0	0	33.15
$Cu(g)$	341.1	301.4	166.29
$Cu^+(aq)$	51.9	50.2	-26
$Cu^{2+}(aq)$	64.77	65.49	-99.6
$CuCl_2(s)$	-220.1	-175.7	108.1
$Cu_2O(s)$	-168.6	-146.0	93.14
$CuO(s)$	-157.3	-129.7	42.63
$Cu(OH)_2(s)$	-450.2	-373	108
Fluorine			
$F(g)$	78.99	61.92	158.7
$F^-(g)$	-255.6	-262.5	145.47
$F^-(aq)$	-332.6	-278.8	-13.8
$F_2(g)$	0	0	202.7
$HF(g)$	-271.1	-273.2	173.7
Helium			
$He(g)$	0	0	126
Hydrogen			
$H(g)$	218	203.3	114.6
$H^+(aq)$	0	0	0
$H_3O^+(aq)$	-285.8		69.91
$H_2(g)$	0	0	130.6
$HBr(g)$	-36.40	-53.43	198.6
$HCl(g)$	-92.31	-95.30	186.8
$HCl(aq)$	-167.2	-131.3	56.48
$HCN(g)$	135	125	201.7
$HF(g)$	-271.1	-273.2	173.7
$HI(g)$	26.48	1.72	206.5

화합물	ΔH_f° (kJ/mol)	ΔG_f° (kJ/mol)	S° (J/mol·K)
$HNO_3(l)$	−173.2	−79.91	155.6
$HNO_3(aq)$	−207.4	−113.3	146.4
$H_2O(g)$	−241.8	−228.6	188.7
$H_2O(l)$	−285.8	−237.2	69.91
$H_2SO_4(l)$	−814.0	−690.1	156.9
$H_2SO_4(aq)$	−909.3	−744.6	20.08
Iodine			
$I(g)$	106.8	70.28	180.7
$I^-(aq)$	−55.19	−51.57	111.3
$I_2(g)$	62.44	19.36	260.6
$I_2(s)$	0	0	116.1
$HI(g)$	26.48	1.72	206.5
Iron			
$Fe(s)$	0	0	27.28
$Fe(l)$	13.13	11.05	34.29
$Fe^{2+}(aq)$	−89.1	−78.90	−137.7
$Fe^{3+}(aq)$	−48.5	−4.7	−315.9
$FeCO_3(s)$	−740.6	−666.7	92.88
$FeCl_2(s)$	−341.8	−302.3	118
$FeCl_3(s)$	−399.5	−334.1	142.3
$FeO(s)$	−272.0	−251.5	60.75
$Fe_2O_3(s)$	−824.2	−742.2	87.4
$Fe_3O_4(s)$	−1118.4	−1015.4	146.4
$Fe(OH)_3(s)$	−823.0	−696.6	107
Lead			
$Pb(s)$	0	0	64.81
$Pb^{2+}(aq)$	−1.7	−24.43	10.5
$PbBr_2(s)$	−278.7		161.5
$PbCl_2(s)$	−359	−314	136
$PbI_2(s)$	−175.5	−173.6	174.8
$PbO(s, red)$	−219.0	−189.2	66.5
$PbO_2(s)$	−277	−217.4	68.6
$PbS(s)$	−98.3	−96.7	91.3
$PbSO_4(s)$	−919.9	−813.2	148.6

화합물	ΔH_f° (kJ/mol)	ΔG_f° (kJ/mol)	S° (J/mol·K)
Lithium			
$Li(s)$	0	0	29.12
$Li^+(aq)$	−278.5	−293.3	13.4
$Li(g)$	161	128	138.67
$LiF(s)$	−616.9	−588.7	35.66
$LiCl(s)$	−408.6	−384.4	59.33
$LiBr(s)$	−351	−342	74.1
$LiI(s)$	−270	−270	85.8
$Li_2O(s)$	−597.94	−561.18	37.57
$LiOH(s)$	−484.9	−439.0	42.8
Magnesium			
$Mg(s)$	0	0	32.69
$Mg(g)$	150	115	148.55
$Mg^{2+}(aq)$	−466.9	−454.8	−138.1
$MgCl_2(s)$	−641.3	−591.8	89.62
$MgCO_3(s)$	−1096	−1012	65.7
$MgO(s)$	−601.7	−569.4	26.94
$Mg(OH)_2(s)$	−924.7	−833.9	63.18
$MgSO_4(s)$	−1285	−1171	91.6
Manganese			
$Mn(s)$	0	0	32
$Mn^{2+}(aq)$	−220.8	−228.1	−73.6
$MnCl_2(s)$	−481.3	−440.5	118.2
$MnO_2(s)$	−520	−465.2	53.05
$MnO_4^-(aq)$	−541.4	−447.2	191.2
$MnO_4^{2-}(aq)$	−653.0	−500.7	59
Mercury			
$Hg(g)$	61.32	31.85	174.9
$Hg(l)$	0	0	76.02
$Hg_2^{2+}(aq)$	172.4	153.9	84.5
$HgCl_2(s)$	−230	−184	144
$Hg_2Cl_2(s)$	−265.4	−210.66	191.6

화합물	ΔH_f° (kJ/mol)	ΔG_f° (kJ/mol)	S° (J/mol·K)
Nickel			
Ni(*s*)	0	0	30.1
Ni^{2+}(*aq*)	-64.0	-46.4	-159
$NiCl_2$(*s*)	-305.3	-259.0	97.7
$Ni(OH)_2$(*s*)	-529.7	-447.2	88
Nitrogen			
N_2(*g*)	0	0	191.5
NH_3(*g*)	-46.11	-16.48	192.3
NH_3(*aq*)	-80.29	-26.57	111.3
NH_4^+(*aq*)	-132.5	-79.31	113.4
NH_4Cl(*s*)	-314.4	-203.0	94.56
NO(*g*)	90.25	86.57	210.6
N_2O(*g*)	82.05	104.2	219.7
NO_2(*g*)	33.18	51.3	240
N_2O_4(*g*)	9.16	97.82	304.2
N_2O_4(*l*)	-19.6	97.4	209.2
N_2O_5(*g*)	11.3	115.1	355.7
NO_3^-(*aq*)	-205.0	-108.7	146.4
HNO_3(*l*)	-173.2	-79.91	155.6
HNO_3(*aq*)	-207.4	-113.3	146.4
Oxygen			
O(*g*)	249.2	231.7	160.9
O_2(*g*)	0	0	205
O_3(*g*)	142.7	163.2	238.8
OH^-(*aq*)	-230.0	-157.2	-10.75
Phosphorous			
P(*g*)	333.9	292	163.1
P(*s, white*)	0	0	41.1
P_4(*s, red*)	-17.6	-12.1	22.8
PCl_3(*g*)	-287.0	-267.8	311.7
PCl_3(*l*)	-319.7	-272.3	217.1
PCl_5(*g*)	-374.5	-305.0	364.5
PCl_5(*l*)	-443.5	-	-
P_4O_{10}(*s*)	-2984	-2698	228.9
PO_4^{3-}(*aq*)	-1277	-1019	-222
HPO_4^{2-}(*aq*)	-1292.1	-1089.3	-33
$H_2PO_4^-$(*aq*)	-1296.3	-1130.4	90.4
H_3PO_4(*aq*)	-1288.3	-1142.7	158

화합물	ΔH_f° (kJ/mol)	ΔG_f° (kJ/mol)	S° (J/mol·K)
Potassium			
K(*g*)	89.24	60.63	160.2
K(*l*)	2.28	0.26	71.46
K(*s*)	0	0	64.18
K^+(*aq*)	-252.4	-283.3	102.5
KBr(*s*)	-393.8	-380.7	95.9
KCN(*s*)	-113	-101.9	128.5
KCl(*s*)	-436.7	-409.2	82.59
$KClO_3$(*s*)	-397.7	-296.3	143
$KClO_4$(*s*)	-432.8	-303.2	151
KF(*s*)	-567.3	-537.8	66.57
KI(*s*)	-327.9	-324.9	106.3
KNO_3(*s*)	-494.6	-394.9	133.1
KOH(*s*)	-424.8	-379.1	78.87
KOH(*aq*)	-482.4	-440.5	91.63
K_2SO_4(*s*)	-1438	-1321	175.6
Rubidium			
Rb^+(*aq*)	-246	-282.2	124
Rb(*g*)	85.81	55.86	169.99
Rb(*s*)	0	0	69.5
RbF(*s*)	-549.28		
RbCl(*s*)	-430.58		
RbBr(*s*)	-389.2	-378.1	108.3
RbI(*s*)	-328	-326	118
Silicon			
Si(*s*)	0	0	18.8
SiH_4(*g*)	34	56.9	204.5
Si_2H_6(*g*)	80.3	127	272.5
SiO_2(*s, quartz*)	-910.9	-856.5	41.84
Silver			
Ag(*s*)	0	0	42.55
Ag(*g*)	289.2	250.4	172.892
Ag^+(*aq*)	105.6	77.11	72.68
AgBr(*s*)	-100.4	-96.90	107
AgCl(*s*)	-127.1	-109.8	96.2
AgF(*s*)	-203	-185	84
AgI(*s*)	-61.84	-66.19	115
$AgNO_3$(*s*)	-124.4	-33.5	140.9

화합물	ΔH_f° (kJ/mol)	ΔG_f° (kJ/mol)	S° (J/mol·K)
Sodium			
Na(*g*)	107.3	76.78	153.6
Na(*l*)	2.41	0.5	57.86
Na(*s*)	0	0	51.21
Na^+(*aq*)	-240.1	-261.9	59
NaBr(*s*)	-361.1	-349.0	86.82
Na_2CO_3(*s*)	-1131	-1044	135
$NaHCO_3$(*s*)	-950.8	-851.0	102
NaCl(*s*)	-411.1	-384.0	72.13
NaCl(*aq*)	-407.3	-393.1	115.5
NaOH(*s*)	-425.6	-379.5	64.48
NaOH(*aq*)	-469.2	-419.2	48.1
Na_2SO_4(*s*)	-1387	-1270	149.6
Na_2SO_4(*aq*)	-1390	-1268	138.1
Strontium			
Sr^{2+}(*aq*)	-545.8	-557.3	-32.6
Sr(*g*)	164	110	164.54
Sr(*s*)	0	0	54.4
$SrCl_2$(*s*)	-828.4	-781.2	117
SrO(*s*)	-592.0	-562.4	55.5
Sulfur			
S(*s*, *rhombic*)	0	0	31.8
S(*s*, *monoclinic*)	0.3	0.096	32.6
S_8(*g*)	102.3	49.16	430.2
S(*g*)	279	239	168
S_2(*g*)	129	80.1	228.1
S^{2-}(*aq*)	41.8	83.7	22
HS^-(*aq*)	-17.7	12.6	61.1
H_2S(*g*)	-20.63	-33.56	205.7
H_2S(*aq*)	-39	-27.4	122
SF_6(*g*)	-1209	-1105	291.7
SO_2(*g*)	-296.8	-300.2	248.1
SO_3(*g*)	-395.7	-371.1	256.6
SO_4^{2-}(*aq*)	-909.3	-744.5	20.1
HSO_4^-(*aq*)	-885.75	-752.87	126.9
H_2SO_4(*l*)	-814.0	-690.1	156.9
H_2SO_4(*aq*)	-909.3	-744.6	20.08

화합물	ΔH_f° (kJ/mol)	ΔG_f° (kJ/mol)	S° (J/mol·K)
Tin			
Sn(*s*, *white*)	0	0	51.55
Sn(*s*, *gray*)	-2.1	0.1	44.14
$SnCl_4$(*l*)	-511.3	-440.2	259
SnO(*s*)	-286	-257	56.5
SnO_2(*s*)	-580.7	-519.7	52.3
Titanium			
Ti(*s*)	0	0	30.6
$TiCl_2$(*s*)	-513.8	-464.4	87.4
$TiCl_3$(*s*)	-720.9	-653.5	139.7
$TiCl_4$(*g*)	-763.2	-726.8	355
$TiCl_4$(*l*)	-804.2	-737.2	252.3
TiO_2(*s*)	-944.7	-889.5	50.33
Uranium			
U(*s*)	0	0	50.21
UF_6(*g*)	-2147	-2064	378
UF_6(*s*)	-2197	-2069	228
UO_2(*s*)	-1085	-1032	77.03
Zinc			
Zn(*s*)	0	0	41.6
Zn(*g*)	130.5	94.93	160.9
Zn^{2+}(*aq*)	-153.9	-147.1	-112.1
$ZnCl_2$(*s*)	-415.1	-369.4	111.5
$Zn(OH)_2$(*s*)	-641.9	-553.5	81.2
ZnO(*s*)	-348.3	-318.3	43.64
ZnS(*s*, *zincblende*)	-203	-198	57.7

부록 04 산 해리 상수

(수용액, 25℃)

산(HA)	K_{a1}[1)]	K_{a2}	K_{a3}
$HC_2H_3O_2$	1.8×10^{-5}		
H_3AsO_4	5.6×10^{-3}	1.0×10^{-7}	3.0×10^{-12}
H_3AsO_3	5.1×10^{-10}		
$H_2C_6H_7O_6$	8.0×10^{-5}	1.6×10^{-12}	
$HC_7H_5O_2$	6.3×10^{-5}		
H_3BO_3	5.8×10^{-10}		
$HC_4H_7O_2$	1.5×10^{-5}		
H_2CO_3	4.3×10^{-7}	5.6×10^{-11}	
$HC_2H_2O_2Cl$	1.4×10^{-3}		
$HClO_2$	1.1×10^{-2}		
$H_3C_6H_5O_7$	7.4×10^{-4}	1.7×10^{-5}	4.0×10^{-7}
$HCNO$	3.5×10^{-4}		
$HCHO_2$	1.8×10^{-4}		
HN_3	1.9×10^{-5}		
HCN	4.9×10^{-10}		
HF	6.8×10^{-4}		
$HCrO_4^-$	3.0×10^{-7}		
H_2O_2	2.4×10^{-12}		
$HSeO_4$	2.2×10^{-2}		
H_2S	9.5×10^{-8}	1×10^{-19}	
$HBrO$	2.5×10^{-9}		
$HClO$	3.0×10^{-8}		
HIO	2.3×10^{-11}		
HIO_3	1.7×10^{-1}		
$HC_3H_5O_3$	1.4×10^{-4}		
$H_2C_3H_2O_4$	1.5×10^{-3}	2.0×10^{-6}	

1) $HA(aq) \rightleftarrows A^-(aq) + H^+(aq)$에 대한 평형 상수, $K_a = \frac{[A^-][H^+]}{[HA]}$

산(HA)	K_{a1}	K_{a2}	K_{a3}
HNO_2	4.5×10^{-4}		
$H_2C_2O_4$	5.9×10^{-2}	6.4×10^{-5}	
H_5IO_6	2.8×10^{-2}	5.3×10^{-9}	
HC_6H_5O	1.3×10^{-10}		
H_3PO_4	7.5×10^{-3}	6.2×10^{-8}	4.2×10^{-13}
$HC_3H_5O_2$	1.3×10^{-5}		
$H_4P_2O_7$	3.0×10^{-2}	4.4×10^{-3}	
H_2SeO_3	2.3×10^{-3}	5.3×10^{-9}	
H_2SO_4	강산	1.2×10^{-2}	
H_2SO_3	1.7×10^{-2}	6.4×10^{-8}	
$H_2C_4H_4O_6$	1.0×10^{-3}	4.6×10^{-5}	

부록 05

염기 해리 상수

(수용액, 25℃)

염기	K_b[1)]
NH_3	1.8×10^{-5}
$C_6H_5NH_2$	4.3×10^{-10}
$(CH_3)_2NH$	5.4×10^{-4}
$C_2H_5NH_2$	6.4×10^{-4}
H_2NNH_2	1.3×10^{-6}
$HONH_2$	1.1×10^{-8}
CH_3NH_2	4.4×10^{-4}
C_5H_5N	1.7×10^{-9}
$(CH_3)_3N$	6.4×10^{-5}

1) $B(aq) + H_2O(l) \rightleftharpoons HB^+(aq) + OH^-(aq)$에 대한 평형 상수, $K_b = \frac{[HB^+][OH^-]}{[B]}$

부록 06

용해도곱 상수

(수용액, 25℃)

이온 화합물	K_{sp}[1)]	이온 화합물	K_{sp}
$BaCO_3$	5.0×10^{-9}	PbF_2	3.6×10^{-8}
$BaCrO_4$	2.1×10^{-10}	$PbSO_4$	6.3×10^{-7}
BaF_2	1.7×10^{-6}	PbS	3×10^{-28}
BaC_2O_4	1.6×10^{-6}	$Mg(OH)_2$	1.6×10^{-12}
$BaSO_4$	1.1×10^{-10}	$MgCO_3$	3.5×10^{-8}
$CdCO_3$	1.8×10^{-14}	MgC_2O_4	8.6×10^{-5}
$Cd(OH)_2$	2.5×10^{-14}	$MnCO_3$	5.0×10^{-10}
CdS	8×10^{-28}	$Mn(OH)_2$	1.6×10^{-13}
$CaCO_3$	4.5×10^{-9}	MnS	2×10^{-53}
$CaCrO_4$	7.1×10^{-4}	Hg_2Cl_2	1.2×10^{-18}
CaF_2	3.9×10^{-11}	Hg_2I_2	1.1×10^{-28}
$Ca(OH)_2$	6.5×10^{-6}	HgS	2×10^{-53}
$Ca_3(PO_4)_2$	2.0×10^{-29}	$NiCO_3$	1.3×10^{-7}
$CaSO_4$	2.4×10^{-5}	$Ni(OH)_2$	6.0×10^{-16}
$Cr(OH)_3$	1.6×10^{-30}	NiS	3×10^{-20}
$CoCO_3$	1.0×10^{-10}	$AgBrO_3$	5.5×10^{-5}
$Co(OH)_2$	1.3×10^{-15}	$AgBr$	5.0×10^{-13}
CoS	5×10^{-22}	Ag_2CO_3	8.1×10^{-12}
$CuBr$	5.3×10^{-9}	$AgCl$	1.8×10^{-10}
$CuCO_3$	2.3×10^{-10}	Ag_2CrO_4	1.2×10^{-12}
$Cu(OH)_2$	4.8×10^{-20}	AgI	8.3×10^{-17}
CuS	6×10^{-37}	Ag_2SO_4	1.5×10^{-5}
$FeCO_3$	2.1×10^{-11}	Ag_2S	6×10^{-51}
$Fe(OH)_2$	7.9×10^{-16}	$SrCO_3$	9.3×10^{-10}
LaF_3	2×10^{-19}	SnS	1×10^{-26}
$La(IO_3)_3$	6.1×10^{-12}	$ZnCO_3$	1.0×10^{-10}
$PbCO_3$	7.4×10^{-14}	$Zn(OH)_2$	3.0×10^{-16}
$PbCl_2$	1.7×10^{-5}	ZnC_2O_4	2.7×10^{-8}
$PbCrO_4$	2.8×10^{-13}	ZnS	2×10^{-25}

1) 황 화합물에서는 $MS(s) + H_2O(l) \rightleftharpoons M^{2+}(aq) + HS^-(aq) + OH^-(aq)$에 대한 K_{sp}

부록 07

표준 환원 전위

(수용액, 25℃)

환원 반쪽 반응			E^{o}_{red} (V)
$F_2(g) + 2e^-$	→	$2F^-$	2.87
$Co^{3+} + e^-$	→	Co^{2+}	1.82
$Au^{3+} + 3e^-$	→	$Au(s)$	1.50
$Cl_2(g) + 2e^-$	→	$2Cl^-$	1.36
$O_2(g) + 4H^+ + 4e^-$	→	$2H_2O(l)$	1.23
$Br_2(l) + 2e^-$	→	$2Br^-$	1.07
$2Hg^{2+} + 2e^-$	→	Hg_2^{2+}	0.92
$Hg^{2+} + 2e^-$	→	$Hg(l)$	0.85
$Ag^+ + e^-$	→	$Ag(s)$	0.80
$Hg_2^{2+} + 2e^-$	→	$2Hg(l)$	0.79
$Fe^{3+} + e^-$	→	Fe^{2+}	0.77
$I_2(s) + 2e^-$	→	$2I^-$	0.53
$Cu^+ + e^-$	→	$Cu(s)$	0.52
$Cu^{2+} + 2e^-$	→	$Cu(s)$	0.34
$Cu^{2+} + e^-$	→	Cu^+	0.15
$Sn^{4+} + 2e^-$	→	Sn^{2+}	0.15
$S(s) + 2H^+ + 2e^-$	→	$H_2S(g)$	0.14
$2H^+ + 2e^-$	→	$H_2(g)$	0.00
$Pb^{2+} + 2e^-$	→	$Pb(s)$	−0.13
$Sn^{2+} + 2e^-$	→	$Sn(s)$	−0.14
$Ni^{2+} + 2e^-$	→	$Ni(s)$	−0.25
$Co^{2+} + 2e^-$	→	$Co(s)$	−0.28
$Cd^{2+} + 2e^-$	→	$Cd(s)$	−0.40
$Cr^{3+} + e^-$	→	Cr^{2+}	−0.41
$Fe^{2+} + 2e^-$	→	$Fe(s)$	−0.44
$Cr^{3+} + 3e^-$	→	$Cr(s)$	−0.74
$Zn^{2+} + 2e^-$	→	$Zn(s)$	−0.76
$2H_2O(l) + 2e^-$	→	$H_2(g) + 2OH^-$	−0.83
$Mn^{2+} + 2e^-$	→	$Mn(s)$	−1.18

환원 반쪽 반응			E^o_{red} (V)
Al^{3+} + $3e^-$	→	Al(s)	−1.66
Be^{2+} + $2e^-$	→	Be(s)	−1.70
Mg^{2+} + $2e^-$	→	Mg(s)	−2.37
Na^+ + e^-	→	Na(s)	−2.71
Ca^{2+} + $2e^-$	→	Ca(s)	−2.87
Sr^{2+} + $2e^-$	→	Sr(s)	−2.89
Ba^{2+} + $2e^-$	→	Ba(s)	−2.90
Rb^+ + e^-	→	Rb(s)	−2.92
K^+ + e^-	→	K(s)	−2.92
Cs^+ + e^-	→	Cs(s)	−2.92
Li^+ + e^-	→	Li(s)	−3.05

저자 소개

이홍인
경북대학교 화학과 교수

일반화학실험 – 제2판 –

저　자　이홍인
발 행 인　김지영
발 행 처　자유아카데미
주　소　경기도 파주시 회동길 37-42
파주출판도시
전　화　031-955-1321
팩　스　031-955-1322
홈페이지　www.freeaca.com
전자우편　main@freeaca.com (대표)
editor@freeaca.com (편집)
crm@freeaca.com (영업)
등　록　제406-2003-017호, 1980. 7. 12
제2판1쇄　2026년 2월 25일 발행

저자와의
협의하에
인지생략

ISBN 979-11-5808-823-1 93430

중요한 상수*	
기체 상수	$R = 0.082057366080960\ L \cdot atm/mol \cdot K$ $= 8.314462618\ J/mol \cdot K$
원자 질량 단위	$1\ amu = 1.66053906892(52) \times 10^{-27}\ kg$
전자의 전하량	$e = -1.602176634 \times 10^{-19}\ C$
전자의 질량	$m_e = 5.485799090441(97) \times 10^{-4}\ amu$ $= 9.1093837139(28) \times 10^{-31}\ kg$
중성자의 질량	$m_n = 1.00866491606(40)\ amu$ $= 1.67492750056(85) \times 10^{-27}\ kg$
양성자의 질량	$m_p = 1.0072764665789(83)\ amu$ $= 1.67262192595(52) \times 10^{-27}\ kg$
빛의 속력(진공)	$c = 2.99792458 \times 10^{8}\ m/s$
Avogadro 수	$N_A = 6.02214076 \times 10^{23}/mol$
Boltzmann 상수	$k = 1.380649 \times 10^{-23}\ J/K$
Coulomb 상수	$\kappa = 8.9875517862 \times 10^{9}\ N \cdot m^2/C^2$
Faraday 상수	$F = 9.648533212 \times 10^{4}\ C/mol$
Planck 상수	$h = 6.62607015 \times 10^{-34}\ J \cdot s$

* Committee on Data of the International Science Council 2022(CODATA 2022) 추천 값

유용한 단위 변환	
길이	$1\ Å = 0.1\ nm = 10^{-10}\ m$
질량	$1\ g = 6.02214075367(189) \times 10^{23}\ amu$
온도	$K = {}^{\circ}C + 273.15$
에너지	$1\ J = 1\ N \cdot m = 1\ kg \cdot m^2 \cdot /s^2$ $= 0.2390\ cal$ $= 1\ C \cdot V$ $1\ eV = 1.602176 \times 10^{-19}\ J$ $1\ L \cdot atm = 1.01325 \times 10^{2}\ J$
압력	$1\ Pa = 1\ N/m^2 = 1\ kg/m \cdot s^2$ $= 10^{-5}\ bar$ $1\ atm = 1.01325 \times 10^{5}\ Pa$ $= 1.01325\ bar$ $= 760\ torr$ $= 760\ mmHg$
부피	$1\ L = 10^{-3}\ m^3 = 10^{3}\ cm^3$